Klaus Helling

Jochen Happel
Melanie Heffner
Harald Hölz
Stefan Kruse
Wolfgang Zeiller

Umwelt Technik 1

Arbeit und Produktion
Bauen und Wohnen

Ernst Klett Schulbuchverlage
Stuttgart · Leipzig

Umwelt Technik 1 ist eine Neubearbeitung des Unterrichtswerks Umwelt Technik 7 bis 10 mit Beiträgen aus der Reihe Umwelt Technik Themenhefte.

Autoren – Umwelt Technik 7 bis 10: Werner Bleher, Klaus Helling, Gerhard Hessel, Heinrich Kaufmann, Alfred Köger, Peter Kornaker, Walter Kosack, Rainer Schönherr, Wolfgang Zeiller

Autoren – Umwelt Technik Themenhefte: Horst Babendererde, Heinrich Brandt, Bernd Hill, Bernd Höchel, Hartmut Kreienbrink, Uwe Lenz, Heinz Schlüter

1. Auflage   1 5 4 3 2 1 | 2010 2009 2008 2007 2006

Alle Drucke dieser Auflage sind unverändert und können im Unterricht nebeneinander verwendet werden. Die letzte Zahl bezeichnet das Jahr des Druckes.

Das Werk und seine Teile sind urheberrechtlich geschützt. Jede Nutzung in anderen als den gesetzlich zugelassenen Fällen bedarf der vorherigen schriftlichen Einwilligung des Verlags. Hinweis zu §52a UrhG: Weder das Werk noch seine Teile dürfen ohne eine solche Einwilligung eingescannt und in ein Netzwerk eingestellt werden. Dies gilt auch für Intranets von Schulen und sonstigen Bildungseinrichtungen. Fotomechanische und andere Wiedergabeverfahren nur mit Genehmigung des Verlags.

© Ernst Klett Verlag GmbH, Stuttgart 2006.
Alle Rechte vorbehalten.
Internetadresse: www.klett.de

Entstanden in Zusammenarbeit mit dem Projektteam des Verlags.

Zeichnungen: Jörg Mair, München
Umschlaggestaltung: Conrad Höllerer, Stuttgart
Reproduktion: Meyle + Müller, Medien-Management, Pforzheim
Druck: Stürtz GmbH, Würzburg

Printed in Germany
ISBN-13: 978-3-12-757720-4
ISBN-10: 3-12-757720-6

Inhaltsverzeichnis

Arbeitsteil 7

Technik erkunden 8

Umwelt Technik
Technik beeinflusst unser Leben 9
Technikbereiche 10
Mensch und Technik 12
Technische Handlungen 14

Produkte herstellen 16

Technik gestalten
Etappen im Lebensweg eines Gegenstands 17
Von der Idee zum Produkt 18
1. Ideen und Vorschläge sammeln 20
2. Entscheidungen treffen und
3. Anforderungsliste aufstellen 21
4. Gegenstand entwerfen 22
5. Informationen beschaffen 24
6. Zeichnungen anfertigen 25
7. Stückliste anlegen 26
8. Beurteilungskriterien festlegen 27
9. Arbeitsplan ausarbeiten 28
10. Kalkulation durchführen 29
11. Organisationsplan aufstellen 30
12. Gegenstand herstellen 31
13. Kontrolle durchführen, Lösung optimieren 32
14. Beurteilung durchführen 33
15. Arbeitsergebnisse präsentieren 34
16. Nachbetrachtung durchführen 35

Technische Probleme lösen 36

Sicherheit
Maschinen benutzen 37

Holz
Anregungen für Holzprodukte 38
Aufgaben bearbeiten 39
Versuche durchführen 42

Metall
Anregungen für Metallprodukte 44
Aufgaben bearbeiten 45
Versuche durchführen 48

Kunststoff
Anregungen für Kunststoffprodukte 50
Aufgaben bearbeiten 51
Versuche durchführen 54

Bautechnik
Anregungen zu Bautechnik 56
Aufgaben bearbeiten 57
Versuche durchführen 60

Elektrotechnik
Anregungen zu Elektrotechnik 62
Aufgaben bearbeiten 63
Versuche durchführen 66

Technisches Zeichnen
Technische Zeichnungen lesen 68
Technische Zeichnungen anfertigen 70
Bauzeichnungen lesen und anfertigen 72
Schaltpläne entwickeln 73
Mit einem Textverarbeitungsprogramm zeichnen 74
Mit einem CAD-Programm zeichnen 75
CAD / CAM-Systeme benutzen 76
Objekte mit CAM-Systemen herstellen 77

Informationsteil 79

Sicherheit im Technikraum 80

Arbeitssicherheit
Ordnung im Technikraum 81
Sicher mit Werkstoffen arbeiten 82
Sicher mit Gefahrstoffen umgehen 84
Sicher mit Werkzeugen arbeiten 86
Sicher mit Maschinen arbeiten 87
Sicher mit Wärmequellen arbeiten 90
Sicher mit Elektrizität umgehen 92

Methoden und Arbeitsweisen 94

Planen
Arbeitsplan anlegen 95
Arbeitsablauf organisieren 96
Kosten ermitteln 98

Informationen beschaffen
Im Internet recherchieren 100
Daten erfassen 101
Versuche durchführen 102
Objekte analysieren 104
Erkundungen und Expertenbefragungen
durchführen 105

Lösungsideen gewinnen
Brainstorming oder Brainwriting durch-
führen 106
Analogiemethode anwenden 107
Variationsmethode anwenden 108
Kombinationsmethode anwenden 109

Beurteilen und Bewerten
Beurteilungskriterien festlegen 110
Pro- und Kontra-Argumente
sammeln 112
Bewertungsmethoden
anwenden 114

Präsentieren
Texte auswerten 116
Texte strukturieren 117
Referate halten 118
Ausstellungen vorbereiten 120
Dokumentationen zusammen-
stellen 121

Technisches Zeichnen
Technische Kommunikationsmittel 122
Skizzen und Fertigungszeichnungen
anfertigen 123
Linien und Beschriftungen
darstellen 124
Maßstäblich zeichnen 125
Werkstücke in einer Ansicht
darstellen 126
Zeichnungen bemaßen 127
Rundungen und Bohrungen
darstellen 128
Schnitte und Gewinde zeichnen und
bemaßen 129
Werkstücke in mehreren Ansichten
darstellen 130
Mehrteilige Werkstücke darstellen 132
Werkstücke räumlich darstellen 133
Kabinettprojektion zeichnen 134
Dimetrische Projektion zeichnen 135
Formen erkennen 136
Bauzeichnungen lesen und anfertigen 137
Schaltpläne zeichnen 138
Mit CAD-Software arbeiten 140

Werkstoffe und Bauteile 144

Werkstoff Holz
Zur Bedeutung des Waldes 145
Aufbau und Wachstum des Baumes 146
Schwinden, Quellen und Verwerfen von
Holz 147
Nadelhölzer – Merkmale, Eigenschaften
und Verwendung 148
Laubhölzer – Merkmale, Eigenschaften
und Verwendung 149
Handelsformen von Holz und Holzwerk-
stoffen 150
Holzwerkstoffe 151
Holzwerkstoffe: Lagenwerkstoffe 152
Holzwerkstoffe aus Vollholz und Faser-
werkstoffe 153

Werkstoff Metall
Vorkommen und Gewinnung von
Nichteisen-Metallen 154
Eisengewinnung und Stahl-
herstellung 155

Eigenschaften und Verwendung von
Metallen   156
Handelsformen   158
Recycling   159

Werkstoff Kunststoff
Vom Rohstoff zum Gebrauchs-
gegenstand   160
Thermoplaste, Duroplaste,
Elastomere   161
Häufig verwendete Kunststoffe   162
Entsorgung und Recycling   164

Elektrische Bauteile
Spannungsquellen   166
Mechanisch betätigte Schalter   168
Automatisch wirkende Schalter   169
Elektrische Widerstände   170
Dioden   171
Dauermagnete   172
Elektromagnete   173
Elektromotoren   174
Relais   176
Mechanische Bauteile für elektrische
Antriebe   178

Fertigungsverfahren und -arten   180

Holz, Metall, Kunststoff
Fertigungsverfahren   181
Messen, Anreißen, Prüfen   182

Holz
Trennen von Holz   184
Fügen von Holz   188
Beschichten von Holz   191

Metall
Urformen von Metallen   192
Umformen von Metallen   193
Trennen von Metallen   194
Fügen von Metallen   197
Stoffeigenschaft ändern   200
Beschichten von Metallen   201

Kunststoff
Urformen von Kunststoffen   202
Umformen von Kunststoffen   205
Trennen von Kunststoffen   207
Trennen und Fügen von Kunst-
stoffen   208

Bautechnik
Flächennutzungsplan und Bebauungs-
plan   210
Umweltgerechtes Bauen   211
Lasten und Kräfte an Bauwerken   212
Zug- und Druckbelastung   213
Biegebelastung   214
Knick-, Scher- und Schubbelastung   215
Fachwerkkonstruktionen   216
Holzbauweise   218
Mauerwerksbauweise   220
Betonbauweise   221

Elektrotechnik
Lesen von Schaltplänen   224
Messen elektrischer Größen   225
Berechnen elektrischer Größen   226
Aufbauen von Schaltungen   227
Fügen durch Löten   228
Fehler systematisch suchen   229

Fertigungsarten
Einteilung der Fertigungsarten   230
Organisationsformen der
Fertigung   232
Auswirkungen des Maschinen-
einsatzes   234
Menschengerechte Arbeitsplatz-
gestaltung   236
Computervernetzung in der industriellen
Entwicklung, Konstruktion und Ferti-
gung – CAE (Computer Aided
Engineering)   238

Berufe erkunden   240

Berufe
Technische Berufe im Überblick   241
Holzberufe   242
Metallberufe   243
Kunststoffberufe   244
Bauberufe   245
Elektroberufe   246
Technischer Zeichner/Technische
Zeichnerin   247

Stichwortverzeichnis   248
Übersicht: Aufgaben und Versuche   256
Symbole Elektrotechnik   258
Symbole Bautechnik   259

Arbeiten mit diesem Buch

Ein Buch mit zwei Teilen

Der **Arbeitsteil** liefert dir Anregungen für die praktische Arbeit.
Im **Informationsteil** kannst du das nötige Wissen nachschlagen.

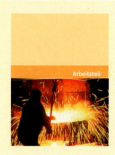 

Mit Methode zum Erfolg

Der Methodenkasten bietet passende Methoden zu den Arbeitsschritten an – gleich mit Verweis auf die Seitenzahl im Informationsteil.

Methode

Referate halten → S. 118/119

Mit Stichworten zum Ziel

Wenn während eines Projekts oder bei der Bearbeitung von Aufgaben des Arbeitsteils Fragen und Probleme auftauchen, dann informiere dich an den entsprechenden Stellen im Technikbuch. Formuliere dazu **Fragen** und **Stichworte** und beschaffe dir selbstständig die nötigen Informationen aus dem Buch. Dazu muss dir nur klar sein,
1. **was** du wissen willst und
2. nach welchen **Stichworten** du suchen musst.

Im Stichwortverzeichnis am Ende des Buchs findest du die Seitenzahlen.

Ein Beispiel:
Du möchtest dich über das Messen von Längen informieren. Im Stichwortverzeichnis führt dich das Stichwort „Messen" zu Seite 182. Aber auch die Stichworte „Messschieber", „Gliedermaßstab" und „Stahlmaßstab" hätten dich zur selben Stelle geführt. Wenn du also ein Stichwort nicht findest, dann überlege, ob die gesuchte Sache nicht unter einem anderen Begriff zu finden ist.

Im Team geht's leichter

Manche Aufgaben- und Problemstellungen werden sehr umfangreich und sind deshalb nicht von dir allein zu bewältigen. Das Arbeiten im Team, die gegenseitige Absprache und Unterstützung wird dann Voraussetzung für eine erfolgreiche Arbeit sein. Am besten lernt man nämlich im Team und dann, wenn man das neu Gelernte anderen erklärt.

Arbeitsteil

Technik erkunden
Umwelt Technik

Die Menschen versuchten schon seit frühester Zeit, ihre Lebensumstände durch Technik zu verbessern. Während es früher jedoch lange Zeit dauerte, bis sich eine Entwicklung verbreitete und von vielen Menschen nutzbar war, wird eine neue Technik heute ziemlich rasch in den Alltag übernommen.
Denken wir an das Telefon, das 1860 von Philipp Reis erfunden und von Graham Bell 16 Jahre später weiterentwickelt und zur Serienreife gebracht wurde.

In 3 Jahren installierte Bell 50 000 Geräte – heute gibt es allein in Deutschland über 50 Millionen Anschlüsse! Die Mobiltelefone sind noch gar nicht mitgezählt, ihre Verbreitung wird bald die der Festnetzanschlüsse übertreffen.

Das Telefon ist nur ein Beispiel für Technik, die uns ständig umgibt und mit der wir leben. Es lohnt sich, genauer hinzuschauen und unsere technische Umwelt einmal unter die Lupe zu nehmen.

Das wirst du kennen lernen:
- eine Orientierung in einer technischen Welt
- wie wir mit Technik umgehen
- welche Technikbereiche es gibt

Umwelt Technik

Technik beeinflusst unser Leben

Technik beeinflusst uns in fast allen Lebensbereichen. Die Abbildungen zeigen die wichtigsten Bereiche.

Privater Bereich

Beruflicher Bereich

Öffentlicher Bereich

▶ Nenne Beispiele für den Einfluss von Technik in den einzelnen Lebensbereichen. Welche Technikeinflüsse findest du gut, welche nicht so gut? Begründe deine Meinung.
▶ Fertige eine Tabelle an, in der du aufführst, in welchen Bereichen du mit technischen Objekten in Berührung kommst.
▶ Wie würde sich dein Leben verändern, wenn du auf diese technischen Objekte verzichten müsstest?

Privater Bereich	Beruflicher/Schulischer Bereich	Öffentlicher Bereich
Handy	Bohrmaschine	Bus
Fahrrad	Handmixer	...
Wohnung	...	
Video		
...		

Technik erkunden **9**

Technikbereiche

Technik kann in verschiedene Problem- und Handlungsfelder unterteilt werden. Jedes dieser Felder beeinflusst unser Leben.

Arbeit und Produktion
Hier geht es z. B. um private, berufliche, bezahlte, unbezahlte, handwerkliche oder industrielle, kaufmännische oder verwaltende und soziale oder pflegerische Tätigkeiten.

Bauen und Wohnen
Hier geht es z. B. um das Benutzen, Pflegen, Warten, Reparieren, Planen, Errichten, Optimieren und Renovieren von Gebäuden und anderen bautechnischen Objekten.

Transport und Verkehr
Hier geht es z. B. um das Benutzen, Pflegen, Warten, Reparieren, Planen, Herstellen, Optimieren von Verkehrsobjekten sowie um das Erfassen und Optimieren von Verkehrsflüssen.

Versorgung und Entsorgung
Hier geht es z. B. um das Versorgen von Lebewesen und technischen Objekten mit Stoff, Energie und Informationen sowie um das Entsorgen von Stoff und Energie (Abfall, Abwärme) und um das Benutzen, Pflegen, Warten, Reparieren, Herstellen und Optimieren von Anlagen.

Information und Kommunikation
Hier geht es z. B. um das Senden, Empfangen, Erfassen, Codieren und Decodieren, Verarbeiten, Leiten, Speichern, Übertragen und Ausgeben von Daten und physikalischen Signalen (Zeit, Weg, Druck, Licht, Temperatur, Geschwindigkeit, …) sowie um das Benutzen, Warten, Reparieren, Herstellen und Optimieren von informationstechnischen Anlagen.

▶ Welche Bilder gehören zu welchen Problem- und Handlungsfeldern? Ordnet sie in Partnerarbeit zu.
▶ Findet noch weitere Beispiele und notiert sie in einer Tabelle.
▶ Welche Beispiele sind dir besonders wichtig, welche eher unwichtig? Kennzeichne die wichtigen.
▶ Vergleicht eure Ergebnisse miteinander und sprecht darüber.

Umwelt Technik

Eure Tabelle muss nicht so wie in diesem Beispiel aussehen. Ihr könnt sie von Hand zeichnen oder am Computer entwerfen, entweder mit einem Textverarbeitungs- oder einem Tabellenkalkulationsprogramm.
Die Tabelle kann euch als Vorlage für eine Präsentation, ein Referat oder eine Dokumentation dienen.

Problem- und Handlungsfelder	Beispiele
Arbeit und Produktion	
Bauen und Wohnen	
Transport und Verkehr	
Versorgung und Entsorgung	
Information und Kommunikation	

Methode

Referate halten → S. 118/119
Wichtige Inhalte anschaulich präsentieren.

Dokumentation zusammenstellen → S. 121
Was soll wie und womit dokumentiert werden?

Technik erkunden **11**

Mensch und Technik

Im Bezug auf Technik schlüpfen wir in verschiedene Rollen. Wir sind Benutzer, Hersteller, Betroffene oder Bewerter von Technik.

Menschen als **Benutzer** von Technik

Menschen als **Hersteller** von Technik

Menschen als **Betroffene** von Technik

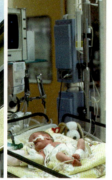

Menschen als **Bewerter** von Technik

▶ Erläutert, was man unter Benutzer, Hersteller, Betroffener und Bewerter von Technik versteht.
▶ Notiere noch weitere Beispiele, bei denen der Mensch diese Rollen einnimmt.
▶ In welcher Rolle fühlst du dich am wohlsten? Begründe deine Meinung.

▶ Beobachte dein Verhalten drei Stunden lang und dokumentiere, wie lange du Technik benutzt, herstellst, bewertest oder von ihr betroffen bist. Denke daran, dass du zur selben Zeit in mehreren Rollen sein kannst.
▶ Stelle das Ergebnis in einer Tabelle dar und vergleicht eure Ergebnisse in der Klasse. Was fällt dir auf?

Tätigkeiten (Zeit in min)	Benutzer	Hersteller	Betroffener	Bewerter	Keine Technikberührung
Zähneputzen	5	0	5	0	0
Frühstücken	14	8	14	14	0
Fahrradfahren	33	0	23	4	0
…	…	…	…	…	5
Summe	52	8	42	18	5

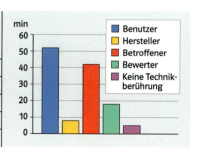

12 Technik erkunden

Umwelt Technik

Technik ist Menschenwerk. Aber warum stellen Menschen überhaupt technische Objekte her? Welchen Zweck erfüllen sie?

▶ Betrachte die Fotos. Was fällt dir auf?
▶ Aus welchen Gründen produzieren Menschen technische Objekte?
▶ Welche Bedeutung hätten diese Objekte, wenn sie von niemandem benutzt würden?
▶ Welche technischen Objekte hast du schon einmal benutzt? Welche Rolle spielen sie in deinem Leben?

Von Menschen geschaffene technische Objekte	Von Menschen geschaffene und genutzte technische Objekte

Technik erkunden 13

Technische Handlungen

Jeden Tag führen wir technische Handlungen aus, ohne dass es uns immer bewusst ist. Egal ob wir z. B. in der Schule etwas herstellen, zu Hause einen technischen Gegenstand benutzen, in unserer Freizeit von Technik betroffen sind oder beim Einkaufen etwas bewerten. Einige dieser Handlungen sind hier aufgeführt. Die Auflistung könnte noch um viele weitere ergänzt werden.

Warten
Pflegen
Reparieren
Recyceln

Beobachten
Erkunden
Analysieren
Untersuchen
Messen

Bedienen
Benutzen

Kontrollieren
Testen
Beurteilen
Bewerten

Technik erkunden

Umwelt Technik

▶ Überlegt euch weitere Beispiele für die angegebenen technischen Handlungen.
▶ Welche dieser Handlungen führt ihr selbst auch aus?

▶ Dokumentiert eure technischen Handlungen mithilfe einer Digital- oder Videokamera. Präsentiert der Klasse eure Ergebnisse.

**Verbessern
Weiterentwickeln
Optimieren**

**Entwerfen
Konstruieren**

**Planen
Organisieren**

**Herstellen
Bearbeiten
Produzieren**

Technik erkunden   15

Produkte herstellen
Technik gestalten

Beim Wiederaufbau der Dresdner Frauenkirche ist eine Holzkrone errichtet worden, auf der rundherum eine Kuppel gemauert wird. Dieses Holzgerüst unterstützt dann das Mauerwerk so lange, bis der Mörtel fest genug ist.
Bevor die Zimmerleute in dieser schwindelerregenden Höhe arbeiten können, gab es Jahre voller Arbeit für ein großes Team von Fachleuten. Sie haben geplant, konstruiert, gezeichnet, kalkuliert … und den Bau Schritt für Schritt weiterentwickelt.

Im Technikunterricht werdet ihr wesentlich kleinere Projekte verwirklichen, die auch nicht über einen so langen Zeitraum gehen.

Aber ähnlich planvoll werdet ihr auch eure Arbeit in bestimmte Arbeitsschritte einteilen, denn gut geplant ist schon halb gebaut.

Das wirst du kennen lernen:

- wie ihr ein Produkt plant
- welche Methoden ihr verwenden könnt
- wie das Ergebnis beurteilt und präsentiert werden kann

Technik gestalten

Etappen im Lebensweg eines Gegenstands

Es gibt immer wieder einmal Situationen, in denen technische Probleme auftauchen, für die man noch eine geeignete Lösung braucht. Oder ihr habt Produkte, mit denen ihr nicht zufrieden seid.

In solchen Fällen seid ihr gefragt. Ihr könnt versuchen, das Problem selbst anzugehen und Lösungen finden oder Produkte selbst entwickeln und herstellen.

Dafür ist der Technikunterricht genau der richtige Ort.
Doch mit einer Idee, einer Lösungsmöglichkeit und der Herstellung ist der Lebensweg eines Gegenstands noch nicht ganz durchlaufen.

Die Grafik und die Aufgaben werden euch helfen die einzelnen Etappen herauszufinden.

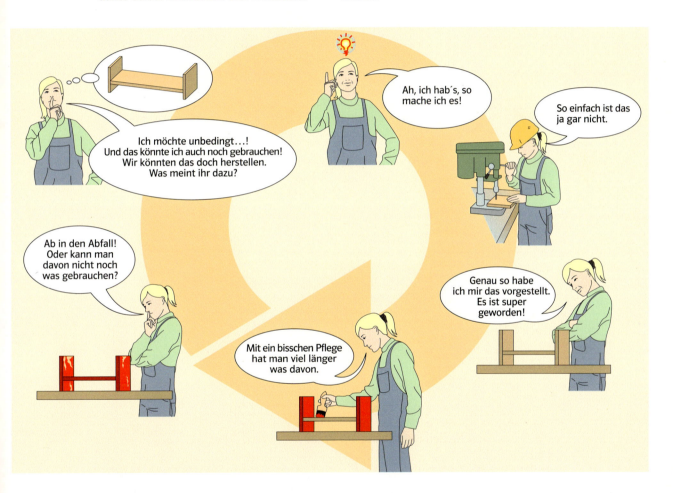

▶ Zu welchen Sprechblasen gehören die Begriffe: Pflegen, Durchführen, Entsorgen, Kontrollieren, Entwickeln, Planen, Bedürfnis haben, Recyceln, Benutzen, Wunsch haben, Herstellen, Warten, Reparieren, Idee haben, Auftrag erhalten, Beurteilen, Konstruieren?
▶ Suche dir einen technischen Gegenstand aus und beschreibe die Etappen in seinem Lebensweg.

▶ In welchen Etappen können Menschen Benutzer, Hersteller, Betroffene oder Bewerter von Technik sein?
Fallen dir Beispiele ein?
▶ Treffen diese Etappen nur auf technische Gegenstände zu?
Was ist mit nicht technischen Sachverhalten, wie z. B. Urlaub oder Verkauf? Gibt es Unterschiede zu technischen Objekten?

Produkte herstellen **17**

Von der Idee zum Produkt

Egal ob ihr einen Gegenstand aus Holz, Metall, Kunststoff herstellen, ein bautechnisches Produkt entwickeln oder eine elektrische Schaltung aufbauen wollt: Es müssen immer mehrere Arbeitsschritte durchlaufen werden. Dieser Ablauf ist hier in 16 Schritten dargestellt.

Bei der Herstellung müssen allerdings nicht immer alle Schritte durchgeführt werden. Einzelne Punkte können auch übersprungen werden oder man geht noch einmal zu einem bereits durchlaufenen Punkt zurück. Manchmal sind einzelne Schritte schon von jemand anderem durchgeführt worden oder ihr entscheidet euch dafür, einen oder mehrere Schritte wegzulassen.

Auf den folgenden Seiten findet ihr die einzelnen Schritte noch genauer beschrieben.

1. Schritt Ideen sammeln
- Was soll hergestellt werden?
- Welche Bedingungen sind zu beachten?

2. Schritt Entscheidungen treffen
- Auf welches Produkt einigt ihr euch?
- Wer soll das Produkt herstellen?

3. Schritt Anforderungsliste aufstellen
- Welche Anforderungen soll das Produkt erfüllen?
- Welche Anforderungen sind unverzichtbar?

4. Schritt Gegenstand entwerfen
- Wie könnte der Gegenstand aussehen?
- Welche Funktionen müssen das Objekt und seine Einzelteile übernehmen?

5. Schritt Informationen beschaffen
- Durch welche Quellen erhalte ich Informationen, die ich zur Planung und Herstellung des Produkts benötige?
- Helfen Versuche weiter?

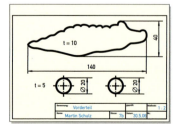

6. Schritt Zeichnungen anfertigen
- Wie kann ich meine Ideen anschaulich darstellen?
- Welche Einzelheiten und Maße sind für die Herstellung wichtig?

7. Schritt Stückliste anlegen
- Welche und wie viele Bauteile, Werkstoffe, Hilfsmittel und andere Arbeitsmittel benötige ich zur Herstellung?

18 Produkte herstellen

Technik gestalten

16. Schritt Nachbetrachtung durchführen
- Welche Lösungsstrategien, Ideen, Vorgehensweisen haben sich bewährt?
- Gab es eine Übereinstimmung zwischen Planung und Realität?
- Welche Folgen für weitere Arbeiten ergeben sich daraus?

15. Schritt Arbeitsergebnisse präsentieren
- Wie kann man den Prozess von der Planung bis zur Bewertung anschaulich darstellen?

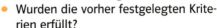

14. Schritt Beurteilung durchführen
- Wurden die vorher festgelegten Kriterien erfüllt?

13. Schritt Kontrolle durchführen, Lösung optimieren
- Entspricht das Produkt meinen Vorstellungen?
- Was könnte man noch verbessern?

12. Schritt Gegenstand herstellen
- Was muss bei der Herstellung beachtet werden (Sicherheit, Werkzeughandhabung, …)?

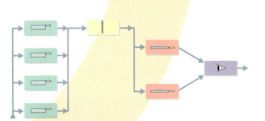

11. Schritt Organisationsplan aufstellen
- Wie wird der Arbeitsablauf organisiert?
- Lässt er sich anschaulich darstellen?

10. Schritt Kalkulation durchführen
- Welche Kosten entstehen durch die Herstellung des Produkts?
- Gibt es preiswerte Alternativen bei der Herstellung?

9. Schritt Arbeitsplan ausarbeiten
- Welche Arbeitsschritte (Fertigungsverfahren) sind zu erledigen?
- Welche Werkzeuge, Maschinen und sonstigen Arbeitsmittel sind nötig?

8. Schritt Beurteilungskriterien festlegen
- Welche Kriterien sollen zur Beurteilung herangezogen werden?
- Von wem soll die Beurteilung durchgeführt werden?

Produkte herstellen **19**

1. Ideen und Vorschläge sammeln

Ihr habt euch in der Klasse auf eine bestimmte Aufgabe geeinigt oder eure Lehrerin oder euer Lehrer hat euch vor die Aufgabe gestellt, ein Problem zu lösen.

Jetzt sind eure Ideen gefragt!
Arbeitet in kleinen Gruppen. So kann sich jeder einbringen und es entstehen sicher viele Ideen und Vorschläge.

Es gibt verschiedene Methoden, mit denen ihr Ideen sammeln könnt, z. B. mit Kärtchen an einer Pinnwand. Um eure Ideen anschaulicher zu machen, solltet ihr erste Handskizzen mit an die Pinnwand hängen.

Wählt nun einen oder mehrere Vorschläge aus, die ihr der ganzen Klasse vorstellen wollt.

Dabei werden sicherlich einige Ideen aussortiert, bei denen ihr jetzt schon seht, dass sie nicht realisierbar sind oder nicht zur Aufgabenstellung passen.

Eure „Lieblingsideen" könnt ihr noch etwas ausarbeiten, damit sie den anderen verständlicher werden. Vielleicht helfen weitere Skizzen, mit denen ihr Einzelteile anschaulicher darstellt. Gibt es verschiedene Formen oder Materialien, die ihr vorschlagen könnt?

Methode

Brainstorming durchführen → S. 106
Hier kann jede spontane Idee genannt werden.

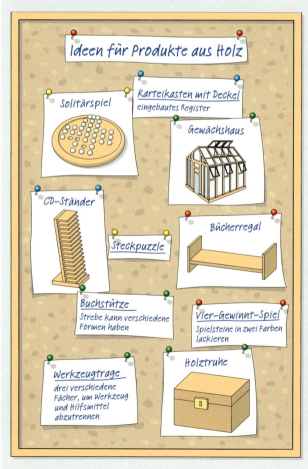

Brainwriting durchführen → S. 106
In Ruhe Ideen aufschreiben.

Analogiemethode anwenden → S. 107
Von Lösungen aus Natur und Technik lernen.

20   Produkte herstellen

Technik gestalten

2. Entscheidungen treffen

Jede Gruppe sollte nun ihre ausgewählten Beispiele vorstellen.
Entscheidet nach der Präsentation mit der ganzen Klasse:
- Sind die Gegenstände von euch herstellbar? Denkt z. B. an Materialien, Werkzeuge, Arbeitsaufwand, Zeit, Kosten, vorhandene Kenntnisse und Fähigkeiten, …
- Wollt ihr Arbeitsgruppen bilden oder alleine arbeiten?
- Sollen alle das gleiche Objekt herstellen oder können auch verschiedene Objekte angefertigt werden?
- Wer soll welches Produkt herstellen?

Um eure Entscheidung etwas zu erleichtern, könnt ihr eine Pro- und Kontraliste anfertigen, in der Vor- und Nachteile gesammelt sind.

3. Anforderungsliste aufstellen

Eine Anforderungsliste führt alle wichtigen Eigenschaften und Funktionen auf, die von dem herzustellenden Produkt erfüllt werden sollen. Das Beispiel im Methodenkasten zeigt euch, wie so etwas aussehen könnte.

Bevor ihr so eine Anforderungsliste aufstellt, ist es hilfreich, wenn ihr erst einmal die gewünschten Anforderungen notiert und euch anschließend in Partnerarbeit überlegt, welche in die Liste eingetragen werden sollen.

Leitfragen beim Aufstellen einer Anforderungsliste können sein:
- Wozu soll das Produkt verwendet werden?
- Welche Bedingungen muss das Produkt erfüllen?
- Setzt sich das Produkt aus verschiedenen Bauteilen zusammen?
- Gibt es Bauteile, die mit hoher Maßgenauigkeit gefertigt werden müssen?
- Müssen Sicherheitsmaßnahmen berücksichtigt werden?
- …

Methode

Pro- und Kontra-Argumente sammeln → S. 112/113
Vor- und Nachteile übersichtlich dargestellt.

Produkt	pro	kontra
Buchstütze	+ einfach herzustellen	− …
	+	−
	+	−
	+	−
	+	−
	+	−

Bewertung durchführen → S. 113 – 115
Die besten Ideen bekommen die meisten Punkte.

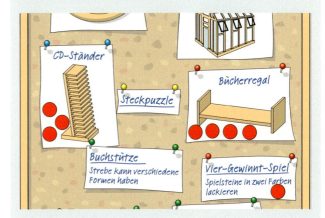

Anforderungsliste aufstellen

Anforderungsliste Elektrobaukasten

Der Elektrobaukasten soll:

– elektrische und elektronische Bauteile enthalten, die auf einer Grundplatte montiert und mit steckbaren Anschlüssen versehen sind,

– eine möglichst große Experimentierfläche haben,

– den Aufbau von Schaltungen aus einzelnen Bauteilen ermöglichen,

– so gebaut sein, dass die Bauelemente sowohl beim Aufbau und Testen von Schaltungen als auch beim Transportieren des Kastens nicht verrutschen können,

– …

4. Gegenstand entwerfen

Bei diesem Schritt könnt ihr eurer Fantasie freien Lauf lassen.
Hier geht es um die Entwicklung eurer Ideen:
- Wie soll der Gegenstand aussehen (Größe, Form, Material, …)?
- Müssen einzelne Bauteile zusammengefügt werden? Welche Fügetechniken eignen sich?
- Gibt es in der Anforderungsliste Eigenschaften oder Funktionen, für die ihr eine besondere Konstruktion entwickeln müsst?

Am besten arbeitet ihr zu zweit oder in einer Gruppe. Alle Ideen können in Form von Skizzen mit Notizen zu Papier gebracht werden.
Wie so eine Flut von Ideen aussehen kann, zeigen euch diese beiden Seiten am Beispiel eines Elektrobaukastens.

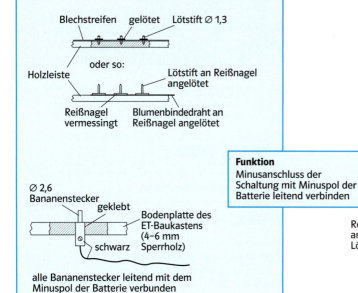

Funktion
Plusanschluss der Schaltung mit Pluspol der Batterie leitend verbinden

Funktion
Bauteile beim Lagern und Transportieren sowie beim Aufbauen und Testen von Schaltungen vor Verrutschen sichern

Plusschiene

Funktion
Minusanschluss der Schaltung mit Minuspol der Batterie leitend verbinden

Reißnagel mit 2–3 angelöteten Ø 1,3 Lötstiften

Minusschiene (hier: Blumenbindedraht)

Lötstift

Funktion
Batterie gegen Verrutschen sichern

Blechstreifen gelötet Lötstift Ø 1,3
Holzleiste
oder so:
Lötstift an Reißnagel angelötet
Reißnagel vermessingt
Blumenbindedraht an Reißnagel angelötet

Ø 2,6 Bananenstecker
geklebt
Bodenplatte des ET-Baukastens (4–6 mm Sperrholz)
schwarz

alle Bananenstecker leitend mit dem Minuspol der Batterie verbunden

4,5-V-Batterie

4,5-V-Batterie

eventuell mit seitlichem Dübel

4,5-V-Batterie

rechte (oder linke) ET-Baukastenecke

22 Produkte herstellen

Technik gestalten

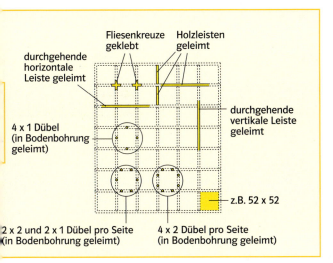

Methode

Brainstorming oder Brainwriting durchführen → S. 106
Je mehr Ideen ihr findet, desto besser.

Variationsmethode anwenden → S. 108
Durch Abänderung vorhandener Lösungen neue Möglichkeiten finden.

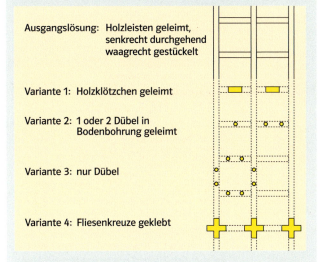

Kombinationsmethode anwenden → S. 109
Durch Kombination vorhandener Lösungen zu einer Vielzahl von Lösungsmöglichkeiten kommen.

Baugruppe	mögliche Teillösungen
Spannungsquelle	Flachbatterie, Blockbatterie, Solarzelle, Trafo, Netzgerät, …
Eingabeteil (Sensor)	Reißdraht, Tastschalter, 1 x UM-Schalter, …
Ausgabeteil (Aktor)	Summer, Glühlampe, Leuchtdiode, Klingel, …
Leitung	Cu-Draht isoliert, Cu-Draht lackiert, Cu-Draht blank, Blumenbindedraht blank, Stahlblechstreifen, …

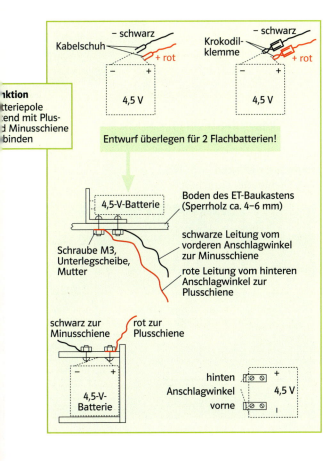

Analogiemethode anwenden → S. 107
Von Lösungen aus Natur und Technik lernen.

Bewertungsmethoden anwenden → S. 114/115
Aufgestellte Kriterien machen Lösungsvorschläge übersichtlicher und vergleichbarer.

Produkte herstellen **23**

5. Informationen beschaffen

Konstruieren: Entwerfen eines Gegenstands und Anfertigen von Zeichnungen und Stücklisten

Bevor du mit dem Konstruieren und Herstellen deines Gegenstands beginnst, benötigst du wahrscheinlich noch einige Informationen, z. B. über
- technische Zeichnungen
- Fertigungsverfahren,
- Werkstoffe und Arbeitsmittel,
- Maschinen,
- …

Die nötigen Informationen erhältst du z. B. durch
- Nachschlagen im Informationsteil und in der Fachliteratur,
- Befragen von Experten,
- Durchführen von Versuchen,
- Benutzen von Lexika auf CD-ROM oder anderen Datenträgern,
- Suchen im Internet,
- …

Nicht alle Informationen sollten einfach übernommen werden! Lies alles durch, was du zusammengetragen hast. Entscheide dann, welche Informationen dir tatsächlich beim Konstruieren und Herstellen helfen, für dein Produkt wichtig sind und dir neue Erkenntnisse geben.

Mindmaps geben euch einen Überblick über die Informationen, die ihr für euer Produkt braucht.

Beispiel Fußbank

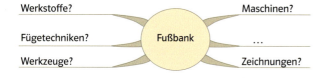

Beispiel Elektrobaukasten

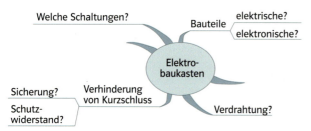

1 Mindmaps für noch offene Fragen

Methode

Im Internet recherchieren → S. 100
Stichworte formulieren und im Internet suchen.

Texte auswerten → S. 116
Keine Angst vor langen Texten.

Objekte analysieren → S. 104
Funktion und andere Informationen herausfinden.

Versuche durchführen → S. 102/103
Hypothesen bilden und Versuche durchführen.

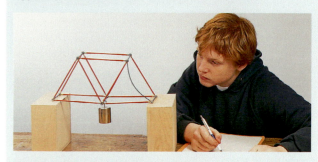

Erkundungen durchführen → S. 105
Sich vor Ort informieren.

Experten befragen → S. 105
Mit Fachleuten sprechen.

24 Produkte herstellen

Technik gestalten

6. Zeichnungen anfertigen

Nachdem ihr festgelegt habt, was hergestellt wird, ist es hilfreich, Zeichnungen mit allen nötigen Angaben anzufertigen (Fertigungsskizzen oder Fertigungszeichnungen).
Solche Darstellungen nennt man **technische Zeichnungen**.
Im Informationsteil findest du Einzelheiten zu diesem Thema.

So ähnlich wie die dargestellten Skizzen und maßstäblichen Zeichnungen könnten deine technischen Zeichnungen auch aussehen.

Arbeitshinweise
- ▶ Kontrolliere, ob alle wichtigen Angaben enthalten sind.
- ▶ Überprüfe, ob du das Produkt anhand der Zeichnung herstellen kannst oder ob dir noch Informationen fehlen.
- ▶ Lass deine Zeichnung von anderen Gruppenmitgliedern überprüfen und ergänze oder korrigiere sie, wenn nötig.

CAD:
Computer **A**ided **D**esign, technische Zeichnungen, mit dem Computer erstellt

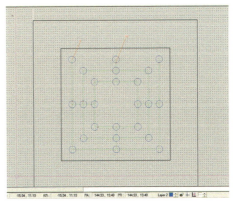
4 CAD-Fertigungszeichnung

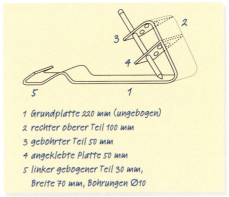
5 Entwurfsskizze eines Stifthalters

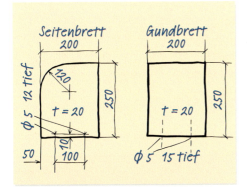
2 Fertigungsskizze von zwei Einzelteilen

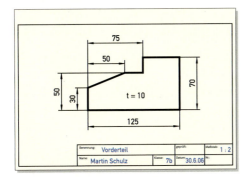
3 Fertigungszeichnung eines Einzelteils

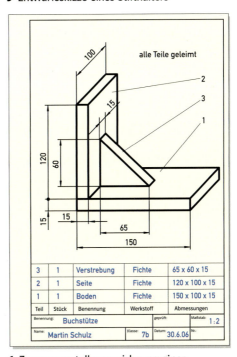
6 Zusammenstellungszeichnung einer Buchstütze

Produkte herstellen **25**

7. Stückliste anlegen

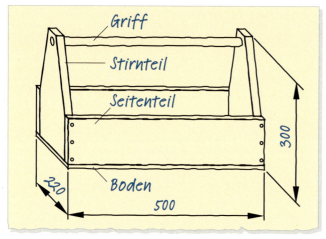

1 Entwurfsskizze

Name:	Max Müller	Klasse:	7b	Datum:	28.03.2006
Werkstück:		Werkzeugtrage			

Teil	Stück	Benennung	Werkstoff	Abmessungen
1	2	Stirnteil	Fichte	292 x 184 x 18
2	2	Seitenteil	Fichte	500 x 122 x 18
3	1	Griff	Buche	⌀ 20 x 500
4	1	Boden	Sperrholz	500 x 220 x 8
5	12	Senkkopf-schraube	Stahl verzinkt	⌀ 3,5 x 30
6	12	Senkkopf-schraube	Stahl verzinkt	⌀ 2 x 16

3 Stückliste für eine Werkzeugtrage

Eine Stückliste enthält alle wichtigen Informationen über die Werkstoffe und andere Arbeitsmittel, die du zur Herstellung deines Produkts benötigst.

Notiere zuerst alle benötigten Werkstoffe und Arbeitsmittel. Überprüfe anhand deiner Zeichnung, ob du an alles gedacht hast und ob die Maße stimmen (Eckverbindungen beachten).

Bei der Stückliste gibt es einige Regeln zu beachten:
- Unabhängig von der Anzahl der Teile wird in der Spalte „Benennung" stets die Einzahl angegeben.
- Abmessungen werden immer in Millimeter angegeben, wobei die Maßeinheit selbst entfällt.
- Angaben zu den Abmessungen sind in der Regel Rohmaße, also Maße mit Bearbeitungszugabe.

Die Stückliste wird dir bei der Vorbereitung und Herstellung deines Produkts eine große Hilfe sein.
Mit ihrer Hilfe kannst du auch eine Überschlagsrechnung für die Materialkosten machen. Das ermöglicht dir, alle anfallenden Kosten im Auge zu behalten.

Die Stückliste muss nicht wie das Beispiel aussehen. Du kannst auch eine eigene Vorlage am Computer entwickeln. Diese Vorlage kann dann immer wieder bei verschiedenen Werkstücken verwendet werden.

Die Stückliste solltest du genauso wie die Skizze mit deinen Gruppenmitgliedern austauschen und wenn nötig korrigieren.

Name:	Jana Baier	Klasse:	8a	Datum:	28.03.2006
Werkstück:		Elektrobaukasten			

Nr.	Anzahl	Benennung	Bestellnummer	Stückpreis
1	2	Glühlampe 4,5 V, rot	703015	0,32 €
2	1	Mini-Einbautaster	703080	0,22 €
3	5	Leuchtdiode grün	703196	0,13 €
4	1	Kabel, 30 cm, rot	703708	0,18 €

2 Elektrostückliste

4 Materialkosten überschlagen

26 Produkte herstellen

Technik gestalten

8. Beurteilungskriterien festlegen

Kriterien können dir helfen, das fertige Produkt zu beurteilen und zu bewerten. Deshalb ist es schon vor der Herstellung notwendig zu wissen, welche Kriterien besonders wichtig sind.

Tipp: Die Angaben der Anforderungsliste können dir beim Festlegen von Beurteilungskriterien helfen.

Nicht nur das fertige Produkt sollte beurteilt werden, auch der Planungs- und Arbeitsprozess und die Arbeit im Team sind wichtig! Deshalb sind diese Punkte im Beurteilungsbogen zu berücksichtigen.

In der Spalte Gewichtung könnt ihr einen Gewichtungsfaktor angeben. Die erreichten Punkte werden mit diesem Faktor multipliziert. Das bedeutet:
Je größer der Gewichtungsfaktor ist, desto wichtiger ist dieses Kriterium und desto mehr Punkte können erreicht werden.

Wie im Beispiel zu erkennen ist, wird dein Produkt nicht nur von deiner Lehrerin oder deinem Lehrer, sondern auch von dir selbst und deinen Mitschülern beurteilt. Einen Beurteilungsbogen könnt ihr auch selbst am Computer entwerfen und immer wieder verwenden.

Methode

Beurteilungskriterien festlegen → S. 110/111
Kriterien machen eine Beurteilung besser nachvollziehbar.

Kontroll- und Beurteilungsbogen

Werkstück: Nachziehkrokodil **maximale Punktzahl:** 230 **Lehrerbeurteilung Punkte:**
gefertigt von: **beurteilt von:** **Lehrerbewertung Note:**

(0–5 Punkte jeweils für Fremd- und Eigenbeurteilung) Beurteilungskriterien	Gewichtungsfaktor	Punkte Eigenbeurteilung	Punkte Eigenbeurteilung mal Gewichtung	Punkte Fremdbeurteilung	Punkte Fremdbeurteilung mal Gewichtung	Punkte Lehrerbeurteilung	Punkte Lehrerbeurteilung mal Gewichtung
Maße: alle Maße stimmen	1						
Funktion: Räder leicht laufend	5						
Mittelteil genügend wackelnd	3						
Stand- und Kippsicherheit o.k.	5						
Optik: sauber verarbeitet	5						
sieht gut aus	3						
Arbeitsweise: selbstständig	5						
hilfsbereit	4						
partnerschaftlich	4						
sicherheitsgerecht	4						
zielstrebig	4						
termingerecht	3						
Erreichte Punktzahl:							

Produkte herstellen **27**

9. Arbeitsplan ausarbeiten

In einem Arbeitsplan notiert man vor allem die Arbeitsschritte in ihrer Reihenfolge sowie die benötigten Werkzeuge und sonstigen Arbeitsmittel.

In eine Spalte des Arbeitsplans trägst du die **Sollzeit**, d.h. die geschätzte benötigte Arbeitszeit, ein. Dabei übst du abzuschätzen, wie viel Zeit für die Herstellung des Produkts nötig sein wird. Bei der Arbeit kannst du anschließend überprüfen, wie lange du wirklich gebraucht hast (**Istzeit**).

Nach und nach wird es dir dann immer leichter fallen die benötigte Arbeitsdauer einzuschätzen.
Bei den Zeitschätzungen für dein erstes Werkstück kannst du deine Lehrerin oder deinen Lehrer um Rat fragen.

Den Arbeitsplan kannst du selbst entwerfen. Sinnvoll ist eine Spalte mit Sicherheitshinweisen. Dort wird festgehalten, welche Sicherheitsvorkehrungen bei den einzelnen Arbeitsschritten zu beachten sind.
Die Arbeit an Maschinen lässt sich mit einer Warteliste regeln: Wer arbeitet wann an welcher Maschine?

Methode

Arbeitsplan anlegen → S. 95
Gut organisiert und schon läuft es wie geschmiert.

Arbeitsschritte?
- Welche Arbeiten müssen durchgeführt werden?

Reihenfolge?
- Wann kann was erledigt werden?

Maschinen? Werkzeuge? Sonstige Arbeitsmittel?
- Welche werden benutzt?
- Sind sie in ausreichender Anzahl vorhanden?
- Welche Sicherheitsvorkehrungen sind zu beachten?

Fertigkeiten?
- Kannst du alle Arbeiten selbst durchführen?
- Muss dir dein Lehrer oder deine Lehrerin z. B. mit einer Kreissäge ein Holzbrett zusägen?

Sollzeit? Istzeit?
- Wie viel Zeit benötigst du wahrscheinlich?
- Notiere später, wie viel Zeit du tatsächlich benötigt hast.

Überschneidungen?
- Wie sollen die Arbeiten organisiert werden?
- Können alle zur gleichen Zeit mit den gleichen Werkzeugen, Maschinen, Arbeitsmitteln arbeiten?
- Warteliste mit Zeiteinteilung erstellen.

Arbeitsplan

Name: Martin Säger Kl.: 7b Datum: 24.01.06

Objekt: Deckel für ein Kästchen

Nr.	Arbeitsschritte	Arbeitsmittel	Sollzeit in min	Istzeit in min
1	auf Länge sägen	Sägevorrichtung, Feinsäge	10	
2	Griffloch bohren	Bohrvorrichtung, Bohrmaschine, Forstnerbohrer	2	
3	Kanten schleifen	Schleifvorrichtung, Schleifpapier	5	
4	Oberfläche schleifen, reinigen, feucht abwischen	Schleifpapier, Körnung 100, 120, Lappen	10	
5	Oberfläche wachsen	Wachs, Lappen	8	

Produkte herstellen

Technik gestalten

10. Kalkulation durchführen

Bevor eine Firma ein Produkt oder eine Dienstleistung anbietet, muss sie alle Kosten ermitteln, die anfallen. Das nennt man Kostenkalkulation.
Denn was nützt das beste Produkt, wenn es zu teuer ist und es deshalb niemand kaufen will?

Eine Kostenkalkulation solltest du auch aufstellen, bevor du mit der Herstellung deines Produkts beginnst.

Verwende dazu ein Tabellenkalkulationsprogramm.
Das Programm ermöglicht dir die Arbeit mit Formeln, z. B. mit der Summenformel. Du kannst auch Prozente ausrechnen lassen. Änderst du nachträglich einen Wert, z. B. weil das Material billiger war als erwartet, berechnet das Programm automatisch den geänderten Verkaufspreis.

Wenn ihr euch für den Verkauf eures Produkts entscheidet, gibt es einige wichtige Punkte zu bedenken:
- Wie hoch ist der Verkaufspreis eines vergleichbaren Produkts im Geschäft oder Versandhandel?
- Welche Kosten fallen von der Entwicklung bis zum Verkauf des Gegenstands an, müssen also durch den Verkauf des Produkts wieder eingenommen werden?
Sind es nur die Materialkosten?
- Ihr solltet auch berücksichtigen, wer die Zielgruppe sein könnte, d. h. wer könnte sich für eurer Produkt interessieren und wie hoch dürfte der Preis sein?
Tipp: Um diese Frage zu beantworten, könnt ihr eine „Markterkundung" (Befragung) durchführen, z. B. in der Schule, bei den Eltern, Freunden, Nachbarn, …
- Ein weiterer wichtiger Punkt ist, wo und wie man das Produkt verkaufen könnte.
- Ihr solltet darüber nachdenken, ob ihr Werbung für das Produkt machen möchtet. Überlegt, wie diese Werbung aussehen könnte.

Methode

Kosten ermitteln → S. 98 / 99
Wie viel wird unser Produkt kosten?

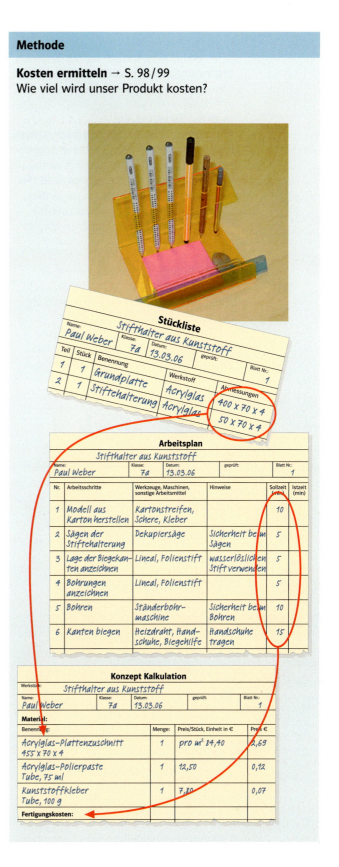

Produkte herstellen **29**

11. Organisationsplan aufstellen

Wenn ihr das Produkt nicht alleine, sondern arbeitsteilig fertigt, solltet ihr einen Organisationsplan erstellen. In diesem Plan wird festgelegt, welcher Arbeitsschritt von wem und an welchem Arbeitsplatz durchgeführt wird.
Aus diesem Organisationsplan kann man auch erkennen, in welcher Reihenfolge die Arbeitsschritte durchgeführt werden und wie viel Zeit dafür benötigt wird (Fertigungszeit). Dadurch kannst du lernen, die Arbeitsschritte sinnvoll aufzuteilen und einen eventuellen „Stau" an Maschinen zu vermeiden.

Wie du in Abb. 1 erkennen kannst, erledigt jede Schülerin und jeder Schüler einen Arbeitsschritt bei der Herstellung des Produkts.
Da die Arbeiten jedoch meistens an verschiedenen Arbeitsplätzen und Maschinen erledigt werden, muss alles gut geplant werden.

Bei der Organisation der Arbeit solltet ihr zunächst bestimmen, wer zuständig sein soll z. B. für
- Materialbereitstellung
- Arbeitsplatzeinrichtung
- Herstellung von Einzelteilen
- Oberflächenbehandlung
- Zusammenbau / Montage
- Endbearbeitung
- Endkontrolle und Nachbesserung

Wer übernimmt zusätzliche Aufgaben?
- Gruppensprecher   (kennt alles)
- Springer   (kann alles)
- Meister   (weiß alles)
- Vorarbeiter   (repariert alles)
- Kontrolleur   (bemängelt alles)

Prüft zuletzt folgende Punkte:
- Fertigungsweg und Arbeitsplätze klar?
- Arbeitsmittel (Werkzeuge, Maschinen usw.) kontrolliert?
- Material komplett?
- Arbeitsunterlagen parat (Zeichnungen, Stückliste)?
- Arbeitsfreigabe erteilt?

... dann kann's losgehen!

Methode

Arbeitsablauf organisieren → S. 96/97
Gut organisiert läuft alles besser.

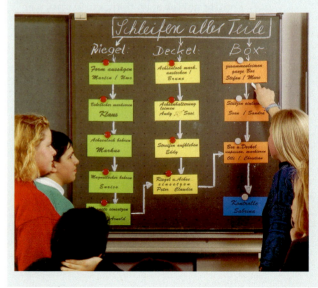

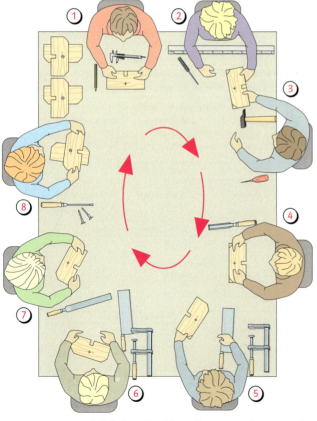

1 Arbeitsteilige Herstellung eines Gegenstands

30   Produkte herstellen

Technik gestalten

12. Gegenstand herstellen

Prototyp:
erste Ausführung eines Objekts; dient zur Erprobung und Weiterentwicklung

Wenn ein Gegenstand mehrfach hergestellt werden soll, ist es sinnvoll einen **Prototyp** zu fertigen. Dabei fallen euch vielleicht Schwierigkeiten oder Probleme auf, die ihr bei der Planung übersehen habt, die nun aber berücksichtigt werden müssen.

Arbeitssicherheit

Überprüfe die Werkzeuge auf eventuelle Sicherheitsmängel. Arbeite nie mit defekten Werkzeugen oder Maschinen!

2 Überprüfung eines Prototyps

4 Herstellung eines Objekts

Bevor du mit der Herstellung beginnst, richtest du dir deinen Arbeitsplatz ein:
▶ Hast du alle wichtigen Unterlagen zusammengetragen und bereitgelegt (Zeichnung, Stückliste, Arbeits- oder Organisationsplan, …)?
▶ Sind die nötigen Werkzeuge und Arbeitsmittel (Leim, Schrauben, …) bereitgestellt?
▶ Gibt es eine Warteliste für Maschinen? Vergewissere dich, wann du an welcher Maschine arbeiten kannst.

Alles in Ordnung? Dann kann es losgehen!
▶ Halte dich an deine Vorgaben.
▶ Beachte unbedingt die Sicherheitsanforderungen.
▶ Vergiss nicht in den Arbeitsplan einzutragen, wie lange du für die einzelnen Arbeitsschritte gebraucht hast.
▶ Wenn du eine Arbeit zum ersten Mal durchführst, z. B. Kunststoff bohren, solltest du sie zunächst an einem Probestück ausprobieren. Dadurch kannst du ärgerliche Missgeschicke verhindern.
▶ Überprüfe regelmäßig deine Arbeitsweise und deine Arbeitsergebnisse.
▶ Unterstütze andere, wenn sie deine Hilfe brauchen. Jeder ist für einen guten Tipp dankbar.

Wenn du deine Arbeit beendet hast oder wenn der Technikunterricht zu Ende ist:
▶ Beschrifte dein Werkstück mit deinem Namen und räume es weg.
▶ Säubere deine Werkzeuge und überprüfe, ob sie sicherheitstechnisch noch in Ordnung sind.
▶ Räume deinen Arbeitsplatz auf.

3 vorbereiteter Arbeitsplatz

Produkte herstellen **31**

13. Kontrolle durchführen, Lösung optimieren

Bei der Herstellung deines Objekts hast du sicherlich schon während der Arbeit immer wieder überprüft, ob
- die Maße mit den vorgegebenen übereinstimmen,
- die Qualität der hergestellten Teile in Ordnung ist,
- alles am Objekt so funktioniert wie gewünscht,
- das Arbeitstempo stimmt,
- du systematisch arbeitest,
- die Zusammenarbeit im Team funktioniert.

Jetzt, am Ende deiner Planung und Arbeit, steht noch eine entscheidende Frage: Würdest du alles noch einmal genauso machen oder lässt sich noch etwas verbessern, also optimieren?

Bei dieser Kontrolle kann man je nach Produkt ganz Unterschiedliches überprüfen.

Bei einem hergestellten elektrotechnischen Objekt können dies z. B. folgende Punkte sein:
- Habe ich die Berechnungen für die Bauteile richtig durchgeführt?
- Habe ich die Bauteile richtig gepolt?
- Sollte ich beim nächsten Mal andere Bauteile wählen?
- Funktionieren alle Bauteile und sind sie richtig verdrahtet?

Wenn du bei der Kontrolle Punkte entdeckt hast, die du verbessern kannst, weißt du, was du beim nächsten Mal beachten musst.

War die Überprüfung des hergestellten Objekts zufriedenstellend, kannst du mit der Beurteilung beginnen.

1 Kontrolle der Werkstücke

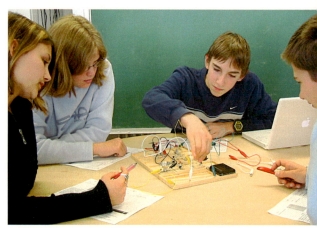

2 Was lässt sich nächstes Mal verbessern?

Methode

Daten erfassen → S. 101
Ohne Daten läuft nichts.

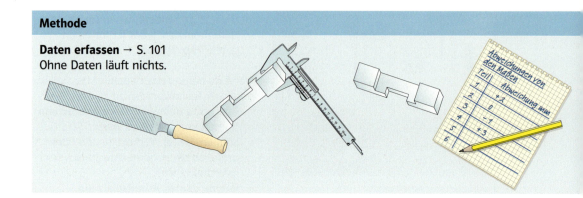

Technik gestalten

14. Beurteilung durchführen

Bei der Beurteilung wird die Qualität deines Produkts und deiner Arbeitsweise festgestellt.

3 Eigenbeurteilung

Bereite zunächst einmal alles für die **Beurteilung** vor. Nimm dazu die Liste mit den von euch bereits festgelegten Beurteilungskriterien heraus.

Bevor ihr mit der Beurteilung beginnt, verständigt euch in der Klasse oder Gruppe, wie viele Punkte es für die einzelnen Kriterien geben soll. Einigt euch z. B. auf eine sechsteilige Skala:
    5 Punkte: mängelfrei
    4 Punkte: nahezu mängelfrei
    3 Punkte: geringe Mängel
    2 Punkte: einige Mängel
    1 Punkt: viele Mängel
    0 Punkte: zu viele Mängel

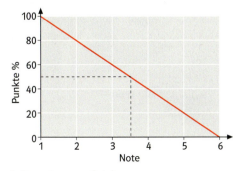

4 Bewertungsmaßstab

Anschließend beginnst du mit deiner **Eigenbeurteilung**.

Danach sollte eine **Fremdbeurteilung** durch eine Mitschülerin oder einen Mitschüler erfolgen. Bitte jemanden, deine Arbeitsergebnisse und deine Arbeitsweise zu beurteilen. Auch du beurteilst die Arbeit einer Mitschülerin oder eines Mitschülers.
Am Ende wird deine Arbeit noch von deiner Lehrerin oder deinem Lehrer beurteilt.
Danach werden die Beurteilungsergebnisse in der Klasse besprochen.

5 Fremdbeurteilung

Nach der Beurteilung fehlt jetzt nur noch die **Bewertung**. Dazu benötigt man einen **Bewertungsmaßstab**. Das kann so etwas wie eine Notenskala sein, z. B. bei 80 % der maximal erreichbaren Punktezahl bekommt man die Note 2 oder bei 50 % die Note 3,5.
Frage deine Lehrerin oder deinen Lehrer nach deren Bewertungsmaßstab und wende ihn einmal an.

Am Ende dieser Beurteilungs- und Bewertungsphase solltest du dir überlegen, was du beim nächsten Mal besser machen könntest, aber auch erkennen, wo deine Stärken liegen.

Produkte herstellen **33**

15. Arbeitsergebnisse präsentieren

Nachdem deine Arbeit beendet ist, möchtest du dein Ergebnis natürlich auch den anderen vorstellen, es also präsentieren.

Meist stellen sich bei der Vorbereitung folgende Fragen:
- Was soll präsentiert werden? Nur das Arbeitsergebnis oder auch der Arbeitsprozess?
- Womit soll präsentiert werden (z. B. mit dem Computer, mit Folien, Fotos, Handzetteln, …)?
- Wer soll präsentieren (nur einer oder die ganze Gruppe)?
- In welcher Reihenfolge sollen die Inhalte präsentiert werden?

Zur Beantwortung der letzten Frage findest du hier ein Beispiel. Die Gliederung deiner Präsentation könnte so aussehen:

1. Vorstellung des Themas
„Unsere Aufgabe war die Herstellung eines …"

2. Aufgabenstellung
„Unser Objekt sollte folgende Bedingungen erfüllen: …"

3. Arbeitsablauf
„Dabei sind wir wie folgt vorgegangen: …"

4. Arbeitsergebnis
„Gut gelungen ist uns …",
„Leicht bzw. schwer gefallen ist uns …",
„Nicht gefallen hat uns …"

5. Erfahrungen
„Wir haben folgende Erfahrungen gemacht: …"
„Worauf wir noch hinweisen wollen: …"

6. Abschlussbesprechung
„Habt ihr Fragen?"

Bei der Präsentation ist es wichtig, dass
- möglichst frei gesprochen wird (kein Ablesen),
- die Präsentation durch hergestellte Objekte, Bilder oder Modelle unterstützt wird,
- sie abwechslungsreich gestaltet wird.

Methode

Referate halten → S. 118/119
Angaben machen zum Was, Warum, Wie, …

Texte strukturieren → S. 117
Für Texte den roten Faden finden.

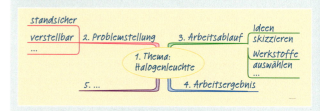

Dokumentation zusammenstellen → S. 121
Was soll wie und womit dokumentiert werden?

Ausstellung vorbereiten → S. 120
Was soll wie und womit präsentiert werden?

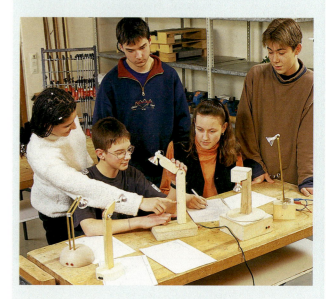

16. Nachbetrachtung durchführen

Bei der Nachbetrachtung sprecht ihr zuerst in eurer Kleingruppe und anschließend in der Klasse über den gesamten Arbeitsprozess und das Arbeitsergebnis. Damit schließt ihr die Arbeit ab.

Hier gibt es einige Fragen zu klären:
- War das Thema für uns interessant, leicht, schwer, …?
- Welche Ziele haben wir uns gesteckt?
- Wurden sie erreicht?
- Wie sind wir dabei vorgegangen?
- Welche Schwierigkeiten sind aufgetaucht?
- Wie haben wir sie gelöst?
- Worin lagen unsere Stärken?
- Wo können wir noch an uns arbeiten?
- Was hat uns besonders gut gefallen?
- Worüber sollten wir noch mehr wissen?
- Hat die Teamarbeit geklappt?

Euch fallen bestimmt noch mehr Fragen dazu ein.

Um die Nachbetrachtung übersichtlich zu gestalten, könnt ihr einen Fragebogen entwerfen. Der kann bei jeder Arbeit wieder verwendet werden, wenn er auf das jeweilige Werkstück abgestimmt wird. In Abb. 2 findet ihr ein Beispiel für einen solchen Bogen.

Natürlich ist es sinnlos, wenn man den Nachbetrachtungsbogen nur ausfüllt und anschließend nicht bespricht und keine Folgerungen daraus ableitet.

Deshalb solltet ihr die Bögen mit den Mitschülern austauschen und z. B. die positiven und negativen Aspekte farblich kennzeichnen oder stichwortartig herausschreiben.

So könnt ihr gut erkennen, worin die eigenen Stärken liegen und wo es noch Schwierigkeiten oder Probleme gibt, an deren Lösung ihr noch intensiver arbeiten solltet.

1 Nachbetrachtung durchführen

Nachbetrachtungsbogen (Beurteilung: 5 trifft voll zu – 0 trifft nicht zu)	5	4	3	2	1	0
Das Thema war interessant	X					
Das Thema war zu schwer		X				
Eigene Ideen konnten gut eingebracht werden		X				
Die Planung war erfolgreich			X			
Die Schwierigkeiten konnten gelöst werden			X			
Die Durchführung hat gut funktioniert			X			
Die Arbeit im Team war erfolgreich		X				
Die Ziele wurden erreicht		X				
…						

2 Bogen für die Nachbetrachtung

Technische Probleme lösen
Sicherheit • Holz • Metall • Kunststoff • Bautechnik • Elektrotechnik • Technisches Zeichnen

Hier wird eine Idee in die Tat umgesetzt! Kunststofftechniker führen Schleif- und Ausstattungsarbeiten an einer Karosserie aus faserverstärkten Kunststoffen durch. Diese Karosserie wird für einen Prototypen eines Elektromobils entwickelt. Sie soll leicht sein, damit das Fahrzeug nicht so viel Energie benötigt, und sie soll die Insassen trotzdem sicher schützen.
Bei der Erforschung und Weiterentwicklung dieser Leichtbaufahrzeuge übernehmen verschiedene Firmen unterschiedliche Aufgaben, z. B. die Werkzeugbearbeitung, die Antriebstechnologie, das Design, …

Wenn ihr eure Ideen für ein Produkt entwickelt, tauchen immer wieder Fragen und Problemstellungen auf. Wie wäre es mit einem Versuch, um die Zusammenhänge zu erforschen? Auch so manche Aufgabe der folgenden Seiten kann euch auf die Sprünge helfen!

Das wirst du kennen lernen:

- einige Ideen für Produkte – da gibt es bei euch sicher noch viele Einfälle
- Aufgaben, die zu knacken sind
- Versuche, mit denen du den Dingen auf den Grund gehen kannst

36

Sicherheit

Maschinen benutzen

1 Polieren mit der Bohrmaschine

Der Einsatz von Maschinen vereinfacht das Herstellen und Bearbeiten der Werkstücke und eröffnet zusätzliche Möglichkeiten.
Damit die Freude an der Herstellung und Arbeit anhält, müssen alle Sicherheitsvorschriften und Schutzmaßnahmen unbedingt eingehalten werden.

Vor der Benutzung einer Maschine musst du eingehend in Theorie und Praxis unterwiesen sein.

Bei den für dich zur Benutzung freigegebenen Maschinen gibt es drei Möglichkeiten:

Unter Anleitung arbeiten:

Du arbeitest mit der Maschine. Deine Lehrerin oder dein Lehrer steht daneben, leitet und beaufsichtigt deine Arbeit.

Teilweise selbstständig arbeiten:

Du arbeitest selbstständig mit der Maschine. Deine Lehrerin oder dein Lehrer beobachtet dich.

Selbstständig arbeiten:

Ohne ständige Beobachtung arbeitest du selbstständig mit der Maschine.

Aufgabe 1:
Maschinen zuordnen

Legt in Gruppen- oder Partnerarbeit eine Tabelle mit 5 Spalten an: Maschine, verboten, unter Anleitung, teilweise selbstständig, selbstständig. Ihr könnt hierzu auch den Computer verwenden.
a) Listet alle Maschinen des Technikbereichs auf.
b) Ordnet sie alphabetisch.
c) Tragt sie in die Tabelle ein.
d) Kreuzt an, welche Maschinen ihr in der Jahrgangsstufe 7/8 auf welche Art benutzen dürft.

Aufgabe 2:
Merkblatt verfassen

Verfasst in Partnerarbeit jeweils ein Merkblatt für eine in eurer Klassenstufe zulässige Maschine. Darin sollten mindestens enthalten sein:
– Benennung der Bedienteile
– Sicherheitsregeln
– geeignete Digitalfotos

Foliert ein Merkblatt und hängt es neben der Maschine auf, sodass sich jeder immer wieder informieren kann.

Aufgabe 3:
Sicherheitszeichen analysieren

Suche auf Typenschildern und in Gebrauchsanleitungen von Maschinen die Sicherheitszeichen. Zeichne sie ab, stelle sie in einer Übersicht zusammen und notiere, was sie bedeuten.

Aufgabe 4:
Drehzahlen ermitteln

Ermittle aus der Tabelle (Abb. 10) die richtige Drehzahl zum Bohren von Löchern in das jeweilige Material:
a) Aluminium   Bohrer 10 mm ⌀
b) Holz   Bohrer 8 mm ⌀
c) Holz   Bohrer 25 mm ⌀
d) Stahl   Bohrer 2 mm ⌀

2 Dekupiersäge

3 Heißluftpistole

4 Stichsäge

5 Heißklebepistole

6 Akku-Bohrschrauber

7 Schwingschleifer

8 Lötkolben

9 Ständerbohrmaschine

10 Drehzahltabelle

Technische Probleme lösen

Anregungen für Holzprodukte

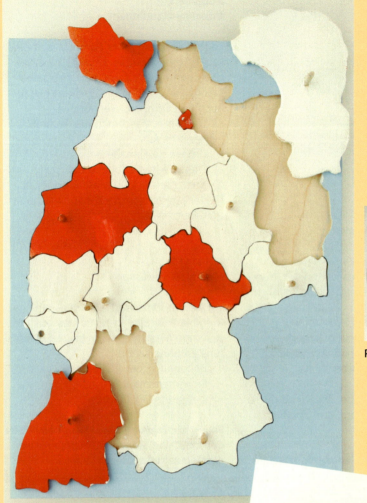

Die Länder Deutschlands als Holzpuzzle

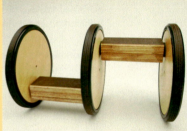

Pedalo, ein Trainingsgerät

Handyhalter

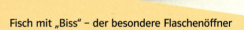

Fisch mit „Biss" – der besondere Flaschenöffner

Garderobe

Buchstütze

Schreibschatulle mit Schwenkfach

Holz

Aufgaben bearbeiten

Aufgabe 1:
Sägen, Bohren, Leimen, Schleifen

Beim Herstellen eines Solitärspiels kannst du verschiedene Arbeitstechniken üben.

Die Spielsteine müssen locker in den Löchern stecken. Du kannst sie dir aus einem Rundholz selbst herstellen oder, wenn wenig Zeit zur Verfügung steht, fertige Holzdübel verwenden.

1 Solitärspiel

- ▶ Mit der Gehrungssäge kannst du die Brettchen im rechten Winkel ablängen.
- ▶ Übertrage ein exaktes Kreuzmuster auf das Spielbrett, z.B. mithilfe von kariertem Papier.
- ▶ Markiere die Bohrmittelpunkte mit dem Vorstecher.
- ▶ Beachte, dass die Bohrtiefe der Löcher immer gleich sein muss. Mit dem Tiefenanschlag der Ständerbohrmaschine lässt sich dies einstellen.

Achtung:
Halte dich an die Arbeitsregeln beim Bohren, siehe Seiten 88/89!

2 Ständerbohrmaschine
3 Vorwahl der Bohrtiefe

- ▶ Stelle die Drehzahl passend zum Bohrdurchmesser ein. Auf manchen Maschinen ist hierfür eine Drehzahltabelle aufgedruckt. Frage bei Unklarheiten nach.
- ▶ Leime die Einzelteile zusammen und schleife sie.

Aufgabe 2:
Mit der Dekupiersäge arbeiten

4 Dekupiersäge

Arbeitssicherheit

- Fingerringe, Armbänder, Armbanduhr ablegen.
- Lose hängende Bänder und Schals entfernen oder sichern.
- Schutzbrille aufsetzen.
- Sägeblatt fest einspannen.
- Niederhalter auf Werkstückhöhe einstellen.
- Mit den Fingern Abstand zum Sägeblatt halten.

Mit einer Dekupiersäge erhältst du saubere senkrechte Schnitte. Sie eignet sich z.B. zur Herstellung einer Weihnachtskrippe.

- ▶ Zeichne zuerst einen Entwurf auf Papier.
- ▶ Lege dann dein Blatt auf ein Weichholzbrett (Dicke: ca. 20) und zeichne die Linien mit einem Kugelschreiber nach, sodass sie durchdrücken.
- ▶ Fahre anschließend die durchgedrückten Linien mit Bleistift auf dem Holz nochmals nach.
- ▶ Säge die Figuren mit der Dekupiersäge aus.
- ▶ Schleife scharfe Kanten ab.
- ▶ Entscheide, ob du eine Oberflächenbehandlung durchführen möchtest.

Hinweis:
Bei innen liegenden Teilen musst du ein kleines Loch auf der Linie bohren, damit du das Sägeblatt durchführen kannst.

5 Beispiel für eine Weihnachtskrippe

Alternativ-Vorschläge:
- Tier mit Baby zum Herausnehmen
- Namensschild in 3D-Ausführung

Technische Probleme lösen **39**

Aufgaben bearbeiten

Aufgabe 3:
Technische Handlungen erkennen

1 Das Holz und der Mensch

Menschen können Benutzer, Hersteller, Betroffene und Bewerter von Technik sein.
▶ Übertrage die Tabelle aus Abb. 2 auf ein Blatt und finde so viele Beispiele wie möglich.

Benutzer	Hersteller	Betroffene	Bewerter
Holzbootfahrer …			

2 Menschen und Technik

40 Technische Probleme lösen

Aufgabe 4:
Handeln und Können

a) Überprüfe Holzbearbeitungswerkzeuge auf Sicherheit und warte sie.
b) Ordne Holzbearbeitungswerkzeuge den Fertigungsverfahren in einer Mindmap zu.
c) Entwickelt in Partner- oder Gruppenarbeit eine Schautafel über Holzarten und Holzwerkstoffe.
d) Suche im Technikbereich oder zu Hause nach Anwendungsbeispielen für Holzwerkstoffe.
e) Organisiert eine Ausstellung zum Thema „Oberflächenbehandlung von Holz".
f) Stelle eine Bilderdatei mit Benennungen der Werkzeuge und Maschinen zur Holzbearbeitung zusammen.

Aufgabe 5:
Wissen und Verstehen

a) Bevor du mit dem praktischen Arbeiten beginnst, musst du bei deiner Lehrerin oder deinem Lehrer die Erlaubnis dazu einholen. Warum?
b) Du schleifst Holz im Technikraum. Was musst du dabei beachten?
c) Wie kannst du eine verdeckte Dübelung herstellen?
d) Bis zu welchem Teil seiner Länge sollte ein Nagel in den haltenden Teil der Verbindung eindringen, damit er dort ausreichend festgeklemmt wird?
e) Was musst du beim Raspeln beachten?
f) Warum werden Sägezähne geschränkt?
g) Nenne die wichtigsten Punkte für die Planung der Herstellung eines technischen Gegenstands.
h) Nenne die wichtigsten Werkstoffeigenschaften einer Holzart und eines Holzwerkstoffs.
i) Was versteht man unter Quellen, Schwinden und Verwerfen von Holz und wodurch werden diese Erscheinungen hervorgerufen?
j) Nenne Eigenschaften und Verwendungsbeispiele eines Nadel- und eines Laubholzes.
k) Der Stammquerschnitt vieler Hölzer zeigt Jahresringe. Wodurch entstehen sie und worauf kann man mit ihrer Hilfe schließen?
l) Beschreibe den inneren Aufbau eines Baumstamms.
m) Erläutere Gründe und Möglichkeiten für die Oberflächenbehandlung von Holz.

Aufgabe 6:
Beurteilen und Bewerten

a) Welche Aufgaben und Funktionen des Waldes machen ihn so wichtig?
b) Suche dir ein technisches Objekt aus Holz aus. Was bedeuten seine Herstellung und Benutzung für den Menschen und die Umwelt?
c) Zeige an mindestens zwei Produkten die Etappen im Lebensweg eines Holzgegenstands auf.

Aufgabe 7:
Berufe erkunden

a) Informiere dich bei der Bundesagentur für Arbeit und im Internet über Berufe aus dem Bereich Holz.

b) Stelle Fragen zur Erkundung von Arbeitsplätzen, an denen Holz verarbeitet wird, zusammen.

Versuche durchführen

Arbeitshinweise:

Vorbereitung

▶ Stellt die zur Durchführung notwendigen Arbeits- und Hilfsmittel bereit.
▶ Baut die Versuchsanordnung auf.
▶ Lest die Versuchsanleitung aufmerksam durch und fragt bei Unklarheiten nach.
▶ Überlegt euch die Arbeitsteilung und den zeitlichen Ablauf für die Durchführung der Versuche.
▶ Formuliert vor Versuchsbeginn eure Vermutungen über erwartete Ergebnisse.

Durchführung

▶ Führt die Versuche durch.
▶ Protokolliert dabei eure Beobachtungen und Messergebnisse.

Auswertung

▶ Stellt die Versuchsergebnisse grafisch dar.
▶ Vergleicht die Ergebnisse mit euren Vermutungen und begründet Abweichungen.

Ergebnissicherung

▶ Formuliert Merksätze, zeichnet Mindmaps, entwerft Lernplakate, …

Versuch: Quellen von Holz	Abmessungen in mm (auf 1/10 mm genau)			Masse in g
Holzart: Name: Klasse: Datum:	Länge	Breite	Dicke	
Ausgangswerte (vor dem Durchfeuchten)				
1. Messung (nach 10 min)				
Veränderung zu den Ausgangswerten				
2. Messung (nach 20 min)				
Veränderung zu den Ausgangswerten				
3. Messung (nach 30 min)				
Veränderung zu den Ausgangswerten				

1 Beispiel für ein Protokollblatt

Versuchsablauf

▶ Schreibt die Holzart mit wasserfestem Stift auf die Probestücke.
▶ Ermittelt die genauen Maße (Länge, Breite und Dicke in mm) und die Masse (in g) der Probestücke.
▶ Haltet alle Ergebnisse pro Holzart schriftlich in einem Protokollblatt fest.
▶ Legt die Probestücke ins Wasser.
▶ Prüft alle 10 Minuten Maße und Masse und tragt die Werte ins Protokollblatt ein.
▶ Trocknet die Waage und den Messschieber nach Gebrauch ab.

Versuch 1:
Quellen von Holz untersuchen

Informiert euch im Internet über folgende Begriffe: Darrprobe, darrtrocken, Schwinden, Quellen

Untersucht das Verhalten von Holz bei Aufnahme von Feuchtigkeit.
Lest dazu im Informationsteil die Ausführungen zum Quellen und Schwinden nach und schaut euch dort die Abbildungen an.

Arbeitsmittel
Wasserbehälter, Waage, Messschieber, Tuch, wasserfester Stift

Werkstoffe
je ein Probestück (150 x 100 x 20) verschiedener Hölzer, z.B. aus Buche, Eiche, Fichte, Kiefer

Auswertung

▶ Vergleicht die ermittelten Messwerte mit den ursprünglichen.
▶ Vergleicht bei den Holzarten die Zunahme der Abmessungen in Jahresringrichtung mit der in Längsrichtung.
▶ Stellt die Versuchsergebnisse grafisch dar.
▶ Waren eure Vermutungen richtig? Begründet Abweichungen.
▶ Formuliert Merksätze zum Quellen von Holz.
▶ Überlegt euch, welche Auswirkungen die ermittelten Ergebnisse auf die Planung eines Werkstücks haben.

42 Technische Probleme lösen

Holz

**Versuch 2:
Eckverbindungen vergleichen**

Untersucht die Belastbarkeit verschiedener Eckverbindungen, z.B. geleimte, genagelte, geschraubte und gedübelte.

Arbeitsmittel
2 Eimer (12,5 l), Schraubstock, Schraubzwingen, Nägel, Schrauben, Holzdübel, Hammer, Schraubendreher, Holzleim, Sand (25 kg), Personenwaage, Seil

Werkstoffe
8 Fichtenbretter (etwa 150 x 100 x 20)

Versuchsablauf
- Informiert euch im Informationsteil und in Katalogen über die Auswahl geeigneter Nägel, Schrauben und Dübel.
- Stellt Vermutungen zur Belastbarkeit an.
- Spannt die Eckverbindungen nacheinander jeweils im Schraubstock oder mit Schraubzwingen fest (Abb. 2).
- Sichert den Sandeimer bei jedem Versuch so, dass er beim Überschreiten der Belastungsgrenze nicht auf den Boden fallen kann (Achtung: Verletzungsgefahr!).
- Füllt den Eimer nach und nach mit Sand, bis die Verbindung nachgibt, und ermittelt sein Gewicht.

Auswertung
Überprüft eure Vermutungen und formuliert Merksätze.

2 Versuchsanordnung zur Belastbarkeit

**Versuch 3:
Oberflächen von Holz behandeln**

Da Holz Pflege und Schutz benötigt (z.B. vor Feuchtigkeit, Schmutz und Schädlingen), wird seine Oberfläche behandelt. Auch die Farben und Strukturen von Hölzern lassen sich dadurch erhalten, steigern oder nach Bedarf sogar verändern.

Führt dazu geeignete Versuche an Proben verschiedener Holzarten durch.

Arbeitsmittel
Pinsel, Schleifpapier, Bürsten, Lappen

Werkstoffe und Hilfsstoffe
Bretter (etwa 250 x 100 x 8) z.B. aus Buche, Eiche, Fichte und Kiefer, Beizen, Wachse, Öle, Firnisse, Lasuren, Grundiermittel, Klarlack, Holzpaste

> **Arbeitssicherheit**
> - Gefahrensymbole beachten.
> - Schutzhandschuhe und Schutzbrille tragen.
> - Kleidung schützen.
> - Für Querlüftung sorgen.
> - Lagerung und Entsorgung beachten!

Versuchsablauf
- Lest die Verarbeitungshinweise zu den verwendeten Produkten genau durch.
- Beachtet strikt die Gefahrenhinweise!
- Behandelt je eine Hälfte der Oberfläche. Die andere Hälfte bleibt zu Vergleichszwecken frei.
- Notiert alle Arbeitsschritte.
- Klebt auf die Rückseite eurer Probehölzer zur Information jeweils ein Blatt mit dem Namen der verwendeten Produkte und den dokumentierten Einzelschritten.

Auswertung
- Sucht Anwendungsbeispiele für Oberflächenbehandlungen.
- Ermittelt für Holzprodukte aus eurem Umfeld, ob und welche Oberflächenbehandlungen durchgeführt wurden.

3 optische Wirkungen von Oberflächenbehandlungen, hier bei Eiche

4 optische Wirkungen von Oberflächenbehandlungen, hier bei Fichte

Informiere dich im Internet über den „Blauen Engel"

5 Blauer Engel

Technische Probleme lösen **43**

Anregungen für Metallprodukte

Wer knackt die Nuss?

Uhren aus Metallresten im neuen Design

Bleistiftspitzer

Immer die Balance halten

Die „dritte Hand" hilft beim Löten

Schraubstock zum Festspannen

Metall

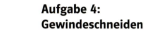

Aufgaben bearbeiten

Aufgabe 1:
Produkt aus Metall untersuchen

Auf der linken Seite findest du einige im Technikunterricht hergestellte Metallgegenstände. Beantworte zum Bleistiftspitzer folgende Fragen:
a) Welche Metalle sind zur Herstellung eines solchen Bleistiftspitzers geeignet? Begründe deine Antwort.
b) Suche nach Fügetechniken, die geeignet sind um
   – die Seitenteile miteinander zu verbinden.
   – den Spitzer mit dem Deckel zu verbinden.
   Für welche Fügetechnik würdest du dich jeweils entscheiden? Begründe deine Antwort.
c) Notiere alle Werkzeuge und Maschinen, die zur Herstellung benötigt werden.
d) Wie kann man verhindern, dass das Metall nach einiger Zeit beschlägt und schließlich korrodiert?

Aufgabe 2:
Anreißen, Körnen, Bohren

Übertrage mit der Reißnadel oder dem Parallelreißer untenstehende Zeichnung auf ein Stück Blech (ohne Bemaßung).

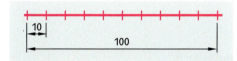

Körne jeweils im Schnittpunkt zweier Risslinien. Bohre jede Körnung mit einem 3-mm-Bohrer. Achte auf die Sicherheitsregeln. Lass von einem Mitschüler überprüfen, ob du genau gearbeitet hast.

Aufgabe 3:
Löten eines Stifthalters

Informiere dich darüber, was beim Löten zu beachten ist. Löte dann ein Blech auf ein Metallrohr. Wähle dazu ein geeignetes Metall aus.

Stifthalter

Korrosion:
die Zerstörung von Metall durch Sauerstoff und Wasser; Folgen: z. B. Rost, Grünspan

Aufgabe 4:
Gewindeschneiden

a) Schneide ein Innengewinde M4 in eine Rundstange.
b) Stelle dann eine M4-Madenschraube her und schraube sie in das Metallstück.
c) Wo werden Madenschrauben verwendet?

Aufgabe 5:
Gartentor vor Korrosion schützen

Nenne unterschiedliche Möglichkeiten, wie du ein Gartentor aus Metall vor Korrosion schützen kannst.

Aufgabe 6:
Metalle bestimmten Eigenschaften zuordnen

Finde heraus, welche Metalle die folgenden Eigenschaften besitzen. Es können auch mehrere Metalle gemeint sein:
a) Die Metalle gehören zur Gruppe der Leichtmetalle.
b) Der Schmelzpunkt liegt unter 1000 °C.
c) Die Metalle korrodieren, wenn sie nicht geschützt werden.
d) Die Metalle sind Legierungen.
e) Der Kohlenstoffgehalt hat Einfluss auf die Härte des Metalls.
f) Die Metalle sind sehr gute Stromleiter.
g) Die Metalle sind sehr gute Wärmeleiter.

Aufgabe 7:
Metallpreise ermitteln

Suche im Wirtschaftsteil einer Tageszeitung oder im Internet nach Metallpreisen (Preis/kg) und stelle sie in einem Säulendiagramm dar.

Edelmetalle (Schalterkurse)	Ankauf	Verkauf	Verk. Vortag
Goldbarren 1 kg (Euro)	10500,00	11140,00	11200,00
Silberbarren 1 kg (Euro)	162,40	176,30	176,70
NE-Metalle (je 100 kg/Euro)	Tiefst	Höchst	Höchst Vortag
Blei	89,71	-,-	89,44
Kupfer (DEL)	239,24	244,45	252,96

Technische Probleme lösen **45**

Aufgaben bearbeiten

Aufgabe 8:
Messschieber ablesen

Stelle fest, welche Längen die abgebildeten Skalen der Messschieber anzeigen, und notiere die Ergebnisse. Du kannst im Informationsteil nachschauen, wie ein Messschieber abgelesen wird.

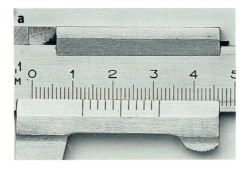

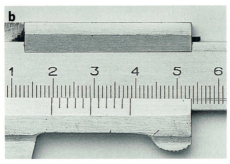

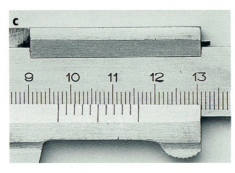

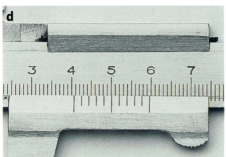

1 Ableseübungen

Aufgabe 9:
Messen mit dem Messschieber

Um Metalle genau bearbeiten zu können, ist es erforderlich, dass du exakte Messungen durchführen kannst. Dazu eignet sich ein Messschieber besonders gut.

Ermittle mit einem Messschieber die Werte der aufgeführten Gegenstände auf 1/10 mm genau:
– Kernlochbohrung einer M6-Mutter
– Nenndurchmesser einer M6-Schraube
– Sacklochtiefe eines Werkzeugblocks
– Dicke und Durchmesser einer Euromünze

Suche dir mindestens fünf weitere Gegenstände, bei denen es sinnvoll ist, mit dem Messschieber zu messen, und ermittle die Maße.

Aufgabe 10:
Metall beschreiben

a) Wähle ein Metall aus. Erstelle eine Präsentation, ein Plakat oder eine Internetseite und stelle die Gewinnung des Metallrohstoffs sowie die Herstellung des gewählten Metalls dar.
b) Erkläre in deiner Darstellung, für welche Anwendungen das Metall benutzt wird und wie es recycelt werden kann.

Aufgabe 11:
Geeignete Arbeitsmittel wählen

Begründe in Stichworten, mit welchen Arbeitsmitteln du folgende Arbeiten ausführst.
a) 2-mm-Blech trennen
b) Innengewinde herstellen
c) zwei Bleche auf Stoß zusammenfügen
d) Schweißdraht im 90°-Winkel biegen
e) Messingrohr im 90°-Winkel biegen
f) Kupferblech zu einer Schale formen
g) Metalloberfläche auf Hochglanz polieren
h) Zahnrad auf einer Welle befestigen

Metall

Aufgabe 12:
Handeln und Können

a) Suche im Informationsteil nach Sicherheitshinweisen für den Umgang mit Metallen. Entwirf auf einem Plakat eine Mindmap.
b) Teilt euch in Gruppen auf. Jede Gruppe dreht einen Film oder nimmt mit der Digitalkamera eine Bilderserie über einen bestimmten Sicherheitsaspekt auf.
Achtet darauf, dass dabei keine gefährlichen Situationen auftreten. Bevor ihr die Aufnahmen macht, besprecht das Drehbuch mit eurer Lehrerin oder eurem Lehrer.

2 Sicherheit im Technikunterricht

Aufgabe 13:
Wissen und Verstehen

a) Wann benutzt du einen Stahlmaßstab, einen Gliedermaßstab oder einen Messschieber?
b) Wie kannst du verhindern, dass ein Blech beim Biegen an der Biegekante einreißt?
c) Nenne mehrere Anwendungsbeispiele für verschiedene Schraubenarten, die für Metallverbindungen geeignet sind.
d) Erkläre, warum ein gehärtetes Stahlwerkzeug angelassen werden muss.
e) Warum sind Vorstecher und Reißnadel keine geeigneten Werkzeuge zum Ankörnen von Metall?
f) Beschreibe den Arbeitsablauf beim Weichlöten.

Aufgabe 14:
Beurteilen und Bewerten

a) Finde heraus, warum Metallschrott gesammelt wird.
b) Stelle Vor- und Nachteile der Metallgewinnung und -verwendung für Mensch und Umwelt zusammen.

Aufgabe 15:
Berufe erkunden

a) Entwickelt Mindmaps zu verschiedenen Metallberufen.
Bearbeitet unter anderem folgende Punkte:
– erforderlicher Schulabschluss
– Ausbildungsdauer
– Ausbildungsinhalte
– berufliche Qualifikation
– Arbeits- und Einsatzgebiete
– Verdienstmöglichkeiten
– Aufstiegsmöglichkeiten
b) Informiert euch, welche Metall verarbeitenden Fabriken oder Handwerksbetriebe es in der Umgebung gibt. Plant eine Erkundung.

3 in der Ausbildungswerkstatt

Technische Probleme lösen **47**

Versuche durchführen

Versuch 1:
Härte von Metallen vergleichen

Stellt durch Versuche eine Reihenfolge für die Härte verschiedener Metalle auf.

1 Härtetest

Versuch 2:
Metalle auf Magnetismus untersuchen

Untersuche mehrere metallische Gegenstände mit einem Dauer- oder einem Elektromagneten und stelle fest, ob sie sich als Dauermagnet eignen.

2 Magnetismustest

Versuch 3:
Korrosionsbeständigkeit von Metallen ermitteln

Lege unterschiedliche Metallproben jeweils in ein Glas Wasser und in ein Glas mit verdünnter Zitronen- oder Essigsäure. Überprüfe nach einer Woche die Metalle auf Korrosionserscheinungen.

Korrosion: die Zerstörung von Metall durch Sauerstoff und Wasser; Folgen: z. B. Rost, Grünspan

3 Korrosionstest

Versuchsablauf
- Entgratet mit einer Metallfeile die Ecken und Kanten mehrerer Bleche aus unterschiedlichen Metallen gleicher Dicke.
- Lasst aus einer Höhe von 50 cm eine Stahlkugel (z. B. ⌀ 10 mm) auf die unterschiedlichen Metallproben fallen und beobachtet die Rückprallhöhe. Je höher die Kugel zurückprallt, desto härter ist das Metall. Mit einer digitalen Videokamera kann die Rückprallhöhe Bild für Bild verfolgt und so noch genauer untersucht werden.
- Beobachtet auch die Eindruckgröße der Stahlkugel in das Metall. Stellt einen Bezug her zwischen der Rückprallhöhe und der Größe des Abdrucks im Metall.

Metall

Versuch 4: Spanbildung verschiedener Metalle ermitteln

Ermittle beim Bohren die Spanbildung verschiedener Metalle. Die Form des Spanes zeigt, ob du z.B. einen scharfen Bohrer verwendest, die richtige Bohr- und Vorschubgeschwindigkeit gewählt und die Vorschubkraft angepasst hast. Informiere dich im Informationsteil über das Bohren mit Bohrmaschinen.

Schütze dich durch:
Haarnetz
Schutzbrille

5 gute Spanbildung beim Bohren

Versuchsablauf
- Nimm eine entgratete Metallprobe (Flachmetall, mindestens 8 mm dick) und körne einen Bohrmittelpunkt an.
- Spanne die Metallprobe fest in einen Maschinenschraubstock ein.
- Bestimme die richtige Drehzahl der Bohrmaschine.
- Bohre ein Loch (> 5 mm, Kühlmittel nicht vergessen) durch das Metall, beobachte die Spanbildung und ordne die Form der entstandenen Späne den Spanarten in Abb. 4 zu.
- Bohre mehrere Löcher in dasselbe Probestück und versuche, ein Gefühl für die richtig angepasste Vorschubkraft zu entwickeln.
- Führe den gleichen Versuch auch mit anderen Metallproben durch.

Versuch 5: Verformbarkeit von Metallen untersuchen

Stelle fest, wie sich Metalle beim Biegen verhalten. Benutze dazu Blechproben, die alle gleich dick und gleich breit sind.

6 Biegeversuch

- Entgrate das Probestück.
- Spanne das Blech so in den Schraubstock, dass die obere Kante mindestens 20 mm übersteht.
- Biege das Blech mit der Hand um 90°. Achte darauf, ob das Umbiegen leicht oder schwer geht und ob die Bleche viel oder wenig zurückfedern. Genauere Ergebnisse erhältst du, wenn du einen Kraftmesser benutzt.
- Notiere deine Ergebnisse.

| Das Metall- | Das Metallblech lässt sich biegen ||||
blech ist aus	sehr leicht	leicht	schwer	sehr schwer
Stahl, blank				
Stahl, verzinkt				
Messing				
Zink				
Kupfer				
Aluminium				

| Das Metall- | Das Metallblech federt zurück |||
blech ist aus	viel	wenig	gar nicht
Stahl, blank			
Stahl, verzinkt			
Messing			
Zink			
Kupfer			
Aluminium			

Spiralwendelspäne

Spiralspäne

Bröckelspäne

Wirrspäne

lange Wendelspäne

4 Spanarten

Technische Probleme lösen **49**

Anregungen für Kunststoffprodukte

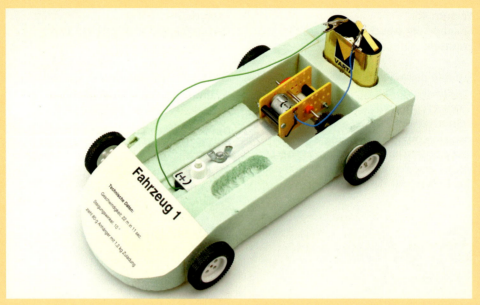
Elektroflitzer aus Kunststoff

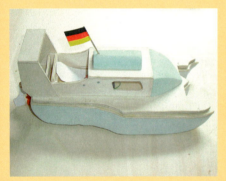
Motor-Modellschiff aus Hartschaum

Eine Kunststoffplatte tiefgezogen – fertig ist der dichte Schiffsboden

Schmiege zur Winkelabnahme

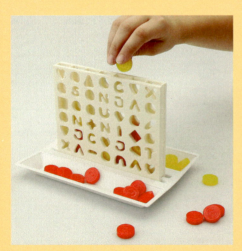
„4 gewinnt" – ein kniffliges Spiel

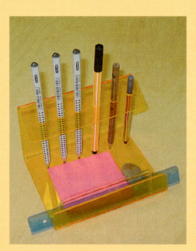
Stifthalter mit Notizblock

CNC-gefrästes Infoschild

Kunststoff

Aufgaben bearbeiten

Aufgabe 1: Kunststoffe tiefziehen

Stelle durch Tiefziehen ein zweischaliges Modellschiff her. Baue dieses dann später aus (Propellerantrieb mit Batterie, Bemalung, Beflaggung usw.).

Arbeitsmittel
Vakuum-Tiefziehgerät, 2 mm starke Polystyrol-Kunststoffplatte, Schutzhandschuhe

Arbeitshinweise
- Überlege, wie groß die zu bearbeitende Platte sein muss. Beachte dabei die Rahmengröße des Tiefziehgeräts.
- Orientiere dich an den Arbeitsschritten auf den Seiten 18 und 19.

> **Arbeitssicherheit**
> - Achte beim Tiefziehen auf eine gute Belüftung des Raums.
> - Benutze Schutzhandschuhe gegen mögliche Verbrennungen.

1 Tiefziehform eines Bootskörpers

2 Vakuum-Tiefziehgerät mit eingebautem Heizschirm und Pumpe

3 Automodell links: Tiefziehprodukt, rechts: Modellform dazu

Aufgabe 2: Kunststoffe bohren

Stelle eine Frontplatte aus Kunststoff (z. B. 140 x 140 x 5) für eine Lautsprecherbox her. Sie soll die Membran mechanisch schützen und ansprechend aussehen.

Arbeitshinweise
- Beachte, dass sehr große Bohrungen die Membran kaum schützen. Zu kleine Löcher aber lassen den Bassanteil nicht durch.
  Ein Kompromiss sind daher Bohrungen von etwa 6 bis 10 mm, je nach Lautsprechergröße.
- Überlege mithilfe von Abb. 4, wie du ein regelmäßiges Bohrmuster herstellen kannst.
- Nimm zum Markieren der Bohrpunkte bei Kunststoff einen Vorstecher (keinen stumpfen Körner).

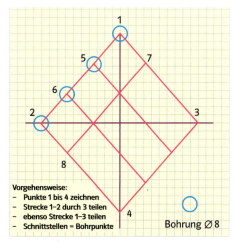

4 Erzeugen eines Rautenmusters auf Karopapier

Vorgehensweise:
- Punkte 1 bis 4 zeichnen
- Strecke 1–2 durch 3 teilen
- ebenso Strecke 1–3 teilen
- Schnittstellen = Bohrpunkte

5 Bohrer für Thermoplaste mit kleinerem Spitzenwinkel als Universalbohrer

> **Arbeitssicherheit**
> - Achte bei der Verarbeitung von Acrylglas und Polystyrol auf eine gute Belüftung.
> - Wähle beim Bohren eine kleinere Drehzahl als bei Metall.
> - Entgrate die Bohrlöcher von Hand mit einem größeren Bohrer oder mit einem Krauskopf.

Technische Probleme lösen **51**

Aufgaben bearbeiten

Aufgabe 3:
Drehteller herstellen

Stellt in Gruppenarbeit einen Drehteller mit Untergestell zur Präsentation von Gegenständen für eine Ausstellung im Technikraum oder im Schaukasten her.

1 Teile eines Drehtellermodells mit Ausstellungsobjekten (Hubmagnete)

fluoreszierend: im Sonnenlicht oder bei UV-haltigem Licht aufleuchtend

Material auswählen
- Informiert euch, welche Kunststoffsorte farbig oder auch fluoreszierend erhältlich ist.
- Lässt sich die ausgesuchte Sorte splitterarm sägen, bohren, schleifen und auch kleben?
- Welche Plattendicke ist bei der Auswahl des Kunststoffs sinnvoll?

Planen und Herstellen
- Gibt es zur Anregung für die Drehtellerkonstruktion Vorbilder im Internet oder in Fachkatalogen?
- Sucht vorgefertigte Drehtellerböden (z. B. Deckel einer Tortenhaube, alte Schallplatten oder CDs), um den Bauaufwand zu minimieren.
- Fertigt eine Grobskizze des Drehtellers, einschließlich eines Schnurrads an der Welle (zum Nachrüsten für einen Motorantrieb).
- Ermittelt die Größe der benötigten Kunststoffteile.

Kosten ermitteln
- Legt eine Stückliste an und überschlagt die Kosten.
- Ist anstelle von teurem Acrylglas Polystyrol (so genanntes „Bastlerglas" aus Baumärkten) verwendbar?

Ansprechend präsentieren
- Beachtet die Vorteile einer spiegelnden Drehtelleroberfläche.
- Denkt an einen ansprechenden Untergrund für den Drehtellerfuß.
- Achtet auf die angepasste Drehzahl beim Antrieb: zu langsam wirkt langweilig, zu schnell verhindert das Betrachten von Details am Ausstellungsobjekt.

Aufgabe 4:
Elastomere erkunden

Informiert euch über elastische Kunststoffe. Präsentiert die Ergebnisse auf einer Informationstafel.

Arbeitshinweise
- Versucht die unterschiedlichen Anwendungen der Elastomere in wenige Gruppen zu unterteilen, z. B. in: abdichten, federn, Schwingungen dämpfen.
- Findet heraus, wo die frühere Verwendung von Gummi heute durch Elastomere ersetzt wurde und aus welchen Gründen.
- Macht Versuche zum elastischen Verhalten einiger Elastomere bei hohen und tiefen Temperaturen und berichtet darüber.
- Schreibt auf, wozu die unten gezeigten Elastomere verwendet werden können.

2 Anwendungsbeispiele von Elastomeren

52 Technische Probleme lösen

Kunststoff

Aufgabe 5:
Handeln und Können

a) Beschaffe dir ein gängiges Kunststoffprodukt, beispielsweise eine Butterbrotdose oder eine Leuchtenabdeckung von einem Pkw. Beschreibe in deinem Technikordner den Lebensweg des Produkts.
b) Schau dir Abb. 3 an. Vergleiche die Beschriftungen mit denen deines Produkts und versuche herauszufinden, was diese bedeuten.
c) Erläutere, wozu man die Angabe der Kunststoffsorte benötigt.

3 Angaben im Staufachdeckel eines Pkw

Aufgabe 6:
Wissen und Verstehen

Beschreibe jeweils die Verfahren, mit denen Kunststoffprodukte hergestellt werden für
a) Einbandfolien von Büchern
b) Hohlkörper von Trinkflaschen
c) Sturzhelme von Fahrradfahrern
d) Schaumstoffe von Schwämmen

4 Fahrradhelm

Aufgabe 7:
Beurteilen und Bewerten

5 nicht wieder verschließbare Gefäße kleiner Trinkjogurts

a) Warum wirken sich Kunststoffe in der Umwelt auch negativ aus?
b) Welche positiven und negativen Auswirkungen hat der Einsatz von Einwegverpackungen aus Kunststoff (Abb. 5)?
c) Wie könnte man an eurer Schule ein Übermaß an Plastikmüll vermeiden?

Aufgabe 8:
Berufe erkunden

a) Informiert euch über Kunststoffberufe.
   ▶ Benutzt dazu den Informationsteil dieses Technikbuchs.
   ▶ Verwendet eine Suchmaschine im Internet. Beziet dabei Chemiefirmen mit ein.
   ▶ Erkundigt euch nach Kunststoff verarbeitenden Betrieben in eurer Nähe. Sucht z. B. in einem Branchenverzeichnis und notiert die Adressen und Telefonnummern.
   ▶ Referiert vor der Klasse.
b) Nehmt Kontakt mit einem Kunststoff verarbeitenden Betrieb in eurer Stadt oder Umgebung auf. Fragt nach Prospektmaterial und nach einer möglichen Betriebserkundung. Beachtet zur Vorbereitung die auf Seite 105 angegebenen Hinweise.
c) Stellt den Ausbildungsweg für zwei Kunststoffberufe grafisch auf einem Plakat dar. Benutzt dazu Informationen vom BIZ.

BIZ: Berufsinformationszentrum

Technische Probleme lösen

Versuche durchführen

Kunststoffe haben zum Teil Eigenschaften, die andere Werkstoffe nicht besitzen. Durch Versuche kannst du einiges über Kunststoffeigenschaften erfahren.

Beachte unbedingt Folgendes:
- Lies die Versuchsanleitung sorgfältig durch.
- Frage bei Unklarheiten deinen Lehrer oder deine Lehrerin.
- Beginne erst mit dem Versuch, wenn du die Erlaubnis dazu bekommen hast.
- Beachte die Arbeitshinweise auf Seite 42.

Versuch 1:
Verhalten bei Erwärmung ermitteln

Für die Bearbeitung von Kunststoffen ist es wichtig zu wissen, wie sie sich bei Erwärmung verhalten.
Ermittle das Verhalten von Kunststoffen bei Erwärmung.

1 Schüler erwärmen und formen Kunststoffe

▶ Was geschieht nach dem Erkalten umgeformter Kunststoffproben?
▶ Notiere deine Feststellungen auf einem Protokollblatt.

Arbeitssicherheit

- Entferne alle brennbaren Gegenstände vom Arbeitstisch.
- Sorge für gute Raumbelüftung.
- Benutze Schutzhandschuhe.
- Halte die Proben mit einer Flachzange.
- Beende den Versuch bei Blasenbildung auf den Kunststoffproben, ebenso bei Rauch oder Gasentwicklung.
- Kühle heiße Proben in Wasser ab.

Protokoll: Verhalten von Kunststoffen bei Erwärmung		Name:	Datum:
Kunststoffprobe	**Beobachtungen**		
1. Dosendeckel	lässt sich nach kurzer Erwärmung gut verformen		
2. Stecker	lässt sich nicht in der Wärme verformen		
3. blauer Streifen	hat Blasen gegeben, lässt sich biegen		

▶ Lies im Informationsteil über Thermoplaste, Elastomere und Duroplaste nach.
▶ Beschreibe die Einteilung der Kunststoffe nach ihrem Verhalten bei Erwärmung.

Arbeitsmittel und Werkstoffe
pro Arbeitsgruppe ein Infrarotstrahler oder eine Heißluftpistole, Flachzange, Schutzhandschuhe, Wassergefäß, verschiedene Kunststoffproben

Versuch 2:
Schwimmprobe durchführen

Ermittle, welche Kunststoffe leichter oder schwerer sind als Wasser.
Mit der Schwimmprobe kannst du feststellen, welcher Kunststoff auf dem Wasser schwimmt und welcher nicht schwimmt. Du kannst also untersuchen, welcher Kunststoff eine kleinere oder größere Dichte als Wasser hat.

Versuchsablauf
▶ Erwärme verschiedene Kunststoffproben mit einer Wärmequelle.
▶ Stelle fest, welche Kunststoffe sich in der Wärme durch Biegen, Drehen oder Ziehen verformen lassen und welche fest bleiben.

54 Technische Probleme lösen

Kunststoff

Erklärung des Begriffs „Dichte"
Setzt man die Masse eines Stoffs ins Verhältnis zu seinem Volumen, so bezeichnet man dieses Verhältnis als Dichte. Eine gängige Maßeinheit für die Dichte ist g/cm³.

Wasser hat die Dichte 1 g/cm³, da 1 cm³ Wasser die Masse 1 g hat. Kunststoffe, deren Dichte kleiner als 1 g/cm³ ist, können deshalb schwimmen, Kunststoffe mit größerer Dichte sinken auf den Boden des Gefäßes.

Arbeitsmittel und Werkstoffe
kleine Wanne oder Schale, Spülmittel, Salz, Wasser, verschiedene Kunststoffstäbchen, die von deinem Lehrer oder deiner Lehrerin ausgewählt und mit Nummern gekennzeichnet wurden

Versuchsablauf
▶ Fülle den Behälter halb voll mit Wasser.
▶ Gib einen Spritzer Spülmittel zur Entspannung des Wassers hinein.
▶ Lege die Probestäbchen hinein.
▶ Stelle fest, welche Probestäbchen schwimmen, und ermittle, um welche Kunststoffsorte es sich handeln könnte. Verwende dazu die Dichtetabelle unten.
▶ Wenn du Kochsalz in das Wasser streust, nimmt die Dichte des Salzwassers zu. Probestäbchen mit einer Dichte > 1 g/cm³ können nun zum Teil schwimmen. Notiere die Reihenfolge, in der die Stäbchen auftauchen.

Versuch 3:
Wärmeleitfähigkeit untersuchen

Vergleiche die Wärmeleitfähigkeit von Kunststoff mit der von Metall.

Arbeitssicherheit
- Gehe vorsichtig mit heißem Wasser um – Verbrühungsgefahr!
- Jogurtbecher sind zur Untersuchung nicht geeignet.

Arbeitsmittel
ein Metallbecher und ein Kunststoffbecher (z. B. Zahnputzbecher) in etwa gleicher Größe, ein Messbecher, zwei Thermometer, Uhr, Wasserkocher

Versuchsablauf
▶ Lege eine Messtabelle mit den Einheiten min (Zeit) und °C (Temperatur) an.
▶ Fülle den Kunststoffbecher und den Metallbecher mit jeweils 100 ml heißem Wasser. Dazu ist eine Tafelwaage oder ein Messbecher hilfreich.
▶ Stelle die Becher in ein Wasserbecken, das ca. 6 cm hoch mit kaltem Wasser gefüllt wurde. Beschwere die Becher sofort mit einer aufgelegten Flachzange oder Feile.
▶ Miss und notiere jede Minute nach kurzem Umrühren die Wassertemperatur in den Bechern.
▶ Stelle die Temperaturverläufe in einem Schaubild mit verschiedenen Farben dar.

Versuch: Schwimmprobe		Name:	Datum:
Probe Nr.	schwimmt Reihenfolge des Auftauchens	vermutete Kunststoffsorte	tatsächliche Kunststoffsorte

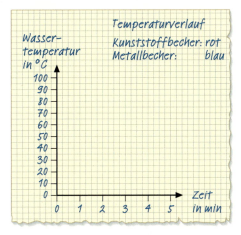

Dichte von Kunststoffen in g/cm³

PE	PVC	PS	ABS	PMMA	PA	PC	PTFE
0,91 bis 0,96	1,38	1,05	1,06 bis 1,12	1,18	1,02 bis 1,21	1,2	2,0 bis 2,3

Technische Probleme lösen **55**

Anregungen zu Bautechnik

Modell eines Dachstuhls

Unterspannter Balken

Träger

Gemauerter Rundbogen

Blumenkübel aus Beton

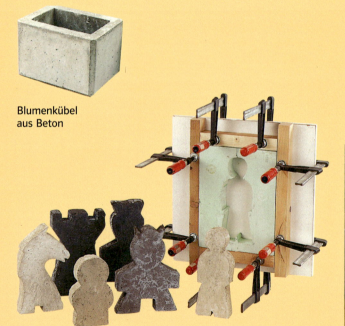

Gegossene Schachfiguren

Selbst gebauter Verkaufsstand

Bautechnik

Aufgaben bearbeiten

Aufgabe 1:
Bauobjekt selbstständig planen

Plant einen regensicheren Verkaufsstand oder einen Unterstand für Gartengeräte.

Planung des Standorts
- Überlegt, wie der Nutzbau das Gelände optisch beeinflusst.
- Erkundigt euch, ob Genehmigungen bei Nachbarn oder beim Bauamt eingeholt werden müssen.

Größe des Objekts
- Legt fest, wie groß die Bodenfläche des Bauobjekts sein soll.
- Überlegt, ob der Verkaufsstand bzw. der Geräteunterstand künftig von mehr Leuten benutzt und daher vorsorglich größer gebaut werden soll.

Planungsskizze
- Fertigt eine Handskizze von der Grundfläche des Objekts (Draufsicht).
- Zeichnet die größten unterzustellenden Geräte ein, z. B. Fahrräder.
- Skizziert, wo zweckmäßigerweise der Zugang und die Dachneigung sein sollen.

Kosten
- Überlegt, ob ein preiswerter Bausatz vom Baumarkt verwendet und dann nach eigenen Maßvorstellungen abgeändert werden kann.
- Beachtet, dass eventuell kostenpflichtige Transporte für lange Kanthölzer und größere Dachplatten eingerechnet werden müssen.
- Bedenkt, dass beim Baumarkt ein Hopfenlocher (großes schweres Stecheisen) zum manuellen Einhauen der Erdlöcher für die Erdanker gemietet werden muss.
- Stellt eine Material- und Sachkostenliste auf. Vergesst nicht die Beschläge (wie Lochwinkel) und die Erdanker für die Pfähle aus Kanthölzern. Denkt bei der Liste auch an die benötigten Dachteile!
- Beachtet, dass Kosten auch für einen Oberflächenschutz anfallen (Farben, Lacke).

Aufgabe 2:
Sich über Pläne der Gemeinde informieren

Informiere dich über den Flächennutzungsplan für ein Neubaugebiet deiner Gemeinde. Erkundige dich nach dem Bebauungsplan oder nach dem Lageplan von Häusern.

Flächennutzungsplan einsehen
- Finde heraus, was die Gemeinde vorhat: ein Gewerbegebiet, ein Wohngebiet, Parkplätze oder … zu bauen?
- Erkundige dich, wann das Vorhaben verwirklicht werden soll.

Bebauungsplan lesen
a) Welche Lage (Himmelsrichtung) hat das Objekt 458.50?
b) Wo ist die Grundstückszufahrt?

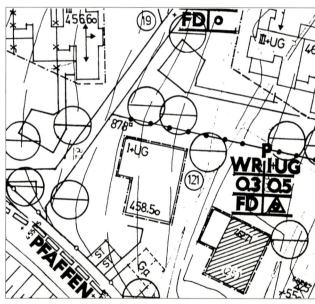

2 Ausschnitt aus einem Bebauungsplan

c) Was bedeuten ST und Ga?
d) Welche Grundfläche in m² hat das Haus in etwa, wenn der Maßstab des Plans 1 : 1000 ist?
e) Was stellen die großen Kreise dar?
f) Wie viele Stockwerke hat das Haus? Beachte die Bezeichnung „I+UG" im Objekt 458.50.
g) Handelt es sich beim Objekt um ein Wohnhaus, ein Bürohaus oder eine Lagerhalle?

1 Erdanker mit Pfostenschuh: diese Bauteile aus verzinktem Stahl verhindern das Anfaulen von Holzpfählen im Boden

Technische Probleme lösen **57**

Aufgaben bearbeiten

Aufgabe 3:
Tragkonstruktion planen und herstellen

Entwickelt ein Modell eines Hausdachs oder einer Brücke aus Holz.

Anforderungen festlegen
- Legt den Nutzungszweck fest.
- Bestimmt, wie groß das Modellobjekt werden soll.
- Sucht im Informationsteil oder im Internet nach ähnlichen Konstruktionen.

Planung durchführen
- Fertigt eine Ideenskizze vom Objekt an (Seitenansicht und Draufsicht).
- Legt fest, welche Materialien verwendet werden sollen.
- Erstellt eine Stückliste.

Tragfähigkeit beachten
- Entscheidet, ob sich das Objekt als starre Konstruktion, als Zelt- oder Seilkonstruktion eignet.
- Macht Versuche zu bauphysikalischen Prinzipien wie Standfestigkeit, Stabilität, Zug- und Druckbelastung.

Versuche durchführen
- Stellt Vermutungen über die Tragfähigkeit eures Objekts an.
- Überprüft diese durch Versuche.
- Gebt wesentliche Unterschiede zwischen Modell und Realobjekt an.

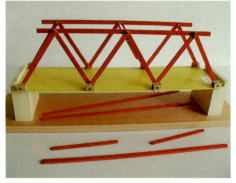

2 Modell einer Brücke mit Tragwerk

Aufgabe 4:
Modellhaus planen und herstellen

Plant ein maßstäbliches Modellhaus (ohne Keller, mit bewohnbarem Dackstock) für eine 4-köpfige Familie. Beachtet die gängige lichte Zimmerhöhe (2,50 m). Stellt das Modell arbeitsteilig her.

lichte Höhe: nutzbare Höhe

3 Modell eines Wohnhauses

Aufgabe 5:
Energiesparmaßnahmen erkunden

- Was könnte man beim Renovieren eines Hauses oder einer Wohnung realisieren, um Energieverluste zu minimieren?
- Stellt eine Übersicht von Energiesparmaßnahmen für eine Renovierung zusammen.
- Erkundigt euch, welche der baulichen Energiesparmaßnahmen sehr effektiv und dabei besonders kostengünstig sind.

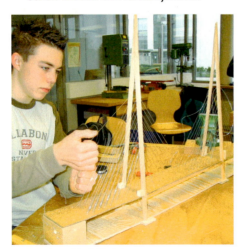

1 Bau einer Modellbrücke

58 Technische Probleme lösen

Bautechnik

Aufgabe 6:
Handeln und Können

a) Stelle für die modellhafte Konstruktion eines Tores zu einer Hofeinfahrt mit Pkw-Stellplatz die benötigten Materialien (Karton, Klebstoff) und Werkzeuge zusammen.
b) Baue ein maßstabgerechtes, stabiles und rechteckiges Rahmenmodell eines Tores aus Karton.
c) Ermittle, welche konstruktiven Maßnahmen beim Rahmen zugleich stabil, gewichtsarm und kostengünstig sind.

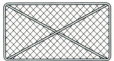 

4 Streben und Stützungsdreiecke in einer Rahmenkonstruktion

Aufgabe 7:
Wissen und Verstehen

a) Welche Vorteile haben Passivhäuser?
b) Wie wirkt sich die Gestaltung der Oberfläche eines Hauses auf den Energiebedarf aus?
c) Wie viel mal mehr Heizenergie pro m^2 benötigt ein üblicher Neubau gegenüber einem Passivhaus?

5 Passivhaus

Aufgabe 8:
Beurteilen und Bewerten

a) Warum verlieren Fertighäuser in Holzbauweise beim späteren Verkauf meist mehr an Wert als Häuser in Ziegelbauweise?
b) Zähle Gründe auf, warum vergleichbare Wohnungen in der Stadt oft teurer sind als auf dem Land.
c) Ein Maklerbüro bietet eine Mietwohnung an (siehe Abb. 6). Erkundige dich nach den gängigen anfallenden Vermittlungsgebühren und Kautionen für Wohnungen. Überschlage, was diese Wohnung bei einer Mietdauer von 3 Jahren kostet, wenn die an den Vermieter zu zahlenden Nebenkosten 1/3 der Wohnungsmiete (Kaltmiete) betragen.

2-Zi.-Whg., S-Ost., 55 m² Wfl., EBK, Stpl., s. schöner Balkonblick auf den Neckar, an NR zu vermieten, 390 € + NK
Immobilien-Kurz Stuttgart Austr. 2 – Tel. xxxxxxxxxx

6 Wohnungsanzeige

EBK: Einbauküche
Stpl.: Stellplatz für Auto
NR: Nichtraucher
NK: Nebenkosten

d) Führt ein Rollenspiel Mieter/Vermieter vor der Klasse durch. Es soll dabei um ein Gespräch über die Eigenschaften der Wohnung und einen Mietvertragsabschluss gehen.

Aufgabe 9:
Berufe erkunden

Informiere dich über Bauberufe und beschreibe vier davon in deinem Technikordner näher.
a) Benutze eine Suchmaschine im Internet oder hole Informationen vom BIZ ein.
b) Erkundige dich nach Baufirmen in deiner Nähe. Suche beispielsweise in einem Branchenverzeichnis und notiere die Adressen und Telefonnummern.
c) Nimm mit einer Baufirma Kontakt auf. Frage nach Prospektmaterial oder nach einer möglichen Betriebserkundung für die Klasse. Beachte zur Vorbereitung die auf Seite 105 angegebenen Hinweise.

Technische Probleme lösen **59**

Versuche durchführen

Allgemeine Arbeitshinweise
► Führt die Versuche im Team durch.
► Geht sachgemäß mit den Messgeräten um!
► Beachtet die Arbeitshinweise auf Seite 42.

Versuch 1:
Belastbarkeit von Profilträgern prüfen

Arbeitsmittel
Runde und eckige Holzprofile, Messschieber, Schraubstöcke, Gewichte

Begründung
Wie du weißt, biegt sich ein an den Enden aufliegendes Brett bei Belastung durch. Je stärker das Brett belastet wird, desto mehr biegt es sich durch.
Mit dem folgenden Versuch erhaltet ihr Einblick in die lagerichtige Verwendung von Trägern bei Bauaufgaben.

Zielsetzung
Stellt fest, wovon die Größe der Durchbiegung eines belasteten Trägers auf zwei Stützen abhängt.

Vermutungen
Stellt Vermutungen an, wovon die Größe der Durchbiegung bei belasteten Trägern abhängen könnte. Biegt sich der Träger genau so stark durch, wenn er nicht flach, sondern hochkant aufliegt?

Messwerte
Aufgrund eurer Vermutungen ergibt sich, welche Messwerte erfasst werden müssen. Der unten abgebildete Protokollausschnitt kann euch als Anregung dienen.

> Verändert bei jedem Versuch einer Versuchsreihe immer nur eine Variable, z. B. das Maß der Stützweite, die Form der Querschnittsfläche, den Flächeninhalt der Querschnittsfläche oder die Richtung der Belastung (flach oder hochkant).

Auswertung
Vergleicht eure Messergebnisse und stellt grafisch dar, wie sich die untersuchten Variablen auf die Belastbarkeit eines Trägers auswirken.
• Welche Vermutungen haben sich bestätigt, welche nicht?
• Konntet ihr etwas Unerwartetes feststellen? Welche Erklärung findet ihr dafür?

Erkenntnisse und Anwendungen
Formuliert einen Merksatz zu euren Erkenntnissen, z. B. in folgender Form: Ein Träger kann stärker belastet werden, wenn …

Schreibt Beispiele aus der Bautechnik und aus anderen Bereichen der Technik auf, bei denen diese Erkenntnisse angewandt wurden.
Denkt z. B. an Brücken, Baukräne, Leichtflugzeuge, Masten, Boote, Fabrikhallen, Fahrradrahmen, Blechteile an Autos, Felgen, Maschinengehäuse, Verpackungsmaterialien, Möbel usw.

1 Beispiel einer Versuchsanordnung

Profil-stab Nr.	Skizze des Querschnitts	Querschnitts-fläche in mm²	Stützweite in cm	Belastung in N		Durchbiegung in mm
				in der Mitte	1/4 Abstand vom Auflager	

2 Beispiel für ein Protokollblatt zur Belastungsprüfung von Trägern

60 Technische Probleme lösen

Bautechnik

Versuch 2:
Kräfte zerlegen und zusammensetzen

Arbeitsmittel
Kraftmesser, Gewichtsstücke, Seile, Stativmaterial, Geodreieck

▶ Baut die Versuche a) bis d) auf.
▶ Messt die Winkel zwischen den Wirkungslinien und notiert sie.
▶ Legt einen Kräftemaßstab fest und stellt die Kräfte mit Kraftpfeilen dar.
▶ Wiederholt die Versuche mehrmals unter Veränderung einer Variablen (Last oder Winkel).
▶ Ermittelt die Kräfte mithilfe von Zeichnungen.
▶ Vergleicht anschließend die Messergebnisse mit den zeichnerischen Lösungen.

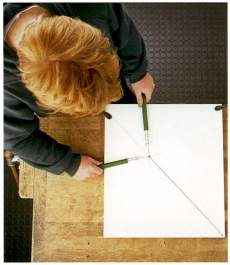

a) Mit welcher Kraft muss mit nur einem Kraftmesser bis zum Schnittpunkt der Geraden gezogen werden?

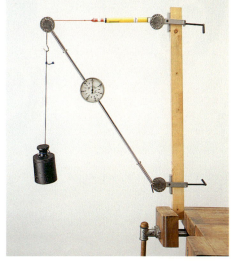

c) Wie groß sind die Kräfte im Seil und im Druckstab?

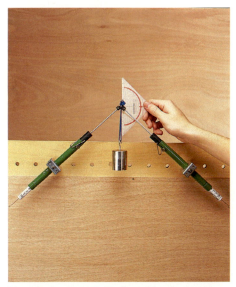

b) Wie groß sind die Druckkräfte in den Stäben?

d) Wie groß sind die Zugkräfte in den beiden Seilstücken?

Technische Probleme lösen **61**

Anregungen zu Elektrotechnik

Simulation der Elektrik eines Autos

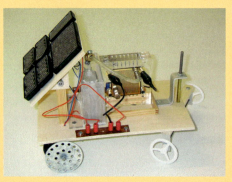
Modellfahrzeug mit Solarzellen

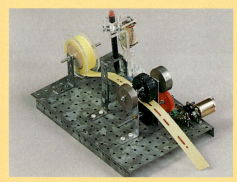
Morsegerät

Elektrohubkolbenmotor

Modell eines Aufzugs

Halogenlampe in Fechtstellung

Elektrotechnik

Aufgaben bearbeiten

Aufgabe 1:
Relais herstellen

Finde heraus, wie ein Relais funktioniert.
a) Stelle ein funktionsfähiges Modell eines Relais mit Umschaltkontakt her. Besprich zuvor deine Planungsskizze mit deinem Lehrer.

1 selbst gebautes Relais

b) Arbeite mit deinem Nachbarn zusammen. Nehmt eure beiden Modelle und baut damit eine Polwendeschaltung für einen Elektromotor.
c) Ersetzt die Taster durch Reedkontakte.

Aufgabe 2:
Elektromotor untersuchen

2 demontierter Elektromotor

a) Zerlegt einen Elektromotor, ohne ihn dabei zu beschädigen. Legt die Bauteile auf ein Blatt Papier, beschriftet und fotografiert sie.
b) Teilt euch in Gruppen auf und wählt jeweils eines der Bauteile aus.
c) Erklärt den anderen Gruppen die Aufgabe dieses Bauteils.
d) Remontiert anschließend den Motor und führt eine Funktionskontrolle durch.

Aufgabe 3:
Schaltpläne lesen

Finde heraus, wie die abgebildeten Schaltungen funktionieren. Erkläre einem Mitschüler oder einer Mitschülerin ihre Funktionsweise.
▶ Lies den Schaltplan sorgfältig.
▶ Beschreibe die Funktion wie im Beispiel.
▶ Simuliere mit einem Computer die Schaltungen oder baue sie als Funktionsmodelle auf. Überprüfe, ob deine Funktionsbeschreibung richtig ist.

Beispiel: Sicherheitsschaltung

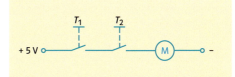

Wenn die Taster T1 und T2 gleichzeitig betätigt werden, dann dreht sich der Motor M.

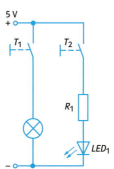
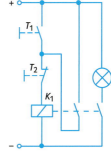

a) optische Wechselrufanlage   b) Selbsthalteschaltung

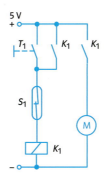
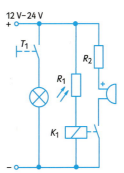

c) Sensorschaltung   d) Lichtschranke

Technische Probleme lösen **63**

Aufgaben bearbeiten

Aufgabe 4:
Schaltung optimieren

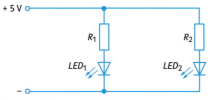

2 zu optimierende Schaltung

Ändere den Schaltplan so, dass du nur einen Widerstand benötigst. Bestimme seine Größe. Die LEDs sind beide rot. Kalkuliere, wie viel eine Firma sparen könnte, wenn sie deine optimierte Schaltung verwenden würde. Berücksichtige dabei auch die gesparten Arbeitszeitkosten. Gehe von einer Stückzahl von 10 000 aus (Rabatt 10 %).

Zeitbedarf: 1 min pro Widerstand

Aufgabe 5:
Wärmethermometer bauen

a) Stelle ein Wärmethermometer nach dem nebenstehenden Schaltplan her.
b) Baue eine Vorrichtung zum Eichen.

1 Wärmethermometer

Aufgabe 6:
Elektrofahrzeug analysieren

Du möchtest ein Elektrofahrzeug bauen.
a) Würdest du einen Gleich- oder einen Wechselstrommotor benutzen? Begründe deine Auswahl und notiere die Unterschiede zwischen den Motoren.
b) Wozu benötigt das Modell ein Getriebe? Nenne Aufgaben des Getriebes.

3 Elektrofahrzeug

Aufgabe 7:
Schaltung berechnen

Ein Widerstand und eine grüne LED sollen in Reihe geschaltet werden, um die LED vor zu hohem Strom zu schützen. Die Schaltung soll durch eine 9-V-Batterie betrieben werden.
Bestimme den Widerstandswert und den Farbcode des Vorwiderstands.

Aufgabe 8:
Schaltungsfunktion analysieren

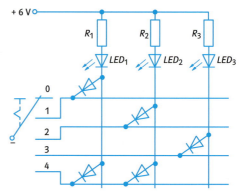

4 zu analysierende Schaltung

a) Finde heraus, bei welcher Schalterstellung welche LEDs leuchten.
b) Erstelle einen Verdrahtungsplan.
c) Was würde passieren, wenn die Dioden durch Drahtbrücken ersetzt würden?
d) Erkläre was passiert, wenn in der folgenden Schaltung die Schalterkombinationen entsprechend der Tabelle betätigt werden.

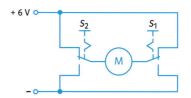

S_1	S_2	Ergebnis
nicht betätigt	nicht betätigt	
betätigt		Motor dreht links
nicht betätigt	betätigt	
betätigt	betätigt	

5 Motorschaltung

64 Technische Probleme lösen

Elektrotechnik

Aufgabe 9:
Handeln und Können

6 Typenschild eines Staubsaugers

a) Suche Typenschilder und finde heraus, was die Angaben darauf bedeuten.
b) Berechne die jährlichen Betriebskosten des Geräts / der Maschine ohne Wartungs- und Instandhaltungskosten. Folgendes musst du kennen: Strompreis pro kWh, Leistung der Maschine, Einsatzdauer (in h) pro Jahr.

Aufgabe 10:
Wissen und Verstehen

a) Wodurch unterscheiden sich Aufbau und Funktion einer Brückengleichrichter- und einer einfachen Diodenschaltung? Simuliere den Aufbau.

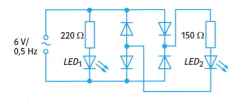

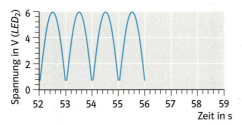

7 Brückengleichrichterschaltung

b) Welche unterschiedlichen Aufbaumöglichkeiten von Schaltungen gibt es?
c) Beschreibe die Vorgehensweise beim Suchen von Fehlern in elektrischen Schaltungen.
d) Wie könnte man die Haltekraft eines Elektromagneten optimieren?

Aufgabe 11:
Beurteilen und Bewerten

a) Beurteile die Durchführung von Versuch 1 auf Seite 66 eines Mitschülers anhand folgender Kriterien (maximal 5 Punkte pro Kriterium):

- Werden die Arbeitsanweisungen genau befolgt?
- Werden Vermutungen notiert?
- Wird das Messgerät richtig bedient?
- Werden die Ergebnisse übersichtlich festgehalten?
- Gibt es sonst noch etwas zu bemerken (z. B. Konzentration, Übersichtlichkeit des Arbeitsplatzes, Sorgfältigkeit, …)?

b) Bitte deinen Mitschüler, sich selbst zu beurteilen.
c) Besprecht und begründet eure Beurteilungsergebnisse.

Aufgabe 12:
Berufe erkunden

Informiere dich durch berufskundliche Blätter, Broschüren oder bei Fachleuten über
- anerkannte handwerkliche und industrielle Elektroberufe,
- den Beruf des elektrotechnischen Assistenten / der Assistentin,
- den Beruf des Ingenieurassistenten / der Ingenieurassistentin der Elektrotechnik,
- den Beruf des Ingenieurs / der Ingenieurin der Elektrotechnik.

Wähle einen Beruf aus und beschreibe ihn in deinem Technikordner. Trage deine Arbeitsergebnisse der Technikgruppe vor.

Technische Probleme lösen

Versuche durchführen

Versuch 1:
Spannungsquellen untersuchen

Informiere dich im Informationsteil, wie das Vielfachmessgerät benutzt wird. Dies ist erforderlich, um zu verhindern, dass das Messgerät zerstört wird.
Baue die Schaltungen auf und miss die Spannung.

Reihenschaltung
▶ Benutze Spannungsquellen mit gleicher und unterschiedlicher Spannung.

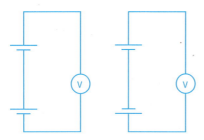

Parallelschaltung
▶ Benutze nur Spannungsquellen mit gleicher Spannung (kein Netzgerät).

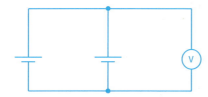

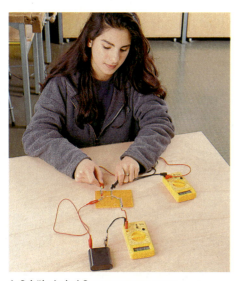

1 Schülerin bei Spannungsmessung

Versuch 2:
Elektrische Daten ermitteln

a) Wie verändert sich der Widerstandswert eines LDR bei zunehmender Helligkeit?
b) Wie verändert sich der Widerstandswert eines NTC bei zunehmender Temperatur?
c) Wie groß sind bei der Reihen- und Parallelschaltung von zwei Widerständen
   – der Gesamtwiderstand,
   – die Spannungen an den Widerständen,
   – die Stromstärke zwischen den Widerständen?

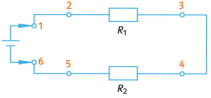

Widerstand zwischen		Spannung zwischen		Stromstärke zwischen	
Stelle	in Ω	Stelle	in V	Stelle	in mA
1–2	$R =$	1–2	$U =$	1–2	$I =$
2–3	$R_1 =$	2–3	$U_1 =$		
3–4	$R =$	3–4	$U =$	3–4	$I =$
4–5	$R_2 =$	4–5	$U_2 =$		
5–6	$R =$	5–6	$U =$	5–6	$I =$
1–6	$R_g =$	1–6	$U_g =$		

Achtung:
Bei Widerstandsmessungen ist generell die Spannungsquelle abzuklemmen.

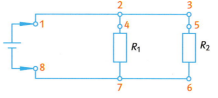

Widerstand zwischen		Spannung zwischen		Stromstärke zwischen	
Stelle	in Ω	Stelle	in V	Stelle	in mA
1–2	$R =$	1–2	$U =$	1–2	$I_g =$
2–4	$R =$	2–4	$U =$	2–4	$I_1 =$
4–7	$R_1 =$	4–7	$U_1 =$	2–3	$I_2 =$
3–5	$R =$	3–5	$U =$	3–5	$I_2 =$
5–6	$R_2 =$	5–6	$U_2 =$	6–7	$I_2 =$
1–8	$R_g =$	1–8	$U_g =$	7–8	$I_g =$

2 Messung elektrischer Größen

66 Technische Probleme lösen

Elektrotechnik

Versuch 3:
Messen und Kennlinien erstellen

Arbeitsmittel
pro Gruppe: je 1 Widerstand von 120 Ω (R_1) und 56 Ω (R_2), 1 Lampe 3,8 V/0,07 A, zwei Multimeter und ein Netzgerät

Versuchsablauf
▶ Übertragt die Tabelle auf ein Blatt.

U_{ges} (V)	1	2	3	4	5	6
mit Widerstand R_2						
U_2 (V)						
I_2 (A)						
R_2 (Ω)	56	56	56	56	56	56
mit Lampe L						
U_L (V)						
I_L (A)						
R_L (Ω)						

▶ Baut die Schaltung auf und messt die Spannung U_2. Erhöht U_{ges} dabei jeweils um 1 Volt.
▶ Notiert die Messwerte in eurer Tabelle und berechnet I_2.
▶ Zeichnet die Werte für U_2 und I_2 jeweils in ein Diagramm (x-Achse: U_{ges}).
▶ Ersetzt R_2 durch die Lampe und messt U_L und I_L.
▶ Tragt die Werte in eure Tabelle ein und zeichnet sie mit einer anderen Farbe in die entsprechenden Diagramme ein.
▶ Berechnet R_L und zeichnet ein weiteres Diagramm (x-Achse: U_{ges}).
▶ Was stellt ihr fest? Was vermutet ihr? Begründet eure Vermutung.

Versuch 4:
Wechselschaltung entwickeln

Baue mit nebenstehenden Bauteilen eine Schaltung so auf, dass die Lampe von beiden Schaltern jeweils an- oder ausgeschaltet werden kann.
Ergänze die Spannungsquelle.
▶ Simuliere die Schaltung am Computer.
▶ Baue die Schaltung mit realen Bauteilen auf.
▶ Skizziere den Schaltplan.

Versuch 5:
Elektromagnete untersuchen

Plane mehrere Versuche, durch die du Folgendes klärst:

a) Die Magnetkraft eines Elektromagneten ist
   – umso größer, je mehr / je weniger Windungen aus Kupferlackdraht um den Kern gewickelt wurden.
   – am größten, wenn er einen Kern aus Aluminium, Stahl, Holz oder Kunststoff hat.
   – umso größer, je mehr / je weniger Strom durch die Spule fließt.
b) Welche der genannten Faktoren können so kombiniert werden, dass die magnetische Kraft noch größer wird?
c) Wovon hängt die maximal zulässige Stromstärke durch die Spule ab?

Kupferlackdraht: ein Kupferdraht mit elektrisch isolierendem Lacküberzug

Versuch 6:
Schaltungen vergleichen

Finde Unterschiede der beiden Diodenschaltungen heraus:
– im Aufbau,
– in der Schaltungsfunktion,
– in der Ausgangsspannung (siehe Messgerät).

Benutze eine Simulationssoftware oder ein Oszilloskop um die Spannungskurven vergleichen zu können.

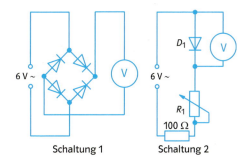

Schaltung 1 — Schaltung 2

Versuch 7:
Diodenspannungen untersuchen

Verändere den Widerstandswert in Schaltung 2. Wie verhält sich die Spannung?

Technische Probleme lösen 67

Technische Zeichnungen lesen

Um Werkstücke zu fertigen oder zu montieren, muss man technische Zeichnungen lesen können. So lassen sich Informationen und Zusammenhänge eindeutig erschließen.

Aufgabe 1:
Bezeichnungen zuordnen

a) Ordne den Zeichnungen die richtigen Bezeichnungen zu.

Schaltplan · Fertigungszeichnung · Ideenskizze · symbolhafte Darstellung · Explosionszeichnung · Ausführungsplan · Montagezeichnung · Schnittzeichnung

b) Besprecht im Team die Vor- und Nachteile der einzelnen Zeichnungsarten.
c) Ordne die Zeichnungen Technikbereichen zu.

Aufgabe 2:
Maschinenteile erkennen

Abb. 2 zeigt eine Arbeitsmaschine.
a) Um welche Maschine handelt es sich?
b) Versuche so viele Teile wie möglich zu erkennen.
c) Beschreibe die Funktion des Teils mit der Nummer 11.

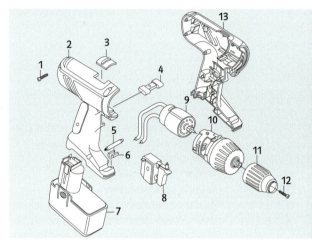

2 Explosionszeichnung einer Arbeitsmaschine

Aufgabe 3:
Räumliche Vorstellung üben

Falte die abgebildete Figur in Gedanken zusammen. Beschreibe den entstehenden Körper.

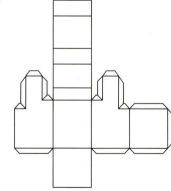

1 verschiedene Zeichnungsarten

3 Abwicklung eines Körpers

Technische Probleme lösen

Technisches Zeichnen

Aufgabe 4:
Raumbilder zuordnen

In Abb. 4 sind jeweils drei Werkstücke gleich. Suche sie heraus.

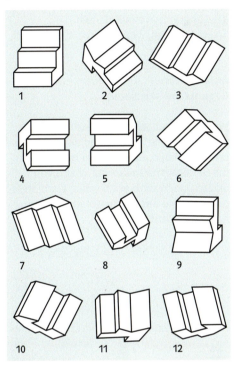

4 Raumbilder

Aufgabe 5:
Eckpunkte zuordnen

Vervollständige die Zuordnung der Eckpunkte aus dem Raumbild im Dreitafelbild.

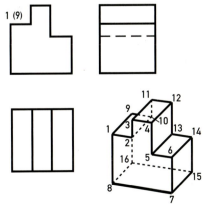

5 Eckzuordnungen im Dreitafelbild

Aufgabe 6:
Ansichten zuordnen

Ordne den Raumbildern die zugehörigen Ansichten zu.

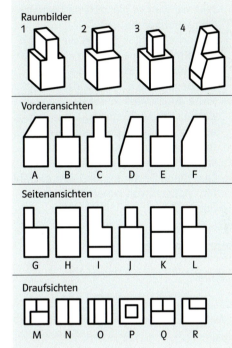

6 Ansichten von Körpern

Aufgabe 7:
Fehler suchen

In der Zeichnung sind einige Fehler versteckt. Finde sie und erstelle eine neue, fehlerfreie Zeichnung.

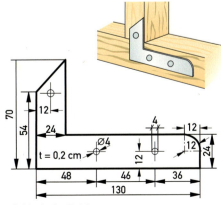

7 fehlerhafte Zeichnung

Technische Probleme lösen

Technische Zeichnungen anfertigen

Arbeitshinweise:

▶ Informiere dich über die Stichworte: Skizze, Blatteinteilung, Symmetrie, Eintafelbild, Maßstab und Schriftfeld.
▶ Welche Angaben enthält das Schriftfeld, wo wird es platziert und welche Abmessungen hat es?
▶ Versuche beim Skizzieren die Größenverhältnisse ohne Messen einigermaßen zu treffen. Skizziere die Körper mit Bemaßung auf ein Konzeptblatt.
▶ Prüfe durch Messen der Randabstände, ob sich die Zeichnung etwa mittig auf der Zeichenfläche befindet.
▶ Informiere dich über das Bemaßen von Aussparungen und Schrägen.
▶ Lass deine Zeichnung und den gewählten Maßstab von jemand anderem überprüfen.

Aufgabe 9:
Streckenlängen schätzen

Bilde mit Daumen und Zeigefinger folgende Strecken ab (Schätzungen). Zeichne sie auf ein Blatt Papier und überprüfe die Längen mit einem Lineal.
Strecken: 1 cm, 3 cm, 5,5 cm, 8 cm, 10 cm

Aufgabe 10:
Gegenstand skizzieren

Wähle einen flachen Gegenstand aus (beispielsweise Abb. 3) und skizziere ihn im Eintafelbild. Achte dabei darauf, dass die Seitenverhältnisse der Maße von Skizze und Realobjekt in etwa zueinander passen. Teile das Zeichenblatt ein und fülle das Schriftfeld aus.

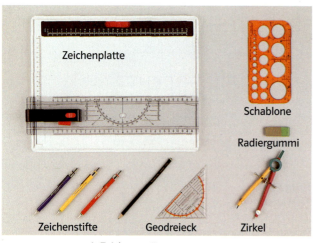

1 Zeichengeräte

Aufgabe 8:
Mit Zeichengeräten arbeiten

Entwirf und zeichne geometrische Muster wie in Abb. 2. Verwende hierzu die im technischen Zeichnen üblichen Zeichengeräte.

2 Darstellungsübungen

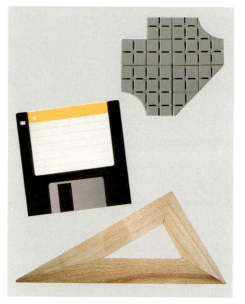

3 flache Beispielgegenstände

Aufgabe 11:
Gegenstand maßstäblich zeichnen

a) Welche Maßstäbe wären geeignet, um eine Unterlegscheibe (d = 10) zu zeichnen? Begründe deine Entscheidung.
b) Zeichne einen flachen Gegenstand deiner Wahl in einem geeigneten Vergrößerungs- oder Verkleinerungsmaßstab.

70 Technische Probleme lösen

Technisches Zeichnen

Aufgabe 12:
Fertigungszeichnung anfertigen

Die Skizze (Abb. 4) soll in eine Fertigungszeichnung umgesetzt werden.
Wähle einen geeigneten Maßstab, sodass Schriftfeld und Bemaßung ausreichend Platz haben.

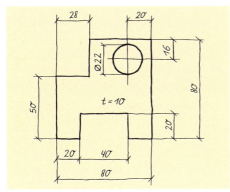

4 Fertigungsskizze

Aufgabe 13:
Werkstück maßstäblich zeichnen

Zeichne und bemaße eines der Werkstücke in einem geeigneten Maßstab. Entnimm die Maße aus Abb. 5.

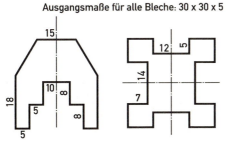

5 symmetrische Werkstücke

Aufgabe 14:
Gegenstand konstruieren

Zeichne einen Kunststoffstreifen (140 x 60 x 0,8), in dem sich mittig (30 mm von der rechten und linken Seite) zwei Bohrungen (d = 10) befinden. Genau im Mittelpunkt des Streifens ist ein quadratischer Ausschnitt mit der Seitenlänge 15 mm.

Aufgabe 15:
Werkstück in zwei Ansichten zeichnen

Aus einem Flachstahl (110 x 60 x 10) soll eine Wandhalterung für ein Regalbrett gefertigt werden. Jeweils 40 mm von der Mitte entfernt befinden sich die Befestigungsbohrungen (d = 10), deren Mittelpunkte 15 mm vom oberen Rand entfernt sind. Zeichne das fertig bearbeitete Werkstück in der Vorderansicht und der Draufsicht. Wähle eine geeignete Lage des Werkstücks auf dem Zeichenblatt.

Aufgabe 16:
Dreitafelprojektion erstellen

Zeichne den Körper in drei Ansichten.

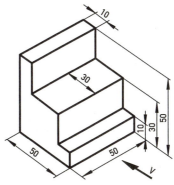

6 isometrische Darstellung

Aufgabe 17:
Körper isometrisch darstellen

Skizziere das Werkstück (Abb. 7) in der isometrischen Darstellung und bemaße es fertigungsgerecht.

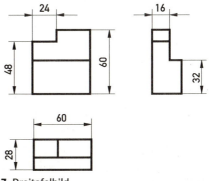

7 Dreitafelbild

Technische Probleme lösen

Bauzeichnungen lesen und anfertigen

Aufgabe 18:
Bauzeichnung lesen

Abb. 1 zeigt den Querschnitt eines Hauses. Lege eine Tabelle an und trage Folgendes ein:

a) Welche Angaben kannst du der nebenstehenden Zeichnung entnehmen?
b) Welche Informationen lassen sich nicht entnehmen?
c) Welche Handwerker können diese Zeichnung nutzen?

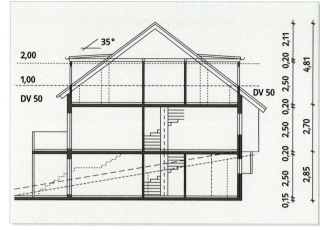

1 Schnittzeichnung eines Hauses

Aufgabe 19:
Bebauungsplan lesen

Du interessiert dich für eine Wohnung in dem im Plan eingezeichneten Haus.

a) Wie lautet die Flächennummer des Grundstücks?
b) In welcher Himmelsrichtung liegen die Fenster zur Durchgangsstraße?
c) Liegt das dich interessierende Haus in einer ruhigen Gegend? Begründe!
d) Welche Aussage lässt sich über die Parkplatzsituation in der Gegend machen?
e) Welche Vor- und Nachteile bietet die Lage des Hauses?
f) Was verrät der Plan beispielsweise *nicht* über „dein Haus"?

Wenn in einer Bauzeichnung keine Himmelsrichtung angegeben ist, liegt Norden oben.

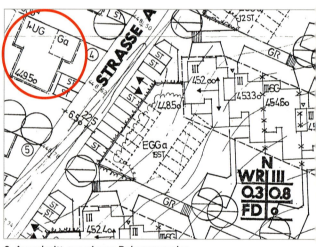

2 Ausschnitt aus einem Bebauungsplan

Aufgabe 20:
Wohnungseinrichtung planen

Richte die abgebildete 2-Zimmer-Wohnung zweckmäßig ein. Plane einen Möbelkauf und ermittle die Preise.

a) Übernimm den Plan im Maßstab 1:50. Ergänze für eine Einrichtung hilfreiche Maße.
b) Zeichne in den Grundriss mit Bautechniksymbolen ein, wo folgende Möbel Platz finden sollen:
Esstisch mit Bestuhlung, Eckcouch, Couchtisch, Wohnzimmerschrank, Fernsehgerät, Doppelbett, Wäscheschrank und Computerarbeitsplatz.

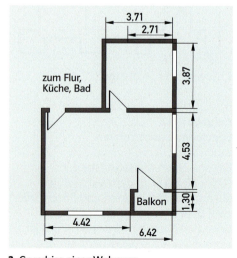

3 Grundriss einer Wohnung

72 Technische Probleme lösen

Technisches Zeichnen

Schaltpläne entwickeln

Aufgabe 21:
Verdrahtungsplan anfertigen

Bei der abgebildeten Schaltung handelt es sich um eine so genannte Selbsthalteschaltung. Zeichne hierfür einen Verdrahtungsplan.

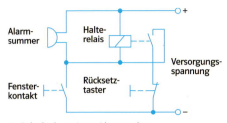

4 Schaltplan einer Alarmanlage

Aufgabe 22:
Schaltplan skizzieren

Erstelle für die in Abb. 5 dargestellte Schaltung einen Schaltplan.

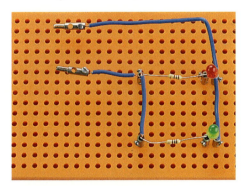

5 Schaltung auf Lochrasterplatine

Aufgabe 23:
Schaltplan vereinfachen

Zeichne den ungeschickt dargestellten Schaltplan übersichtlicher. Wo würdest du die beiden LEDs platzieren? Begründe.

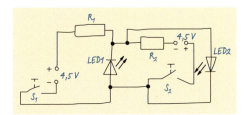

6 Schaltplan einer optischen Rufanlage

Aufgabe 24:
Verdrahtungsplan erstellen

Zeichne mit den angegebenen Bauteilen den Schalt- und den Verdrahtungsplan für eine Temperaturüberwachung.

7 Bauteile für einen Temperaturwächter

Aufgabe 25:
Schaltungsbeschreibung auswerten

Erstelle anhand des unten stehenden Textes die Stückliste mit allen Bauteilwerten der Schaltung. Fertige eine Skizze vom Schaltplan an.

> Mit zwei Wechselschaltern kann eine LED von zwei Stellen aus beliebig ein- und ausgeschaltet werden. Die Wechselschalter sind mit zwei Leitungen verbunden.
> Ein Schutzwiderstand schützt die LED (2,2 V / 20 mA). Die verwendete Batterie hat eine Spannung von 4,5 V.

Aufgabe 26:
Schaltungslayout erstellen

Übernimm den abgebildeten Schaltplan in ein Zeichenprogramm zum Erstellen von Platinenlayouts. Vergiss nicht die Stückliste erstellen zu lassen.

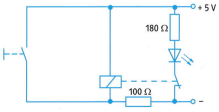

8 Schaltplan einer Alarmschaltung

Technische Probleme lösen

Mit einem Textverarbeitungsprogramm zeichnen

Mit vorgegebenen grafischen Elementen in Textverarbeitungsprogrammen lassen sich einfache technische Zeichnungen erstellen. Auch komplexe Zeichnungen können sauber und schnell hergestellt werden. In den meisten Textverarbeitungsprogrammen findet sich ein Icon zum Zeichnen (z. B. in Microsoft Word).

Arbeitshinweise:
- Verwende ein Programm wie Word, Writer oder Star Writer und aktiviere das Zeichentool.
- Informiere dich über die Stichworte: Blatteinteilung, Gitternetz, am Raster ausrichten, Autoformen, 3D-Art und Gruppieren.

Aufgabe 1:
Gegenstand zeichnen

Wähle einen einfachen technischen Gegenstand aus (beispielsweise Abb. 1) und zeichne ihn normgerecht mit den dir zur Verfügung stehenden Werkzeugen des Zeichenprogramms. Teile das Zeichenblatt ein und lege ein Schriftfeld an.

1 Beispielgegenstände

Aufgabe 3:
Zeichnung übernehmen

Die Zeichnung in Abb. 3 soll in ein Zeichenprogramm übernommen werden. Verschiebe die Zeichnung, nachdem du sie fertiggestellt hast, nach links, verkleinere die Gesamtgröße und erstelle eine Stückliste über einem Schriftfeld.

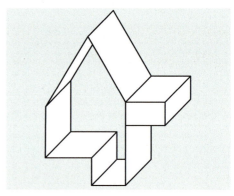

3 perspektivische Zeichnung

Aufgabe 2:
Perspektivische Zeichnung erzeugen

Zeichne eine der folgenden Figuren. Lass sie dann von deinem Zeichenprogramm räumlich darstellen. Beschreibe danach die Unzulänglichkeiten des Programms.

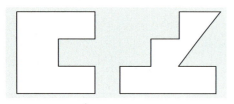

2 Figuren

Aufgabe 4:
Zeichnung erweitern

Übernimm die Grundfigur aus Abb. 4. Erweitere sie danach mit der Option „Punkte bearbeiten" zur Figur aus Abb. 5. Bemaße nun.

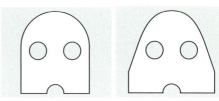

4 Grundfigur   **5** erweiterte Figur

74 Technische Probleme lösen

Technisches Zeichnen

Mit einem CAD-Programm zeichnen

Arbeitshinweise:
Informiere dich über
- die Werkzeuge eines CAD-Programms,
- Blatteinteilungen, Drucken von Zeichnungen, Zeichensymbole und Bemaßungsrichtlinien,
- Symbolbibliotheken des Programms.

Aufgabe 5:
Gegenstand zeichnen

Starte dein Zeichenprogramm und wähle ein passendes Schriftfeld aus. Füge das Schriftfeld ein und zeichne die Figur (Abb. 6) mit den vorgegebenen Werkzeugen.

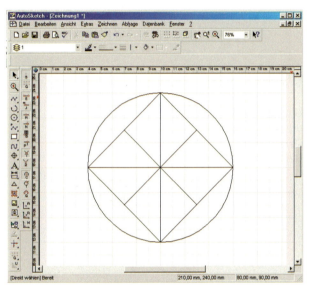

6 Beispielfigur

Aufgabe 6:
Spezielle CAD-Befehle nutzen

Nutze beim Erstellen der folgenden Figur die Befehle:
Raster, Fang und letzter Punkt.

- Zeichne ein rechtwinkliges Dreieck.
- Konstruiere in das Dreieck die Winkelhalbierenden.
- Bestimme zeichnerisch den Schwerpunkt des Dreiecks.
- Zeichne den Umkreis des Dreiecks.
- Für Könner: Schaffst du es, den Inkreis des Dreiecks einzuzeichnen?

Aufgabe 7:
Grundriss zeichnen

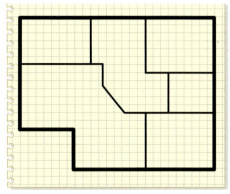

7 Grundriss einer Wohnung

Übertrage den Grundriss der abgebildeten Wohnung (Abb. 7) in ein CAD-Programm. Entnimm die Maße der Zeichnung. Trage an sinnvollen Stellen Fenster und Türen in den Plan der Wohnung ein. Ergänze den Grundriss um einen zweckmäßig ausgerichteten Balkon. Bemaße deine Zeichnung und drucke sie aus.

Aufgabe 8:
Material optimieren

Für ein Modellauto werden unterschiedliche Teile eines Pkws aus einem Blech gestanzt. Dabei muss möglichst kostengünstig gearbeitet werden.

Erstelle eine geeignete Zeichenvorlage mit Schriftfeld. Versuche möglichst viele einzelne Schnittmuster der abgebildeten Bauteile in der Vorlage zu platzieren. Achte auf geringstmöglichen Verschnitt und zeichne im Maßstab 1:1.

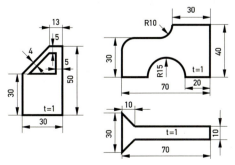

8 Blechteile

Technische Probleme lösen

CAD / CAM-Systeme benutzen

Aufgabe 9:
Zeichenmodul nutzen

Starte das CAD-Programm des CAM-Frässystems und zeichne die Figuren aus Abb. 1. Simuliere dann den Fräsvorgang.

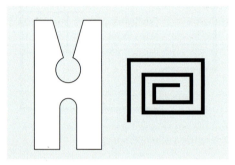

1 Zeichnungsvorlagen

Aufgabe 10:
Zeichnung erstellen

Fertige zum abgebildeten Gegenstand die zugehörige CAD-Zeichnung für das Frässystem an.

2 Türschild

Aufgabe 11:
Technologiedaten ergänzen

Zeichne die Figuren von Abb. 3. Füge die Technologiedaten des Frässystems hinzu.

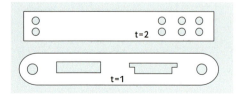

3 ebene Gegenstände

Aufgabe 12:
Sonderzeichen nutzen

Zeichne folgende Figuren und nutze hierzu die Sonderzeichen im System.

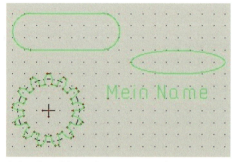

4 Sonderzeichen eines Fräsprogramms

Aufgabe 13:
Nullpunkt setzen

Gib an, wo die geeigneten Nullpunkte und die Ausspannstellungen für die CAD-Zeichnungen in Abb. 5 zu setzen sind. Begründe deine Wahl.

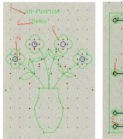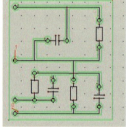

5 CAD-Zeichnungen

Aufgabe 14:
Fräsvorlage herstellen

Erstelle die Fräsvorlage mit Technologiedaten für das abgebildete Geschicklichkeitsspiel (Kugeldurchmesser: 4 mm).

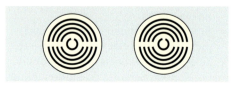

6 Geschicklichkeitsspiel für zwei Murmeln

76 Technische Probleme lösen

Technisches Zeichnen

Objekte mit CAM-Systemen herstellen

7 CAM-System

Aufgabe 15:
Dekorationsgegenstand herstellen

Mit einem CAM-System soll eine Euromünzenplatte gefertigt werden. Hierzu wird eine geeignete Trägerplatte, z.B. aus Holz oder Kunststoff, verwendet.

Arbeitshinweise:
- Informiere dich über die spezifischen Funktionen deines Frässystems.
- Informiere dich über die Begriffe: Technologiedaten, Nullpunkt, Koordinaten, Vorschubgeschwindigkeit.

Gegenstand zeichnen
Starte das CAD-Programm des Frässystems. Zeichne deinen Entwurf für die Euromünzenplatte.

8 gefräste Grundplatte

Technologiedaten hinzufügen
Ergänze die dazugehörigen Technologiedaten. Beginne mit dem Nullpunkt. Beachte die entsprechenden Vorschubgeschwindigkeiten. Lass nach Beenden des Fräsvorgangs die Ausspannposition anfahren. Diese Tiefen sind zu beachten:
Münzen: nach ihrer Dicke (abmessen)
Rahmen: der verwendeten Platte anpassen
Schrifttiefe: 2 mm (falls beschriftet)

Fräsvorgang simulieren
Führe die Simulation des Fräsvorgangs für die Grundplatte unter Verwendung aller drei Koordinatenebenen aus. Wenn Fehler aufgetreten sind, verbessere diese und führe zur Kontrolle nochmals eine Simulation durch.
Nach der erfolgreichen Simulation kann die Grundplatte gefräst, verschönert und die Oberfläche behandelt werden.

Aufgabe 16:
Fertigungsvorgang programmieren

Übernimm das Programmierbeispiel aus Abb. 9 in das NC-Modul einer Fräsmaschine. Lass die Simulation laufen. Was für eine Figur entsteht? Ergänze das Programmbeispiel, um die Figur vollständig zu erhalten.

```
Programm zum Fräsen von...
G54   X25   Y25            G79  X50
                           G79  X40
M10 06.1                   G79  X30
G81 Z5 B2 F100             G79  X20
G79 X40 Y10                G79  X10
G79 X50                    G79  Y50
G79 X60                    G79  X20
G79 Y20                    G79  X30
G79 X50                    G79  X40
G79 X40                    G79  X50
G79 Y30                    G79  X60
G79 X50                    G79  X70
G79 X60                    G79  X80
G79 X90 Y40                G79  X90
G79 X80
G79 X70
G79 X60                    M10 06.0
```

9 NC-Programm

NC:
numerical control, elektronisches Gerät zur Steuerung von Werkzeugmaschinen

Technische Probleme lösen **77**

Objekte mit CAM-Systemen herstellen

Aufgabe 17:
Zifferblatt anfertigen

Plane den Bau einer Wanduhr. Entwirf hierzu ein Designmuster für das Zifferblatt, das gefräst werden soll. Beachte, dass der Durchmesser von der Länge des Minutenzeigers abhängt.

Übertrage deinen Entwurf in das CAD-Programm des NC-Systems und füge die Technologiedaten hinzu. Wähle ein geeignetes Material und fräse dein Zifferblatt. Montiere anschließend dein Zifferblatt an ein Uhrwerk.

1 Zifferblatt

Aufgabe 19:
Puzzle herstellen

Besorge dir eine Deutschlandkarte und übertrage die Umrisse der einzelnen Bundesländer im Freihandzeichenmodus in das CAD-Programm des NC-Systems. Die Hauptstädte der Bundesländer sollen als Bohrung gekennzeichnet werden. Verwende beim Ausfräsen ein 4 mm starkes Sperrholz.

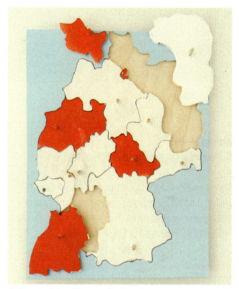

3 Deutschlandkarte als Puzzle

Aufgabe 18:
Laubsägetisch produzieren

Stelle die Fräsvorlage mit Technologiedaten für den Auflagetisch einer Laubsäge her. Zur Kontrolle sollte die Simulation ausgeführt werden.

Maße: 200 x 70 x 8

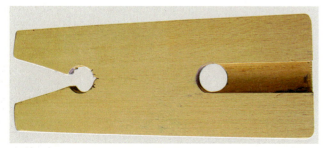

2 Laubsägetisch

Aufgabe 20:
Zirkelkasten herstellen

Stelle einen Aufbewahrungskasten für deinen Zirkel her. Ermittle die notwendigen Maße und fertige eine Skizze auf einem Zeichenblatt an. Starte das CAD-Programm und erstelle die Fräsvorlage nach deinen ermittelten Werten.

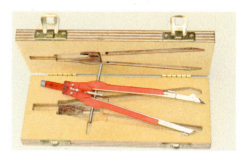

4 Zirkelkasten

78 Technische Probleme lösen

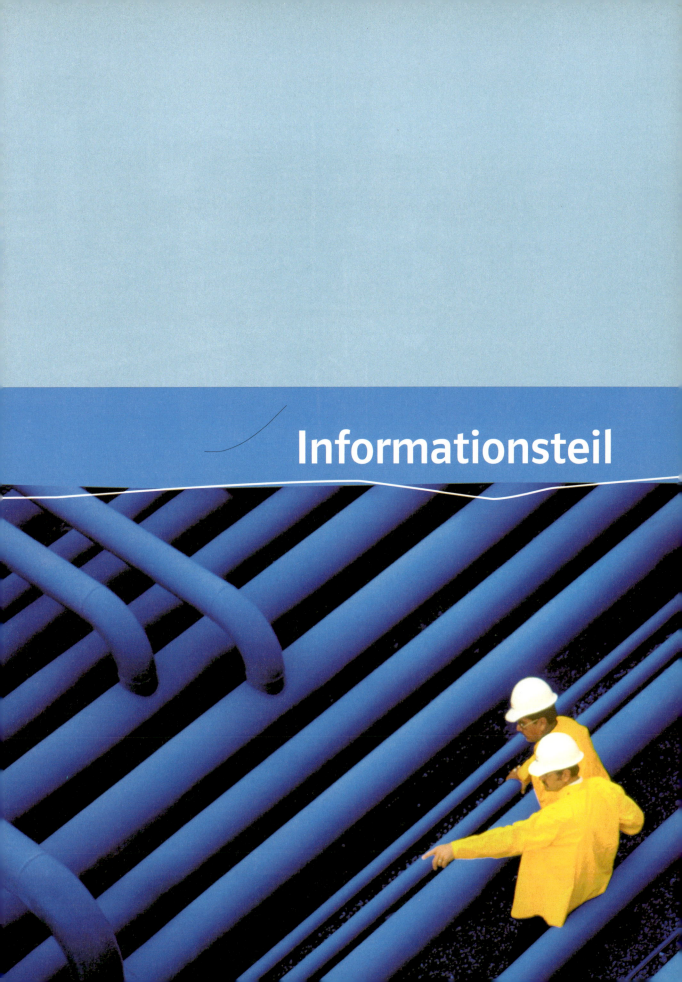
Informationsteil

Sicherheit im Technikraum
Arbeitssicherheit

Sicherheit wird groß geschrieben auf dem Bau. Ob in die Höhe oder in die Tiefe gebaut wird – es lauern stets Gefahren auf die Bauarbeiter. Ein Sicherheitskonzept wird daher schon bei der Bauplanung entwickelt. Helme, Schutzbrillen, Arbeitsschuhe und Schutzkleidung gehören zur Ausrüstung der Bauarbeiter. Aber auch Absturzsicherungen, z. B. Netze bei Arbeiten in großer Höhe, und die Absicherung aller Wege und Öffnungen auf der Baustelle müssen berücksichtigt werden. Die Arbeit mit Maschinen, die Arbeit mit Gefahrstoffen, …

Auch im Technikraum gibt es Regeln und Sicherheitsmaßnahmen, die euch schützen sollen. Besser, ihr informiert euch vorher und habt eure Sicherheit auch auf dem Plan!

Das wirst du kennen lernen:

- Werkstoffe und Gefahrstoffe – was gibt es zu beachten?
- Werkzeuge und Maschinen – hier kann schnell mal was passieren!
- Elektrizität – das wird spannend!

Arbeitssicherheit

Ordnung im Technikraum

„Ordnung ist das halbe Leben", heißt ein bekannter Spruch.

1 nicht so … … sondern so

Damit die Arbeit im Technikraum sicher ist, reibungslos ablaufen kann und die Arbeitsmittel schnell gefunden werden, ist es wichtig, dass sich alle an die Technikraumordnung halten.

Technikraumordnung

Stundenbeginn
- Fachräume werden erst betreten, wenn die Lehrerin oder der Lehrer anwesend ist.
- Jacken und Taschen werden an den dafür bestimmten Stellen verstaut. So bleiben sie sauber und stellen keine Stolperfallen dar.

Verhalten im Unterricht
- Generell gilt: Im gesamten Technikbereich wird nicht gespielt, geschubst und herumgesprungen.
- Maschinen und Werkzeuge werden erst nach Einweisung und ausdrücklicher Erlaubnis der Lehrerin oder des Lehrers benutzt.
- Werkzeuge sind beim Holen und Aufräumen so zu tragen, dass niemand verletzt werden kann.
- Am Werktisch wird Ordnung gehalten. Werkzeuge werden griffbereit und geordnet auf dem Tisch abgelegt.
- Auf Gefahren wird gegenseitig aufmerksam gemacht und Sicherheitsmängel werden sofort der Lehrerin oder dem Lehrer gemeldet.

- Gebotszeichen, Gefahrensymbole, Rettungszeichen, Verbotszeichen und Warnzeichen sind zu beachten.
- Der Maschinenraum darf nur mit ausdrücklicher Erlaubnis betreten werden.
- Mit Material sparsam, sorgfältig und umweltverträglich umgehen.
- Auf gute Belüftung achten!

Stundenende
Eine sinnvolle Reihenfolge ist:
- Werkstücke aufräumen.
- Werkzeuge und Maschinen reinigen und genau an die Stelle ordentlich zurückräumen, von der sie geholt wurden.
- Tische und Ablagefächer saugen und wenn nötig mit feuchten Tüchern nachwischen.
- Regel: beim Reinigen von oben nach unten vorgehen.
- Vorsicht bei Holzstaub, vor allem von Buche und Eiche (krebserregend): saugen statt kehren und dabei gut lüften!

Rettungshilfen
Folgende Hilfsmittel sollten vorhanden sein und jeder sollte wissen, wo sie sind:
– Not-Aus-Schalter
– Telefon und Notrufnummern
– Löschdecke
– Feuerlöscher
– Feuermelder
– Rettungswegzeichen
– Augendusche
– Erste-Hilfe-Kasten
– Anleitungsheft über Erste-Hilfe-Maßnahmen

2 Erste-Hilfe-Kasten mit Anleitungsheft

3 Gebotszeichen, hier: Gehörschutz benutzen

4 Gefahrensymbol, hier: reizend

5 Rettungszeichen, hier: Rettungsweg

6 Verbotszeichen, hier: Zutritt für Unbefugte verboten

7 Warnzeichen, hier: Warnung vor ätzenden Stoffen

Sicherheit im Technikraum

Sicher mit Werkstoffen arbeiten

Arbeiten mit Holz und Holzwerkstoffen

Umgang mit Holzstaub

Holzstäube können Schnupfen, Asthma und Allergien, Buchen- oder Eichenstäube sogar Krebs in der Nase auslösen.
Im Technikunterricht müsst ihr deshalb besonders vorsichtig mit Werk- und Hilfsstoffen umgehen.

1 Empfehlung für staubarmes Absaugen von Holzstaub

Das Beachten folgender Hinweise hilft Gefährdungen durch Holzstaub zu vermeiden:
- Absaugung bei allen spanabhebenden Bearbeitungsverfahren, z. B. an Holzbearbeitungsmaschinen, Handmaschinen und Handschleifarbeitsplätzen
- maschinelles Schleifen nur mit geeigneter Absaugung
- Handschleifarbeiten möglichst im Freien, im Raum nicht über längere Zeit
- für gute Querlüftung sorgen
- Technikräume nicht kehren, sondern saugen
- Besen nur für grobe Späne und Holzabschnitte verwenden
- Abblasen und Kehren von Holzstaub ist grundsätzlich nicht zulässig!
- mit Holzstaub verunreinigte Werkstücke, Werkzeuge und Maschinen regelmäßig absaugen

2 Abblasverbot für Holzstaub

Sägen
- Handsägen können bei Sägeschnittbeginn hüpfen, deshalb zuerst ohne Druck ein paar Mal gegen die Sägerichtung arbeiten

Arbeiten mit Metall

Bohren
- aus Sicherheitsgründen soll unbedingt ein Mitschüler am Not-Aus-Schalter stehen und bei Gefahr schnell abschalten
- bei großen Werkstücken jemanden bitten das Werkstück zu halten
- Bohrer kann aufgrund großer Reibung heiß werden, deshalb Kühlflüssigkeit verwenden
- beim Bohren Schutzbrille tragen
- größere Löcher (> 7 mm) mit kleinerem Bohrer (mit halb so großem Durchmesser) vorbohren
- Werkstück im Maschinenschraubstock mit Feilkloben oder Federzwingen fest einspannen. Es darf auf keinen Fall mitgerissen werden!

3 Feilkloben   **4** Federzwinge

- auf richtigen Vorschub achten (erkennbar an sauberer Spanbildung)
- Bohrer immer wieder durch Hochfahren aus dem Bohrloch von Spänen befreien
- gebohrtes Werkstück mit der Bohröffnung nach unten gegen den Bohrtisch klopfen, damit die Späne herausfallen
- Bohrspäne nur mit Bürste oder Pinsel entfernen, nicht mit Hand oder Lappen und nie mit dem Mund wegblasen (Augenverletzung möglich!)

Bleche bearbeiten
- Bleche zum Bohren auf einer Holzunterlage festspannen
- Schälbohrer verwenden
- scharfe Kanten entgraten

6 Schälbohrer

5 richtig eingespanntes Blech

Sägen
- auch bei Metall zuerst ohne Druck ein paar Mal gegen die Sägerichtung arbeiten
- scharfe Schnittkanten entgraten

Arbeitssicherheit

Arbeiten mit Kunststoff

Thermoplaste sind schlechte Wärmeleiter. Dies führt an der Bearbeitungsstelle zu einem Wärmestau, das Material wird plastisch und schmiert.
Deshalb ist beim Bohren und Sägen eine Kühlung durch Luft oder Wasser notwendig.

Bohren
- in Thermoplaste mit erhitzter Spitze vorstechen statt ankörnen (Splittergefahr)
- auf geringen Vorschub achten
- Ausreißen des Materials durch Holzunterlage verhindern

Entgraten
Sägeschnitte führen bei Kunststoff zu scharfen Kanten. Diese müssen mit der Ziehklinge oder mit Schleifpapier entgratet werden.

Feilen
Zum Feilen können Metallfeilen verwendet werden. Sie sind aber immer wieder mit der Feilenbürste zu reinigen.

Warmformen
- Achtung: Verbrennungsgefahr! Schutzhandschuhe und feuerfeste Unterlage verwenden
- vor dem Erwärmen Schutzfolie entfernen. Spanende Tätigkeiten sollten vorher beendet, Kanten sollten fertig bearbeitet und poliert sein.
- nicht zu lange erwärmen (höchstens 15 Minuten), da der Kunststoff sonst verspröden kann
- nicht über 170 °C erwärmen
- nur die Biegezone erwärmen, nicht das ganze Werkstück
- restliche Bereiche abdecken, z. B. mit Alufolie
- dicke Werkstoffe (> 6 mm) beidseitig erwärmen
- Wasser zum Abkühlen verwenden
- Lüften!

> Beim Verbrennen von Kunststoffen entstehen giftige Dämpfe! Zündle deshalb nicht an Kunststoffen herum!

Polieren (maschinell)
- Schutzhandschuhe und Schutzbrille tragen
- Werkstück gut festhalten
- Werkstück nur unter leichtem Druck an der Polierscheibe führen
- bei Bedarf immer wieder zusätzliches Polierwachs leicht gegen die rotierende Scheibe drücken

Kleben
Beim Kleben von Kunststoffen werden meist Lösungsmittelkleber verwendet. Diese geben gesundheitsschädliche Dämpfe ab.

Aufgedruckte Gefahrensymbole und Warnzeichen auf den Verpackungen geben wichtige Hinweise, siehe S. 84! Herstellerhinweise sind beim Umgang zu beachten.

8 Schutzbrille tragen

7 Gefahrenhinweise

9 Dämpfe nicht einatmen

Den Arbeitsraum immer gut lüften. Klebe wenn möglich, abhängig von Temperatur und Wetter, im Freien.

Sicherheit im Technikraum

Sicher mit Gefahrstoffen umgehen

Im Technikunterricht verwendet ihr Klebstoffe, Leime, Farben, Lacke, Lasuren, Lösungsmittel, Reinigungsmittel und andere Stoffe. Menschen und die Umwelt dürfen durch sie aber nicht gefährdet werden. Stoffe mit gefährlichen Eigenschaften müssen deshalb mit Gefahrensymbolen gekennzeichnet sein.

Damit ihr sicher und umweltfreundlich mit diesen Gefahrstoffen umgehen könnt, müsst ihr die Bedeutung der Symbole, Zeichen und Warnschilder kennen und Verhaltens- und Schutzmaßnahmen einhalten.

Gefahrensymbole

Symbol	Zusatz	Bedeutung
☠	T+	sehr giftig
	T	giftig
✕	Xn	gesundheitsschädlich
	Xi	reizend
🧪	C	ätzend
💥	E	explosionsgefährlich
🔥	F+	hochentzündlich
	F	leichtentzündlich
🔥⚪	O	brandfördernd
🌳🐟	N	umweltgefährlich

Schutzmaßnahmen und Verhaltensregeln
– Haut- und Augenkontakt unbedingt vermeiden, geeignete Schutzhandschuhe und Schutzbrille tragen
– Kleidung schützen
– für gute Be- und Entlüftung sorgen
– Dämpfe / Nebel nicht einatmen
– Gefahrstoffe nicht offen stehen lassen, deshalb Farben, Lacke und Lösungsmittel sofort nach Abfüllen oder Gebrauch verschließen
– Gefahrstoffe grundsätzlich von Nahrungsmitteln und Getränken fernhalten
– Reste nicht in Kanalisation, Gewässer und Erdreich gelangen lassen

R- und S-Sätze beachten!

R-Sätze: Gefahrenhinweise
S-Sätze: Sicherheitsratschläge

Xn

gesundheitsschädlich enthält anorganische Fluoride

R 22: Gesundheitsschädlich beim Verschlucken.
S 2: Darf nicht in die Hände von Kindern gelangen.
S 26: Bei Berührung mit den Augen gründlich mit Wasser ausspülen und Arzt konsultieren.
S 28: Bei Berührung mit der Haut sofort mit Wasser abwaschen.

1 Herstelleraufdruck auf einem Behälter für Hartlotpaste

Kennzeichnung
Gefahrstoffe müssen mit folgenden Angaben gekennzeichnet sein:
1. chemische Bezeichnung des Stoffs bzw. seiner Bestandteile
2. Handelsname / Bezeichnung
3. Gefahrensymbole mit Gefahrenbezeichnungen
4. R-Sätze
5. S-Sätze
6. Anschrift des Herstellers / Vertreibers

Achtung: In andere Behältnisse **umgefüllte Gefahrstoffe** müssen ebenfalls mit diesen 6 Punkten gekennzeichnet werden.

Arbeitssicherheit

Körperkontakt mit Gefahrstoffen

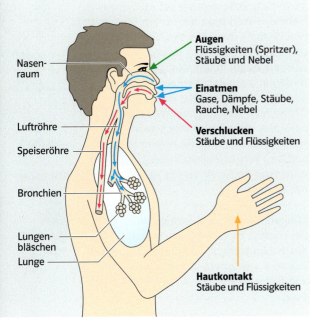

2 Aufnahmemöglichkeiten von Gefahrstoffen

Soforthilfe:
- Verunreinigte **Kleidungsstücke** sofort entfernen. (Ausnahme: bei Verbrennungen)
- Betroffene/verschmutzte **Hautpartien** (z. B. Hände) mehrere Minuten lang unter Wasser halten. Danach steril verbinden.
- Bei **Augenkontakt** sofort bei weit geöffnetem Lidspalt mehrere Minuten unter fließendem Wasser ausspülen (oder Augendusche verwenden). Sofort einen Augenarzt hinzuziehen.
- Nach **Verschlucken** mehrmals viel Wasser trinken lassen. Erbrechen vermeiden. Sofort Arzt hinzuziehen.
- Nach **Einatmen** von Gefahrstoffen den Verunglückten sofort an die frische Luft bringen. Je nach Gefahrstoff Arzt aufsuchen.

Reichen Erste-Hilfe-Maßnahmen nicht aus, ist sofort ärztliche Behandlung erforderlich; ebenfalls, wenn die Beschwerden nicht abklingen.

3 Augendusche

Giftzentrale-Notruf (24 h):
0228-19 240
oder
0228-2873211

Lieber zu vorsichtig als unvorsichtig!

Abfüllen
Entzündliche Flüssigkeiten müssen unter einem Abzug abgefüllt werden. So kann Brand- und Explosionsgefahr vermieden werden.

Aufbewahrung / Lagerung
Grundsätzlich müssen die Herstellerhinweise strikt eingehalten werden. Gefahrstoffe, die gefährliche Gase, Dämpfe, Nebel oder Rauch entwickeln, sind in Schränken mit automatischem Abzug ins Freie aufzubewahren.

Auslaufen oder Verschütten
Die Flüssigkeit mit flüssigkeitsbindendem Material (z. B. Sand, Universalbinder) aufnehmen, in gekennzeichnete und verschließbare Behälter aus beständigem Werkstoff geben und ordnungsgemäß entsorgen.

Brandbekämpfung und Erste Hilfe
Feuerlöscher, Löschsand, Löschdecke und Verbandkästen müssen immer griffbereit zur Verfügung stehen.

Entsorgung
Bevor mit Gefahrstoffen gearbeitet wird, muss geklärt sein, wie man Reste und Abfälle umweltverträglich beseitigen kann. Reste werden gesammelt und als Sondermüll bei den zuständigen Entsorgungsunternehmen abgegeben.

Gasflaschen
Gasflaschen müssen im Lageplan des Rettungsplans eingezeichnet sein. Sie dürfen nicht in der Sonne stehen. Nach Gebrauch sofort zudrehen.

Kauf von Farben und Lacken
Beim Kauf von Farben, Lacken und Lasuren sind organische Lösungsmittel, wie z. B. Terpentinersatz, Alkohol und Aceton, zu meiden.
Am besten Produkte mit einer Zubereitung auf Wasserbasis und mit der Kennzeichnung „Der blaue Engel" wählen.

Sicherheit im Technikraum

Sicher mit Werkzeugen arbeiten

Umsichtiges und sicherheitsbewusstes Umgehen mit Werkzeugen und Maschinen hilft, Gefahren zu erkennen, Unfälle zu vermeiden und Werkzeuge zu schonen.

Deshalb müssen grundsätzlich folgende Punkte eingehalten werden:

Werkzeuge
- sind kein Spielzeug
- erst nach Erlaubnis benutzen
- so tragen oder auch weiterreichen, dass niemand verletzt werden kann
- geordnet auf dem Werktisch ablegen
- vor Arbeitsbeginn auf einwandfreien Zustand überprüfen
- mit Beschädigungen sofort melden
- sachgemäß, umsichtig und sorgfältig einsetzen (bei Unklarheiten nachfragen!)
- nach Benutzung gereinigt wieder an die richtige Stelle zurückbringen

Lockere Hefte befestigen
Sitzen Angeln in Heften nicht fest, ist dies gefährlich. Befestige sie sofort.
Hebe das Werkzeug hierfür am Blatt hoch und lasse es dann aus 15–20 cm Höhe senkrecht auf das Heft fallen. Dadurch wird die Angel in das Heft gedrückt. Achte darauf, dass das Werkzeug nicht umherfällt, stütze es (siehe Abb. 3 rechts). Wiederhole den Vorgang, wenn nötig. Falls dies nicht hilft, kannst du in das Heft größere Holzspäne hineinschieben und den Vorgang wiederholen. Ansonsten muss ein neues Heft verwendet werden.

Klingen, Spitzen und Schneiden
Sie können zu Verletzungen führen (z. B. durch Abrutschen). Spanne deshalb Werkstücke in geeignete Vorrichtungen ein und führe Werkzeuge immer vom Körper weg.

Reinigung und Pflege
Feilen und Raspeln werden mit der Feilenbürste gereinigt, indem man in Richtung des Hiebs bürstet.

2 Feilenbürste

Ist das Feilen- oder Raspelblatt durch Harz, Leim oder feuchtes Holz verstopft, muss es vor dem Einsatz der Feilenbürste in heißem Seifenwasser eingeweicht werden.

Stechbeitel
Unscharfe Klingen von Stechbeiteln oder z. B. durch Nägel verletzte Klingen müssen wieder frisch geschliffen werden.

Schraubendreher und **Schraubenschlüssel** werden nach der Arbeit gereinigt, Öl und Schmutz werden entfernt.

3 Angel befestigen

Alternative:

4 Angel befestigen

1 Ordnung halten

Feilen, Raspeln und Stechbeitel

Werkstücke müssen so eingespannt werden, dass sie beim Bearbeiten nicht federn.
Achte deshalb auf einen geringen Überstand an der Einspannseite.
Überprüfe vor der Arbeit das Werkzeug auf festen Sitz der Angel im Heft.

> Werkzeuge müssen sauber sein, bevor sie weggeräumt werden.

Sicherheit im Technikraum

Arbeitssicherheit

Sicher mit Maschinen arbeiten

Unsachgemäße Benutzung von Maschinen birgt große Gefahren für Menschen und Materialien. Deshalb gilt der Grundsatz:
Wer mit einer Maschine arbeitet, muss die damit verbundenen Gefahren kennen und die Arbeits- und Sicherheitsregeln beachten.

Die Sicherheit steht im Vordergrund – sowohl für den Benutzer selbst und für Nebenstehende als auch um eine Beschädigung der Maschine zu verhindern.

Umgang mit Elektrokabeln von Maschinen
Kabel niemals zum Tragen der Maschine missbrauchen und sie auch nicht dazu benutzen, den Stecker aus der Steckdose zu ziehen.

Sie müssen vor Hitze, Feuchtigkeit, Wasser, Öl und scharfen Kanten geschützt werden! Nicht auf Kabel treten.

Falls sie aufgewickelt werden müssen, werden große Wickelschleifen gemacht. Das Kabel soll z. B. nicht eng um einen Lötkolben gewickelt werden.

nicht so …

… sondern so

5 Wickelschleifen

Maschinenführerschein
Der Maschinenführerschein berechtigt dich eine Maschine zu benutzen.

Um ihn zu erhalten, musst du beweisen, dass du die Theorie und Praxis beherrschst und somit die Maschine und das jeweilige Zubehör gefahrlos und sachgerecht bedienen kannst.

Maschinenführerschein

Mustermann Realschule
Beispielstr. 1
70000 Musterort

Vor- / Nachname _____
Straße _____
PLZ und Ort _____
Unterschrift _____

Lichtbild

Die Arbeits- und Sicherheitsregeln an nachfolgenden Maschinen sind dem Inhaber/der Inhaberin bekannt. Er/sie erhält daher die Benutzungserlaubnis* für folgende Maschinen:

Maschine	Datum	Lehrer/in
Ständerbohrmaschine	____	____
Dekupiersäge	____	____
	____	____
	____	____
	____	____

* Bei Verstößen gegen die Regeln ist die entsprechende Berechtigung neu zu machen.

6 Beispiel für einen Maschinenführerschein

Arbeiten mit der Dekupiersäge
- Die Sägeblattzähne müssen zu dir und nach unten zeigen.
- Das Sägeblatt so fest einspannen, dass es beim Anschnippen mit dem Finger einen hellen Ton von sich gibt.
- Die Schutzhaube schließen und einen Staubsauger anschließen.
- Den Niederhalter auf Werkstückdicke einstellen. Ansonsten ist darauf zu achten, dass das Werkstück beim Sägen gegen die Metallplatte der Säge gehalten wird, sodass es nicht vom Sägeblatt mit nach oben gerissen werden kann.
- Sicherheitsabstand zwischen den Fingern und dem Sägeblatt einhalten!

Sicherheit im Technikraum

Sicher mit Maschinen arbeiten

Die Ständerbohrmaschine

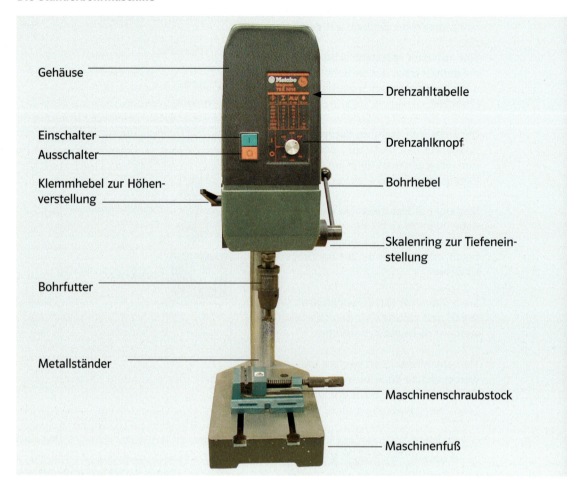

Gehäuse, Drehzahltabelle, Einschalter, Ausschalter, Drehzahlknopf, Klemmhebel zur Höhenverstellung, Bohrhebel, Skalenring zur Tiefeneinstellung, Bohrfutter, Metallständer, Maschinenschraubstock, Maschinenfuß

Sicherheitsregeln beim Bohren

Weite Kleidungsstücke oder lange Haare können sich leicht im rotierenden Bohrer verfangen! Dies führt zu **schweren Verletzungen**! Ein Mitreißen durch den Bohrer oder die Bohrspindel muss unbedingt ausgeschlossen werden.

- keine Handschuhe tragen, da diese vom Bohrer erfasst werden können
- **Schutzbrille** tragen

Selbstschutz
- eng anliegende Kleidung tragen, weite Kleidungsstücke nach innen hochkrempeln oder ausziehen
- lose Schals, Bänder, Schmuck, Uhren, Fahrkartentaschen oder andere herumbaumelnde Teile ablegen
- lange Haare sichern (zusammenstecken, Haargummi, Haarnetz, Kopftuch oder Mütze)

Schutz anderer Personen
- nur eine Person arbeitet an der Maschine
- andere Personen dürfen den Sicherheitsbereich (Bodenmarkierung siehe Seite 80) solange nicht betreten
- eine zweite Person hat während des Bohrens die Hand am Not-Aus-Schalter

1 Not-Aus-Schalter

Sicherheit im Technikraum

Arbeitssicherheit

Werkstücke vorbereiten
- Vorgesehenes Bohrloch mit Bleistift (Holz) oder Reißnadel (Kunststoff und Metall) markieren
- Vorstechen bei Holz, bei Kunststoff mit erhitzter Spitze
- Ankörnen bei Metall

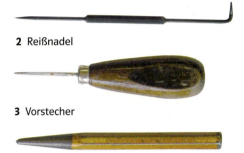

2 Reißnadel

3 Vorstecher

4 Körner

Werkstück sichern
Werkstück festspannen, um es vor Mitreißen zu schützen, z. B. durch
- Maschinenschraubstock
- andere Spannmittel, z. B. Feilkloben, Federzwingen, Schraubzwingen

5 Feilkloben

6 Federzwinge   **7** Schraubzwinge

- Anschläge (Sicherung gegen Herumschlagen von Werkstücken)

Achtung: Bleche immer auf einer Holzunterlage festspannen!

Hinweis: Bei Bohrerdurchmessern über 7 mm können auch bei großen Werkstücken erhebliche Schnittkräfte entstehen, sodass ein sicheres Festspannen des Werkstücks erforderlich ist.

Arbeitsschritte beim Bohren

1. Die richtige Bohrerstärke wählen und die Bohrerart nach Material auswählen.
2. Den Bohrer einspannen (bei Bohrfutter mit Schlüssel: nach jedem Bohrerwechsel den Schlüssel sofort abziehen!). **Schutzbrille** aufsetzen und einen Probelauf durchführen. Der Bohrer darf nicht „eiern".
3. Die Drehzahl der Maschine an die Bohrerstärke und das Material anpassen.
   (Bei Keilriemenantrieb Schutzhaube schließen.)
4. Tiefenanschlag einstellen.
   Wenn durchgebohrt werden soll, Unterlage (Holzbrett) verwenden, damit nicht in den Maschinenfuß gebohrt wird.
5. **Bohrvorgang:** mit geringem Vorschub auf der Ankörnung bzw. Markierung anbohren, bei Metallen und Kunststoffen Kühlmittel verwenden.
6. Vorschub materialgerecht anpassen.
7. Im Moment des Durchbohrens und beim Hochnehmen des Bohrhebels das Werkstück fest auf den Bohrtisch drücken, damit es nicht mit hochgezogen wird. Hochgerissene und herumwirbelnde Teile können zu schweren Verletzungen führen!
8. Zuerst die Maschine ausschalten, nach Bohrerstillstand Werkstück wegnehmen.
9. Den Bohrer beim Ausspannen aus dem Bohrfutter festhalten, er darf nicht herunterfallen. Achtung: der Bohrer kann heiß sein!
10. Die Späne nicht mit der Hand oder einem Lappen wegwischen, sondern mit einem Pinsel oder einer Bürste.

8 Pinsel

11. Das gereinigte Bohrzubehör aufräumen.
12. Maschine und Arbeitsbereich reinigen (absaugen).

Vorbohren:
Bei großen Löchern über 7 mm in Metall mit kleinerem Bohrer (mit halb so großem Durchmesser) vorbohren!

Beachte auch die Hinweise zum Bohren in Metall und Kunststoff auf den Seiten 82 und 83!

Sicherheit im Technikraum

Sicher mit Wärmequellen arbeiten

Beim Arbeiten mit Wärmequellen ist besondere Vorsicht geboten. Gegenseitige Rücksichtnahme und höchstes Sicherheitsbewusstsein sind deshalb wichtig.

Niemand darf verletzt werden und die Wärmequelle darf nichts zerstören.

Übersicht über Wärmequellen
- Backofen, Kochplatte
- Brenner, Hartlötgerät
- Brennofen, Emailofen
- Heißklebepistole
- Heißluftpistole
- Heizdrahtgerät (Thermosäge)
- Heizstab, Bügeleisen
- Lötkolben, Lötpistole

1 Brennofen

Selbstschutz und Fremdschutz
- Haare sichern
- herumbaumelnde Gegenstände (Schals, Schmuck usw.) ablegen
- Sicherheitsabstände einhalten!
- Schutzhandschuhe gegen die Hitze tragen
- kurze Werkstücke mit einer Zange halten
- bei offenen Flammen auf Brandgefahr achten (Haare, Kleidung, Gegenstände)
- einen mit Wasser gefüllten Eimer in greifbarer Nähe zur Wärmequelle bereitstellen

Umgang mit Wärmequellen
- Standsicherheit der Wärmequelle gewährleisten, notfalls festspannen
- wärmebeständige Unterlage benutzen, z. B. eine Keramikplatte
- Geräte nur an den angebrachten Griffen berühren
  Achtung: auch Griffe können evtl. heiß werden, deshalb Schutzhandschuhe tragen
- unbeabsichtigtes Berühren der Wärmequelle durch geeignete Maßnahmen ausschließen (z. B. durch Schutzgitter)
- brennbare Stoffe und elektrische Zuleitungen vor der Wärmequelle schützen
- offene Flammen von leicht entzündlichen Materialien (siehe Gefahrstoffe Seiten 84 und 85) fern halten
- Entzündungsgefahr von hochentzündlichen Flüssigkeiten durch heiße Gegenstände oder elektrostatische Entladung
- bei hohen Temperaturen, besonders bei Dampferzeugung, dafür sorgen, dass keine Verbrühungen durch Kontakt mit dem Körper auftreten können
- vor dem Einschalten elektrischer Wärmequellen kontrollieren, ob Steckdose, Stecker und elektrische Zuleitung unbeschädigt sind
- Rauch und Abgase sind meist gesundheitsschädlich, deshalb gut lüften

Brenner
Brenner vor unbeabsichtigtem Verschieben, Kippen oder Herunterfallen sichern. Noch besser ist die Verwendung von schlauchlosen Brennern.

2 schlauchloser Gasbrenner

Arbeitssicherheit

Brennofen
- Tonarbeiten auf Keramikplatten stellen
- zum Schutz vor hohen Temperaturen Werkstücke erst nach Erkalten aus dem Ofen nehmen

Gießen
- Arbeitshandschuhe und Schutzbrille tragen
- zur Sicherheit einen mit Wasser gefüllten Eimer in greifbarer Nähe bereitstellen
- Achtung:
Oberbekleidung aus Kunstfasern verschmelzen durch Metallspritzer mit der Haut. Daher: Übermäntel aus Baumwolle anziehen

Heißklebepistole
Da der Kleber mit einer Temperatur von mehr als 180 °C austritt, ist Hautkontakt durch Schmelzklebstoffe sehr schmerzhaft. Der Kleber haftet sofort auf der Haut und lässt sich nicht abwischen. Die Folge sind schlecht heilende Wunden.
- hitzebeständige Unterlage verwenden
- auf sicheren Stand der Heißklebepistole achten
- nicht unbeaufsichtigt eingeschaltet lassen

Härten und Anlassen
- Schutzbrille und Schutzhandschuhe tragen
- Feuerlöscher in greifbarer Nähe (Der Umgang mit offenen Flammen ist besonders gefährlich.)
- gefüllten Wassereimer zur zusätzlichen Sicherheit bereitstellen
- Räume gut lüften
- zum Greifen heißer Werkstücke lange Zangen verwenden und nach dem Weichglühen im Sandbett oder zumindest auf feuerfester Unterlage (z. B. Keramikplatte, Blech) ablegen
- Vorsicht vor Dampf- oder Rauchentwicklung und Spritzern bei flüssigen Abschreckbädern
- Brandverletzungen zunächst ausgiebig unter fließendes kaltes Wasser halten, wenn nötig, Arzt hinzuziehen

Verbrennung oder Verbrühung der Haut: Sofort unter fließendem Wasser kühlen!

Weichlöten
Beim Löten entstehen in geringem Umfang gesundheitsschädliche, Augen und Lunge reizende Gase und Dämpfe. Diese dürfen nicht direkt eingeatmet werden, deshalb Abstand zum Lötdampf halten.
- Raum gut lüften
- bleifreies Lot verwenden (Blei ist giftig, kann durch Anfassen auf die Hände übertragen werden. Nicht am Lot herumrubbeln.)
- für den Lötkolben eine standsichere Ablage verwenden
- vor dem Einstecken Zuleitungskabel des Lötkolbens auf beschädigte Stellen überprüfen

5 Gefährlich! Sofort den Stecker ziehen!

- Beschädigungen sofort melden. Lötkolben müssen vom Fachmann repariert werden.
- Berührungen des heißen Lötkolbens mit dem Zuleitungskabel unbedingt vermeiden
- Verbrennungen sofort mit kaltem Wasser kühlen
- nach der Arbeit Hände waschen!

Warmformen von Kunststoffen
- Schutzhandschuhe tragen
- Wärmequelle darf nicht mit dem Kunststoff in Berührung kommen
- höhere Temperaturen unbedingt vermeiden

Bei der Verarbeitung von PVC über 170 °C entstehen u.a. Salzsäure und Chlordämpfe. Beim Überhitzen von Acrylglas und beim schnellen Sägen entstehen giftige Blausäuregase.

Zünde Kunststoff nicht an!

3 Warnung vor gesundheitsschädlichen oder reizenden Stoffen

4 die „dritte Hand" hilft Verbrennungen zu vermeiden

Sicherheit im Technikraum

Sicher mit Elektrizität umgehen

1 Typenschild eines Elektrogeräts

Wie sehr unser Alltag von Elektrogeräten und dadurch auch von Elektrizität abhängig ist, wird uns hin und wieder durch einen Stromausfall bewusst. Elektrogeräte erleichtern unseren Alltag. Sie müssen jedoch bestimmte Sicherheitsvorschriften erfüllen. Daher ist es sinnvoll, sich bei Kauf und Verwendung an den auf den Geräten aufgedruckten Zeichen zu orientieren. Dort sind oftmals auch zu beachtende Benutzungshinweise aufgedruckt.

Wichtige Zeichen auf Elektrogeräten

VDE-Zeichen
VDE (**V**erband **d**er **E**lektrotechnik Elektronik Informationstechnik e.V.)
Das **VDE-Zeichen** steht für die Sicherheit des Produktes hinsichtlich elektrischer, mechanischer, thermischer, toxischer, radiologischer und sonstiger Gefährdung.

CE-Zeichen
CE = **C**ommunauté **E**uropéenne (Europäische Gemeinschaft).
Dieses Label ist kein Prüfzeichen für Sicherheit und Qualität, sondern richtet sich an die Marktaufsichtsbehörde.

GS-Zeichen
GS = **g**eprüfte **S**icherheit
Ein mit GS gekennzeichnetes Gerät entspricht dem Geräte- und Produktsicherheitsgesetz.

DIN – geprüft
Prüf- und Überwachungszeichen, DIN-Normen (Deutsches Institut für Normung e.V.) dienen als Grundlage.

Schutzisoliertes Gehäuse
Zweifach isoliertes Gerät, das deshalb keinen Schutzleiter benötigt.

FI-Schutzschalter
Fehlerstrom-Schutzschalter schützen vor Stromschlägen. Bei einem FI-Schutzschalter fließt maximal der zulässige Fehlerstrom (z. B. 30 mA). Die Abschaltzeit ist dabei so kurz (max. 0,02 s), dass bei Körperdurchströmung keine Schäden beim Menschen eintreten können.

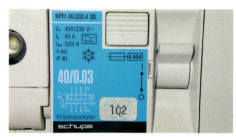

2 FI-Schutzschalter

IP-Schutzarten
IP = **I**nternational **P**rotection = Internationaler Schutz
Geräte, die nicht bei allen Umweltbedingungen eingesetzt werden dürfen, sind nach den IP-Schutzklassen gekennzeichnet. Diese geben an, in welchem Maße das jeweilige Gerät gegen äußere Einflüsse wie Eindringen von Fremdkörpern, Eindringen von Wasser und gegen Berührung geschützt ist.

Beispiel: Schutzart eines Heizlüfters **IP 20**   IP 20

Erste Kennziffer (0 bis 6): Grad des Berührungs- und Fremdkörperschutzes		Zweite Kennziffer (0 bis 8): Grad des Wasserschutzes	
	Kurzbeschreibung		Kurzbeschreibung
0	Nicht geschützt	0	Nicht geschützt
1	Fremdkörper > 50,0 mm	1	Tropfwasser senkrecht
2	Fremdkörper > 12,0 mm	2	Tropfwasser schräg
3	Fremdkörper > 2,5 mm	3	Sprühwasser
4	Fremdkörper > 1,0 mm	4	Spritzwasser
5	Staubablagerungen	5	Strahlwasser
6	Staubeintritt	6	Überflutung
		7	Eintauchen
		8	Untertauchen

Kurzzeitbetrieb
Die Kennzeichnung KB 5 auf einem Gerät besagt: 5 Minuten maximale Betriebszeit. Dann muss es erst wieder auf Raumtemperatur abkühlen, bevor es erneut benutzt werden darf.   KB 5

Arbeitssicherheit

Umgang mit Elektrizität

Unsachgemäßer Umgang mit Elektrizität kann lebensgefährlich sein.
Die Auswirkungen einer Elektrisierung sind dabei abhängig von der Stärke und der Dauer der Stromeinwirkung.

Stromstärke	Folgen
< 0,5 mA	Elektrisierung nicht spürbar
5 – 10 mA	als Kribbeln spürbar
10 – 15 mA	die **Loslassgrenze** wird erreicht: Hängenbleiben, „Festkleben"
15 – 25 mA	krampfartiges Zusammenziehen der Hand- und Armmuskulatur, Atmungsbeschwerden, Blutdrucksteigerung
30 – 40 mA	Muskelkrampf, Atemnot, Todesgefahr
> 50 mA	Herzkammerflimmern, **Tod kann nach Sekunden eintreten!**

Gefahren vermeiden und auf Gefahren aufmerksam machen

- Geräte mit brüchigen, angekohlten, beschädigten oder veralteten Elektrokabeln und Steckern dürfen nicht benutzt werden – Lebensgefahr! Meldet diese Geräte sofort!
- Reparaturen an Elektrogeräten und deren Zubehör dürfen nur vom Fachmann ausgeführt werden.
- Bei beweglichen Elektrogeräten auf die Standsicherheit achten. Nach der Benutzung das Gerät wieder sicher verstauen.
- Wenn Geräte nicht im Einsatz sind sowie bei An- und Abbau von Zubehör: zur Sicherheit den Netzstecker aus der Steckdose ziehen.
- Elektrische Geräte vor der Reinigung abschalten und Stecker ziehen!
- Um den Stecker aus der Dose zu ziehen **nicht am Kabel ziehen**, sondern immer am Stecker selbst.
- Elektrogeräte vor Regen, Feuchtigkeit und Schmutz schützen. Auch die Hände müssen vor der Inbetriebnahme stets trocken sein.
- Bei Störungen, Gefahren und Unfällen sofort den Not-Aus-Schalter drücken!

3 beschädigtes Kabel

4 Not-Aus-Schalter

Kleinspannung

Experimente dürfen in der Schule nur mit ungefährlichen Kleinspannungen bis **höchstens 24 V** durchgeführt werden. Vorsicht ist aber auch hier geboten, z. B. können Elektrolytkondensatoren (Elkos) und Akkus bei falscher Polung und bei Übersteigen der Nennspannung explodieren.

Umgang mit Batterien und Akkus

Batterien ermöglichen uns eine kabellose Benutzung von Elektrogeräten, z. B. in Uhren, Fernbedienungen, MP3-Playern, Handys, Notebooks, Hörgeräten usw. Sie sind aus dem Alltag nicht mehr wegzudenken.

Beachte:
- Kleine Knopfzellen können Quecksilber enthalten. Andere Batterien enthalten giftiges Blei, Cadmium oder Nickel (NiCd, NiMH). Auch schadstoffarme Batterien enthalten z. B. Zink und belasten die Umwelt. Verbrauchte Batterien dürfen deshalb nicht in die Restmülltonne geworfen werden, sondern werden an den Sammelstellen abgegeben oder in der Batteriesammelbox des Elektrohandels entsorgt.

5 Batteriesammelbox

- Immer dann, wenn Batterien regelmäßig genutzt werden sollen und keine Netzgeräte vorhanden sind, sind aus Umweltschutzgründen Akkus die bessere Lösung.
- Beim Laden von Akkus ist die Ladedauer einzuhalten. Sie dürfen nicht zu warm werden.

Sicherheit im Technikraum **93**

Methoden und Arbeitsweisen

Planen • Informationen beschaffen • Lösungsideen gewinnen • Beurteilen und Bewerten • Präsentieren • Technisches Zeichnen

Hier muss man mit Methode arbeiten! Der Elektriker verkabelt gerade Schalt- und Steuerungsanlagen für den Hamburger Hafen.
Nicht auszudenken, was im Hafen alles passieren könnte, wenn er die vielen Kabel falsch verbinden würde. Aber er hat Erfahrung und geht systematisch nach einem Schaltplan vor.

Methoden sind auch im Technikunterricht ein wichtiges Mittel, um zum Ziel zu kommen. Von der Planung bis zur Präsentation eines fertigen Produkts können dir die Kenntnis und Beherrschung von Methoden die Arbeit erleichtern.
Und wer sie einmal ausprobiert hat, weiß aus Erfahrung, welche Methode wann erfolgversprechend ist.

Das wirst du kennen lernen:

- Pläne schmieden
- Mit Köpfchen arbeiten – Methoden anwenden
- Auch Technisches Zeichnen ist eine Methode sich zu verständigen!

Planen

Arbeitsplan anlegen

Für die Herstellung eines Produkts ist ein gut organisierter Arbeitsablauf wesentlich. Dabei ist der Arbeitsplan eine große Hilfe. Folgende Punkte sind zu beachten:

1. Arbeitsschritte auswählen
Zunächst müssen alle Arbeitsschritte, die zur Herstellung des Produkts nötig sind, notiert werden.

2. Reihenfolge der Arbeitsschritte festlegen
Nach Auswahl der Arbeitsschritte werden sie in die richtige Reihenfolge gebracht und in den Arbeitsplan übertragen.

3. Arbeitsmittel auswählen
Bei jedem Arbeitsschritt sind Werkzeuge, Maschinen und sonstige Arbeitsmittel nötig. Sie werden im Arbeitsplan dem jeweiligen Arbeitsschritt zugeordnet. Bei der Auswahl dieser Arbeitsmittel ist zu beachten, ob sie in ausreichender Menge vorhanden sind und welche Sicherheitsvorkehrungen getroffen werden müssen.

4. Arbeit organisieren
Zur Durchführung der einzelnen Arbeitsschritte sind bestimmte Fertigkeiten gefragt. Deshalb ist es wichtig herauszufinden, ob man die Schritte alleine durchführen kann oder ob man Hilfe braucht (z.B. wenn etwas an der Kreissäge zugesägt werden muss).

Manchmal müssen zunächst Informationen eingeholt werden, um einen Arbeitsschritt durchführen zu können.

5. Sollzeit festlegen
Um einen Überblick über die voraussichtlich benötigte Zeit zu bekommen, wird für jeden Arbeitsschritt die Sollzeit festgelegt. Dabei überlegt man, wie viel Zeit wahrscheinlich für die einzelnen Arbeitsschritte gebraucht wird, und trägt sie in den Arbeitsplan ein.

6. Istzeit ermitteln
Während der Herstellung ermittelt man die wirklich benötigte Zeit für die einzelnen Arbeitsschritte, die Istzeit. Dadurch kann festgestellt werden, ob man bei der Planung die Zeit richtig eingeschätzt hat. Gibt es große Unterschiede zwischen Soll- und Istzeit, muss geprüft werden, wo die Ursachen lagen. Diese Erkenntnisse sind für neue Projekte sehr hilfreich.

Nr.	Arbeitsschritte	Maschinen / Werkzeuge / Arbeitsmittel	Bemerkungen / Sicherheitshinweise	Soll-zeit	Ist-zeit
1	Anreißen der Brettlänge	Gliedermaßstab, Anschlagwinkel, Bleistift	alle Bretter kennzeichnen	10 min	
2	Ablängen und Schleifen	Feinsäge, Schleifpapier, Winkel	Stirnseiten auf Winkligkeit überprüfen	45 min	
3	Anreißen der Nuten	Bleistift, Schmiege, Streichmaß, Gliedermaßstab	Maß 600 mm und 60°-Winkel genau einhalten	30 min	
4	Sägen der Nuten	Feinsäge, Sägehilfe	der Sägeschnitt verläuft im wegfallenden Teil	5 min	
5	Ausstemmen und Schleifen	Stemmeisen, Holzhammer, Schleifpapier	vom Körper weg arbeiten	5 min	
6	Verbinden der Teile	evtl. Holzleim, Lappen	alle Teile an den genuteten Stellen ineinander pressen	5 min	
7	Nacharbeiten	Feile, Schleifpapier	wenn notwendig: Nuten nacharbeiten, alle vorliegenden Teile leicht abrunden	10 min	
8	Oberfläche behandeln	Schleifpapier, Wasser, Schwamm, Lackierwerkzeug	Wachs oder lösungsmittelfreie Lacke verwenden, Reste sachgemäß entsorgen	15 min	
9	Befestigungsbohrungen anbringen	Anreißwerkzeuge, Holzbohrer	an drei Punkten befestigen	10 min	

1 Arbeitsplan für ein Hängebord

Methoden und Arbeitsweisen **95**

Arbeitsablauf organisieren

Bei kleineren Arbeiten, die man selbst erledigt, z. B. Verschrauben zweier Brettchen, hat man die richtige Abfolge der Arbeiten „im Kopf". Man braucht weder große Vorüberlegungen noch einen schriftlichen Plan.

Anders ist das bei der Planung größerer Arbeitsabläufe, an denen mehrere Personen beteiligt sind, die unterschiedliche Arbeiten verrichten.
Da muss die Organisation der Arbeit schriftlich geplant werden, sodass alle Beteiligten den Ablauf und ihre Rolle dabei überblicken können.
Außerdem hat der hauptverantwortliche Planer einen Überblick, ob seine Einteilung überhaupt funktioniert.
Bevor festgelegt werden kann, wie der Arbeitsablauf organisiert werden soll, müssen zum Beispiel folgende Überlegungen angestellt werden:
- Welche Arbeiten sind erforderlich?
- In welcher Reihenfolge müssen die Arbeiten erledigt werden?
- Wie lange dauern die einzelnen Arbeiten?
- Welchen Weg soll das Material nehmen, welchen Weg die bearbeiteten Teile?
- Wie sollen die Arbeitsplätze angeordnet sein?
- Welche Personen sollen welchen Arbeitsplätzen zugeteilt werden?
- Wo entstehen Engpässe oder Stauungen und wo sind Qualitätskontrollen durchzuführen?

Um diese vielen Faktoren gut zu überblicken, kann man die Arbeitsabläufe zeichnerisch z. B. als Balkendiagramm, als Materialfluss und Arbeitsplatzanordnung oder als Flussdiagramm darstellen.
Jeder Berufszweig verwendet eine Darstellung, die für ihn gut geeignet ist.

Die Diagramme in Abb. 2 bis 4 beziehen sich alle auf die Herstellung eines Deckels für ein Kästchen – natürlich in Mehrfachfertigung.

1. Balkendiagramm
Das linke Balkendiagramm (Abb. 2) zeigt die erforderlichen Arbeiten und die Zeiten, die für diese Tätigkeiten ermittelt wurden.
Das rechte Diagramm zeigt die gesamte Durchlaufzeit eines Werkstücks oder anders betrachtet die Zeit, die ein Arbeiter allein brauchen würde. Wenn mehrere Gruppen gleichzeitig arbeiten sollen, könnte man weitere „Treppen" dieser Art parallel darüber anordnen.

2. Arbeitsplatzanordnung und Materialfluss
Bei dieser Planung wird festgelegt, an welchen Plätzen welche Arbeiten erledigt werden müssen. Die Arbeitsplätze stimmen mit der wirklichen Verteilung im Raum überein.
Außerdem zeigen die Pfeile, auf welchen Wegen das bearbeitete Material weitergereicht werden soll (Abb. 3).
Da Symbole verwendet werden, eignet sich die Darstellung gut zum plakatartigen Aufhängen als Information.

3. Flussdiagramm
Man ersieht daraus die Abfolge der erforderlichen Arbeiten und aus der Einteilung der Personenzahl auch die relativen Zeiten, die den einzelnen Arbeitsgängen zugemessen wurden (Abb. 4):
„Ablängen" dauert viermal so lange wie „Bohren".
„Feilen" dauert doppelt so lange wie „Bohren".
Durch diese Planung sollte in der Gruppe weder Stau noch Leerlauf vorkommen.
Die wirkliche räumliche Anordnung der Arbeitsplätze kann dagegen völlig anders sein, als es in diesem Flussdiagramm dargestellt ist.

Mithilfe von Organisationskärtchen können die einzelnen Arbeitsplätze beschriftet werden.

Arbeitsplatz Nr.:	Fertigungsschritt:	
Name:	Benötigte Fertigungszeit:	Werkstück kommt von Nr. geht weiter nach Nr.

1 Kärtchen für die Beschriftung der Arbeitsplätze

96 Methoden und Arbeitsweisen

Planen

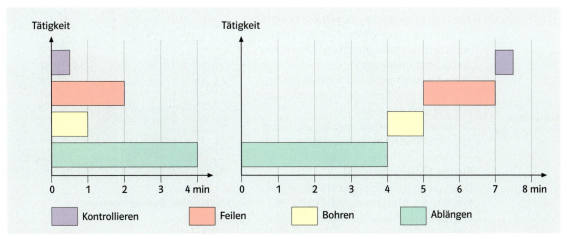

2 Balkendiagramme

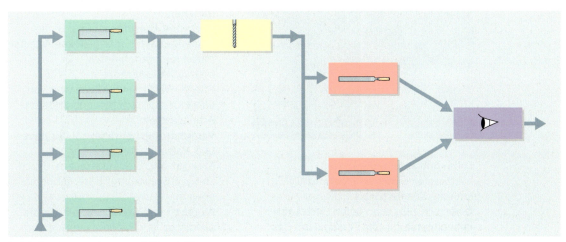

3 Arbeitsplatzanordnung und Materialfluss

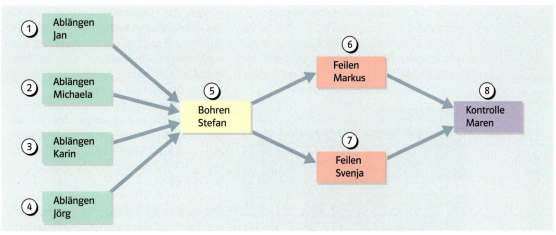

4 Flussdiagramm

Methoden und Arbeitsweisen **97**

Kosten ermitteln

Wenn man an Kosten denkt, die bei der Herstellung eines Objekts im Technikunterricht anfallen, denkt man meistens an die Materialkosten.
Doch das sind nicht alle Kosten die entstehen. Es gibt noch viel mehr, vor allem in Industriebetrieben.
Bei einer **Kalkulation** müssen vor allem folgende Kosten berücksichtigt werden:

Kalkulation: Ermittlung von Kosten

Kosten für Arbeitsmittel
Das sind z. B. die Kosten für Werkstoffe, Werkzeuge, Maschinen, Bauteile, Hilfsstoffe, Hilfsmittel und sonstige Arbeitsmittel (Telefon, Computer, Drucker, Papier, Schreibtisch, …).

Lohn- und Lohnnebenkosten
Lohnkosten sind die Kosten für die Entlohnung des Personals.
Zusätzlich zum Lohn fallen noch **Lohnnebenkosten** für das Personal an. Das sind z. B. Beiträge für Krankenkasse, Renten-, Arbeitslosen- und Pflegeversicherung.
Diese Kosten werden zum Teil vom Arbeitgeber, zum Teil vom Arbeitnehmer getragen.
Weitere Kosten für den Arbeitgeber sind: Urlaubsgeld, Weihnachtsgeld, vermögenswirksame Leistungen, Beiträge zur Unfallversicherung und anderes mehr.

Allgemeine Betriebskosten
Dazu zählen:
- **Energiekosten**, z. B. für Strom, Heizung und Kraftstoffe
- **Kapitalkosten**, z. B. Zinsen für Geschäftskredite oder Immobiliendarlehen
- **Miet- und Leasingkosten**, z. B. für Firmengebäude oder geleaste Arbeitsmittel (Computer, Autos, …)
- **Instandhaltungskosten**, z. B. für Pflege, Wartung und Reparatur von Gebäuden, Maschinen und anderen Arbeitsmitteln
- **Versicherungsbeiträge**, z. B. für Feuer- und Haftpflichtversicherung
- **Steuern**, z. B. Gewerbesteuern, Grundsteuern, Steuern auf Unternehmensgewinn
- **Abgaben und Gebühren**, z. B. für die Abwasser- und Müllentsorgung, Nutzung von Straßen, Mitgliedschaft in Verbänden

Leasingkosten: Nutzungsgebühren für die Bereitstellung z. B. von Arbeitsmitteln

Wie du siehst, gibt es eine Vielzahl an Kosten, die in einem Unternehmen anfallen. Und das sind noch nicht einmal alle. Sicher kannst du dir jetzt vorstellen, wie aufwendig Kostenkalkulationen für Produkte oder Dienstleistungen sind, die von Firmen angeboten werden.

Im Technikunterricht werden meist stark vereinfachte Kalkulationen durchgeführt, d. h. man lässt viele Kostenstellen einfach weg oder sie werden nur teilweise mit einbezogen.

Wie so eine Kalkulation für ein Produkt aus dem Technikunterricht aussehen kann, zeigt die folgende Seite.

98 Methoden und Arbeitsweisen

Planen

WVR:
Wirtschaft
Verwalten
Recht

Stellt euch vor, ihr habt bei einem WVR-Projekt eine Firma gegründet und möchtet ein Produkt, das ihr im Technikunterricht herstellt, verkaufen. Natürlich wollt ihr dabei einen Gewinn erzielen. Dann stellen sich z. B. die Fragen:
- Welche Kosten kommen auf euch zu?
- Wie hoch müsste der Verkaufspreis sein?
- Ist dieser Preis realistisch?

Mit einer vereinfachten Kalkulation lassen sich diese Fragen beantworten.

Beispielkalkulation für ein Holzspielzeug

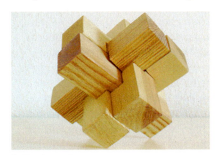

1 Steckpuzzle

1. Materialkosten
Als Erstes werden die Kosten für das Material berechnet. Bei einer Kalkulation rechnet man immer nur die Kosten für ein Werkstück aus. Dabei ist die Stückliste eine große Hilfe. Aus ihr kann man genau ablesen, aus welchen Einzelteilen das Objekt besteht.
Bei der Auswahl des Materials lohnt sich ein Preisvergleich bei verschiedenen Anbietern (Versandhandel, Baumarkt, …).

Benennung	Länge Menge	Preis €/m	Kosten €
Teil 1 + 2	0,32 m	2,23	0,71
Teil 3 + 4	0,32 m	2,23	0,71
Teil 5 + 6	0,32 m	2,23	0,71
Schleifpapier	2 Bogen	–	0,25
Summe Materialkosten			2,38

2. Fertigungskosten
Die Fertigungskosten bestehen aus Lohn- und Lohnnebenkosten. Ihr bekommt zwar keinen Lohn, aber damit ihr einen Einblick bekommt, wie hoch dieser Kostenfaktor in der Praxis ist, solltet ihr ihn dennoch einrechnen.

Hinweis: Erkundigt euch, wie hoch der durchschnittliche Stundenlohn für eine vergleichbare Arbeit ist, und rechnet mit diesem Wert weiter.

Tätigkeit	Fertigungszeit	Lohnkosten €/h	Fertigungskosten €
Herstellen 1 + 2	20 min	7,00	2,33
Herstellen 3 + 4	25 min	7,00	2,92
Herstellen 5 + 6	30 min	7,00	3,50
Kontrollieren	3 min	7,00	0,35
Summe Fertigungskosten			9,10

3. Selbstkosten
Die Selbstkosten sind die Summe aus den Kosten für Material, Lohn und weiteren Kosten aus Verwaltung und Vertrieb, z. B. für Porto, Werbung und die Standgebühr auf dem Markt. In unserem Fall rechnen wir einfach 15 % der Fertigungskosten dazu.

Materialkosten	2,38 €
Fertigungskosten	9,10 €
Verwaltungskosten	1,37 €
Selbstkosten	12,85 €

4. Nettopreis
Für das Unternehmensrisiko und den Gewinn planen wir 10 % zusätzlich ein.

Selbstkosten	12,85 €
Zuschlag von 10 %	1,28 €
Nettopreis	14,13 €

Nettopreis: Preis ohne Mehrwertsteuer

5. Verkaufspreis
Zum Nettopreis kommen in der Realität noch weitere Kosten hinzu, z. B. Rabatte, Provisionen für Vertreter, Mehrwertsteuer, Kosten des Einzelhandels, … Diese Kosten entstehen in der Schule nicht – deshalb ist unser Nettopreis der Verkaufspreis.
Überlegt, ob der Preis auch marktgerecht ist und wo man eventuell Kosten einsparen könnte.

Nach dem Verkauf macht man noch eine Gewinn- und Verlustrechnung. Dabei werden die Kosten von den Einnahmen abgezogen.

Methoden und Arbeitsweisen

Im Internet recherchieren

Auf der Suche nach Informationen stehen euch viele Möglichkeiten zur Verfügung. Ihr könnt im Informationsteil eures Buches und in der Fachliteratur nachschlagen, Experten befragen, Versuche durchführen, Lexika benutzen oder im Internet suchen.

Im Internet gibt es eine unglaublich große Fülle an Informationen, aber wie findet man genau das, was man sucht?

1. Stichworte formulieren
Im Unterricht behandelt ihr z.B. gerade das Thema Holz, die verschiedenen Holzarten und ihre Eigenschaften. Würdet ihr nun das Stichwort *Holz* eingeben, hättet ihr auf einmal tausende Seiten zur Auswahl.
Deshalb ist es wichtig, dass man die Suche so gut wie möglich einschränkt. In diesem Fall könntet ihr die Stichworte *Kiefernholz* und *Eigenschaften* zusammen eingeben.

2. Suchmaschine benutzen
Um im Internet etwas zu finden benötigt man eine so genannte Suchmaschine. Zwei der bekanntesten Suchmaschinen findet ihr unter den Adressen www.google.de und www.yahoo.com. Auf diesen Seiten könnt ihr eure Stichworte eingeben.
Ihr bekommt dann eine Auswahl von Seiten, in denen diese Wörter vorkommen.
Manche Suchmaschinen ermöglichen es auch, nach Bildern und Fotos zu suchen.

3. Internetseiten auswählen
Nun kommt der schwierigste Teil: das Auswählen der Seiten. Dabei ist es nötig die angezeigten Ergebnisse erst einmal zu überfliegen. Viele der gefundenen Seiten werden kommerzielle Seiten sein. Das heißt, auf diesen Seiten möchten Firmen ihre Produkte vorstellen und verkaufen. Dort findet ihr meist nicht die gesuchten Informationen, denn was ihr braucht, sind allgemeine Informationen und keine, die sich auf ein spezielles Produkt beziehen.

4. Informationen verarbeiten
Wenn ihr eine oder mehrere Internetseiten ausgewählt habt, lest die Informationen kritisch durch. Entscheidet dann, was ihr davon wirklich brauchen könnt.

Zum Speichern auf dem eigenen Rechner geht ihr ins Menü **Datei** und dann zu **Speichern unter**. Jetzt könnt ihr den Ordner auswählen, in dem die Internetseite gespeichert werden soll. Möchtet ihr ein Bild aus dem Internet speichern, klickt ihr mit der rechten Maustaste auf das ausgesuchte Bild. Aus dem erscheinenden Menü wählt ihr **Grafik speichern unter** aus und speichert es in einem ausgewählten Ordner.
Wenn ihr mit Texten aus dem Internet arbeiten möchtet, sie also in ein Textverarbeitungsprogramm übernehmen wollt, markiert ihr den ausgewählten Text. Anschließend wählt ihr das Menü **Bearbeiten** und geht dort auf **Kopieren**. Wechselt man in das Textverarbeitungsprogramm, muss nur noch auf das Symbol **Einfügen** in der Symbolleiste geklickt werden und der Text erscheint.

Interessante Internetadressen kann man im Menü **Lesezeichen** oder **Favoriten** speichern.

Quellenangabe nicht vergessen!

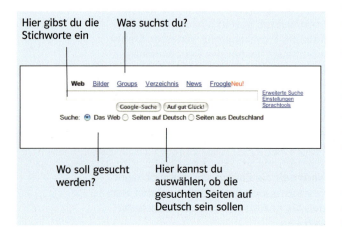

100   Methoden und Arbeitsweisen

Informationen beschaffen

Daten erfassen

Daten: maschinenlesbare Informationen oder technische Angaben

Zur Herstellung technischer Gegenstände benötigt man Daten. Dies können beispielsweise Maße, Gewichtsangaben oder Kosten sein.

Auch während des Lebenswegs eines technischen Gegenstands fallen Daten an. So ist für eine Heizungsanlage ein jährliches Prüfdokument zu erstellen, worin z. B. die Abgastemperatur, der Abgasanteil in %, die Rußzahl, der Wirkungsgrad u. a. mehr enthalten sein soll. Dazu sind Messgeräte nötig. Deren Messwerte können mit einem Computerprogramm verarbeitet und übersichtlich in einem ausgedruckten Protokoll festgehalten werden.

Am Beispiel eines selbstgebauten **Lüfters** erfährst du, wie man beim Erfassen, Darstellen und Auswerten von Daten vorgeht. Dabei sollst du klären, in welchem Spannungsbereich der Motor am zweckmäßigsten betrieben werden kann.

1 Arbeitsplatz zur Datenerfassung

Wenn der Lüftermotor mit zu kleiner Spannung betrieben wird, ist seine Lüfterwirkung zu gering. Bei zu hoher Spannung aber wird in seiner Spule unnötig viel von der zugeführten elektrischen Energie in nutzlose Wärmeenergie umgewandelt. Zudem kann die Spule des Lüftermotors so heiß werden, dass ihre Lackisolierung unangenehm zu riechen anfängt.

Bei starker Überspannung können Steuerteile des Motors defekt werden. Auch der Lack des Spulendrahts kann durch eine zu hohe Stromstärke verkohlen.

Prinzipielle Vorgehensweise

1. **Daten erfassen**
Ermittle die benötigten Daten mit Messgeräten oder übernimm sie aus Tabellen oder anderen Quellen. Beim Lüftermotor (Abb. 1) müssen z. B. die Spannung (U), die Stromstärke (I) und die Motordrehzahl (n) gemessen werden.

2. **Daten eingeben**
Gib die Daten in ein Tabellenkalkulationsprogramm (wie z. B. WORKS, EXCEL oder CALC) manuell oder über einen seriellen Anschluss der Messgeräte ein.

3. **Daten verarbeiten**
Das Computerprogramm verarbeitet die Daten nach deinen Anweisungen.

4. **Daten ausgeben**
Lass dir die Daten beispielsweise grafisch in Form von Kurven- oder Balkendiagrammen ausgeben.

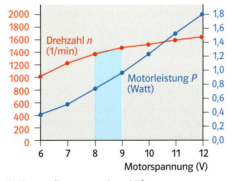

2 Kurvendiagramm eines Lüfters

5. **Daten auswerten**
Durch die bildhafte Datenausgabe werden große Datenmengen schnell und übersichtlich dargestellt.
So zeigt Abb. 2 auf einen Blick, dass ab 8 V die Drehzahl deutlich weniger schnell steigt als die Eingangsleistung des Lüftermotors. Er sollte daher zweckmäßigerweise nur zwischen 8 und 9 V betrieben werden.

Methoden und Arbeitsweisen **101**

Versuche durchführen

Informationen könnt ihr euch auch durch Versuche beschaffen.
Am Beispiel „Klebeverbindungen" werdet ihr erfahren, welche Schritte bei einem Versuch notwendig sind und was ihr dazu alles im Voraus überlegen müsst.

1. Warum führt ihr den Versuch durch? (Begründung)

In der Werkstoffsammlung des Technikraums sind in der Regel verschiedene Klebstoffe vorhanden, z. B. Alleskleber, Weißleim, Kontaktkleber, Textilkleber, Zweikomponentenkleber, Kunststoffkleber, Silikon usw.
Die meisten dieser Klebstoffe haben einen speziellen Anwendungsbereich und ermöglichen nur bei diesem optimale Festigkeit. Mit Experimenten könnt ihr ermitteln, wofür die jeweiligen Klebstoffe am besten geeignet sind.

2. Was wollt ihr herausfinden? (Zielsetzung)

Welcher Klebstoff fügt gleiche und verschiedene Werkstoffe zusammen und bewirkt dabei die höchste Stabilität der Fügung bei
a) Schubbeanspruchung,
b) Biegebeanspruchung?

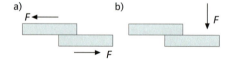

Die folgende Tabelle zeigt die Werkstoffpaarungen, die ihr mit Probekörpern testen solltet:

	Holz	Stahl	Aluminium	Acrylglas	Polystyrol
Holz	X	X	X	X	X
Stahl		X	X	X	X
Aluminium			X	X	X
Acrylglas				X	X
Polystyrol					X

1 Werkstoffpaarungen

3. Welche Vermutungen habt ihr? (Hypothesenbildung)

Aufgrund der Erfahrungen, die ihr im Umgang mit Klebstoffen in der Schule und im privaten Bereich gemacht habt, tragt ihr eure Vermutungen in eine Tabelle ein.

	Holz	Stahl	Aluminium	Acrylglas	Polystyrol
Holz	Weißleim	Kontaktkleber	Kontaktkleber	Kunststoffkleber	Kunststoffkleber
Stahl		Kontaktkleber	Kontaktkleber	Kunststoffkleber	Alleskleber
Aluminium			2-Komponentenkleber	Kunststoffkleber	Alleskleber
Acrylglas				Kunststoffkleber	Kunststoffkleber
Polystyrol					Kunststoffkleber

2 Zuordnungstabelle (Hypothesen)

4. Wie könnte der Versuchsaufbau aussehen? (Aufbau)

Zum Experimentieren benötigt ihr jeweils 10 Probekörper aus den entsprechenden Werkstoffen, die ihr mit einer Überlappung (Abb. 4) fügt. Bildet Gruppen und stellt die Probekörper durch Trennen und Fügen her. Die Klebstoffe werden nach den Gebrauchsanweisungen der jeweiligen Hersteller verarbeitet, wobei darauf zu achten ist, dass die Überlappung und damit die Klebefläche bei allen Probekörpern gleich groß ist. Jeder Probekörper bekommt eine Bohrung (Abb. 3).

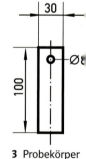

3 Probekörper

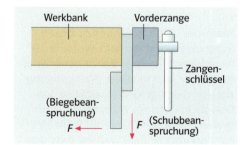

4 Versuchsaufbau für Biege- und Schubbeanspruchung

Informationen beschaffen

5. Welche Arbeitsmittel benötigt ihr? (Arbeitsmittel)
- Weißleim, Kontaktkleber, Alleskleber, Kunststoffkleber, Zweikomponentenkleber;
- Sperrholzabfälle oder Zahnspachtel zum gleichmäßigen Verstreichen der Klebstoffe auf den Fügestellen der Probestücke;
- Schraubzwingen zum Pressen der Weißleimfügung;
- Hartholzbeilagen zum Anpressen der Probestücke;
- Kraftmesser;
- Schutzbrille;
- Schreibzeug, Protokollblatt (Messtabelle).

6. Welche Werte wollt ihr ermitteln? (Messwerte)
Mit einem Kraftmesser ermittelt ihr die Belastbarkeit der Fügung auf Biege- und Schubbeanspruchung. Der Kraftmesser muss bis 100 N ausgelegt sein. Mit zwei Kraftmessern, die in die gleiche Richtung wirken, könnt ihr die Gesamtkraft erhöhen.

7. Welche Tätigkeiten müsst ihr beim Experimentieren durchführen? (Ablauf)
Fünf Gruppen testen die Festigkeit jeweils eines Klebstoffs an den ausgewählten Werkstoffen.
Die Kraftmesser werden mithilfe eines Hakens in die Bohrung der jeweiligen Probe eingehängt.
Jemand zieht langsam am Kraftmesser oder hängt Gewichtsstücke an – so lange, bis sich die Fügung löst oder bis der Kraftmesser den Maximalausschlag anzeigt.
Die anderen lesen ab und tragen die Messwerte in eine vorbereitete Messtabelle (Abb. 5) ein. Jede Gruppe benötigt für jeden Klebstoff, den sie erprobt, und für jede Beanspruchungsart eine Messtabelle.

Führt die Beanspruchung zum Werkstoffbruch des Probekörpers, dann muss auch dies in eure vorbereitete Tabelle eingetragen werden.

5 Messtabelle

8. Wie könnt ihr die Messungen auswerten? (Auswertung)
Die Gruppen werten ihre Ergebnisse aus, indem sie die höchsten Belastungen in den Tabellen z. B. farblich markieren. Die Auswertungsergebnisse werden in Blockdiagrammen (Abb. 6) dargestellt und den anderen gezeigt.

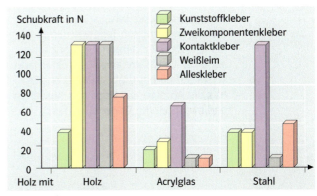

6 Schubbeanspruchung

9. Welche Erkenntnisse könnt ihr gewinnen? (Erkenntnisse und Anwendungen)
Bei der Herstellung von Gegenständen sind Fügungen notwendig. Die Messwerte zeigen die Eignung der verschiedenen Klebstoffe für bestimmte Werkstoffpaarungen bei unterschiedlicher Beanspruchung. Ihr könnt jetzt gezielt den am besten geeigneten Klebstoff für Fügungen, die unterschiedlich beansprucht werden, einsetzen.

Objekte analysieren

Sicherlich hast du dich bei manchen technischen Objekten schon gefragt, wie sie aufgebaut sind und funktionieren, wie die Einzelteile zusammenwirken und welche Eigenschaften die Objekte haben.
Diese Informationen kannst du durch eine Objektanalyse herausfinden.
Für die Analyse von Objekten kann man Realobjekte, Modelle, Simulationen oder technische Zeichnungen verwenden.

1. Objekt betrachten – Hypothesen bilden
Durch das genaue Betrachten – und wenn möglich In-Gang-Setzen – eines Objekts kannst du vermuten, wie es funktioniert und aufgebaut ist.

2. Demontage durchführen

Demontage: Zerlegung

Falls es erforderlich ist, etwas zu demontieren, solltest du dir die Mühe machen, die Abfolge der abmontierten Einzelteile zu notieren und möglichst auch zu skizzieren oder mit einer Digitalkamera zu fotografieren. Dadurch ersparst du dir beim späteren Zusammenbauen eine Menge Ärger und Zeit.
Die abgenommenen Teile werden in der Reihenfolge der Demontage sorgfältig auf einer Unterlage abgelegt. Eine Handskizze auf einem großen Papierbogen hält die Abfolge, die Lage, das Aussehen und eventuell die Benennung fest.

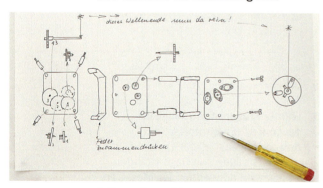

1 Demontagezeichnung

Wird z. B. beim Demontieren links begonnen, so zeichnet man das erste Teil und fügt die folgenden Teile rechts an. Wird ein Bauteil nach oben oder unten abgenommen, so erscheint es auch in der Abbildung in dieser Richtung.

Achtung: Das Objekt darf nicht beschädigt werden! Voraussetzung ist die richtige Wahl der Werkzeuge und deren sachgemäße Handhabung.

3. Objekt und seine Einzelteile analysieren
Nach der Demontage kannst du das Objekt genau analysieren. Stelle Fragen:
- Aus welchen Baugruppen und Einzelteilen besteht das Objekt?
- Welche Funktionen haben sie (Verbinden, Übertragen, Stützen, …)?
- Wie arbeiten die Bauteile zusammen?
- Durch welche anderen Bauteile könnten sie ersetzt werden?

2 demontiertes Objekt analysieren

4. Remontage durchführen
Mithilfe deiner Demontageabbildung kannst du das Objekt remontieren. Dabei kann das Objekt eventuell gewartet und gepflegt werden. Führe eine Funktionskontrolle durch.

Remontage: Zusammenbau nach vorangegangener Demontage

5. Arbeitsergebnisse auswerten
Nachdem das Objekt wieder zusammengebaut ist, werden die Vermutungen aus Schritt 1 überprüft und alle Ergebnisse und Erkenntnisse zusammengefasst.

6. Arbeitsergebnisse anwenden
Die neuen Erkenntnisse und Informationen, die du herausgefunden hast, kannst du nun bei Aufgaben oder Problemlösungen verwenden.

Informationen beschaffen

Erkundungen und Expertenbefragungen durchführen

3 Betriebserkundung

Bei einer Erkundung z. B. eines Betriebs bekomt ihr einen Einblick in die tägliche Arbeitswelt. Dabei habt ihr auch die Möglichkeit, Experten zu befragen.

1. Erkundung vorbereiten und planen
Eine Erkundung kann euch viele Einblicke geben, z. B. in
- die Arbeitssituation eines bestimmten Berufs,
- den Ablauf und die Organisation der Arbeiten,
- die Anforderungen, die an die Beschäftigten gestellt werden,
- den Umgang mit bestimmten Werkstoffen und Maschinen.

Um die Zeit vor Ort effektiv zu nutzen, ist es notwendig, dass man sich zuvor Fragen überlegt und notiert.
Einigt euch darauf, welche Fragen ihr bei der Erkundung stellen wollt und entwickelt daraus einen Erkundungsbogen.

Erkundungsbogen

- Was wird hier hergestellt?
- Wie sind die Arbeitsabläufe organisiert?
- Welche Anforderungen werden an die Arbeiter gestellt?
- Mit welchen Maschinen wird gearbeitet?
- Wie viele Produkte werden pro Tag hergestellt?

2. Erkundung durchführen
Bei der Erkundung selbst könnt ihr in Gruppen mithilfe eurer vorbereiteten Fragen Informationen sammeln. Notiert euch alle interessanten und wichtigen Beobachtungen und habt den Mut eure Fragen zu stellen. Vielleicht dürft ihr sogar Fotos machen – fragt vorher nach.

3. Experten befragen
Bei einer Expertenbefragung werden Personen gezielt befragt, um bestimmte Informationen zu bekommen. Man kann die Experten vor Ort befragen, sie aber natürlich auch in die Schule einladen. Auch hierfür ist es wichtig, dass ihr die Fragen vorbereitet.

Expertenbefragung

- Wofür sind Sie zuständig?
- Was ist das für eine spezielle Aufgabe?
- Welche Ausbildung haben Sie?
- Arbeiten Sie mehr am Computer oder mehr am Zeichenbrett?

4 Expertenbefragung

4. Ergebnisse dokumentieren und Nachbetrachtung durchführen
Bei der Dokumentation haltet ihr ausgewählte Informationen, Fotos und Eindrücke fest. Das kann durch einen Bericht, eine Wandzeitung oder durch eine Präsentation am Computer geschehen. Anschließend solltet ihr in der Klasse die Erkundungs- oder Befragungsergebnisse präsentieren und besprechen sowie herausfinden, welche neuen Erkenntnisse ihr dadurch gewonnen habt.

Methoden und Arbeitsweisen **105**

Brainstorming oder Brainwriting durchführen

Brainstorming-Methode:
Gedankensturm- oder Geistesblitz-Methode

Brainstorming

Ein Verfahren zur Ideenfindung ist die Brainstorming-Methode. Führt sie einmal zusammen mit eurem Lehrer oder eurer Lehrerin durch und wendet sie dann in eurer Gruppe an. Haltet euch dabei an folgende Phasen:

1. Vorbereitungsphase
Der Leiter oder die Leiterin des Brainstormings übernimmt die folgenden Aufgaben:
- eine angenehme und störungsfreie Arbeitsatmosphäre schaffen,
- Problem gut sichtbar aufschreiben,
- Vorgehensweise erklären,
- einen zeitlichen Rahmen festlegen, z. B. 10 Minuten.

2. Durchführungsphase
Der Leiter oder die Leiterin führt in die Problematik ein, beschreibt diese ausführlich und sorgt dafür, dass die folgenden Arbeitsregeln eingehalten werden:
a) Jede spontane Idee und jeder Vorschlag sollte genannt werden, denn die „verrücktesten Ideen" sind häufig die besten!
b) Es sollen so viele Vorschläge wie möglich gemacht werden.
c) Während der Ideenfindungsphase darf sich niemand wertend zu einer Idee äußern (z. B. „Du spinnst wohl!" oder „Das geht doch gar nicht!"), denn das kann dazu führen, dass die kritisierte Person weitere Ideen für sich behält.
d) Ideen und Vorschläge sollten möglichst stichwortartig genannt werden; lange Erklärungen dazu können in der Auswertungsphase gemacht werden.
e) Das Aufgreifen und Weiterentwickeln von zuvor geäußerten Beiträgen ist erlaubt und erwünscht.
f) Die vorgebrachten Ideen und Vorschläge notiert der Leiter oder die Leiterin für alle möglichst gut sichtbar (z. B. durch Notizen auf Tafeln, Folien, Kärtchen für Pinnwand).
g) Über die Brauchbarkeit der Ideen und Vorschläge wird erst später in der Auswertungsphase entschieden.

3. Auswertungsphase
Der Leiter oder die Leiterin fordert jetzt dazu auf, die Beiträge zu erläutern, wenn notwendig zu ergänzen und zu ordnen (ähnliche Aussagen werden untereinander angeordnet).
Im Gespräch bewertet ihr nun die einzelnen Vorschläge gemeinsam und legt abschließend fest, welche Lösung ihr aufgreifen und realisieren wollt.

Hinweis: Der Vorteil des Brainstormings liegt darin, dass es zunächst keine Grenzen für deine Kreativität gibt. So musst du keine Angst davor haben, dass du zu einer Aussage gezwungen oder unsachlich kritisiert wirst.

1 Sammeln von Vorschlägen

Brainwriting

Beim Brainwriting notiert jeder seine eigenen Ideen und Vorschläge selbst. Schreibt dabei alles auf, was euch spontan einfällt, gewissermaßen „frei von der Leber weg". Stichworte genügen wieder. Verwendet für jeden Gedanken einen separaten Zettelabschnitt oder noch besser ein Kärtchen.

Nach einer bestimmten Zeit, z. B. 5 Minuten, lesen die Teilnehmer ihre Ideen vor und versuchen nochmals 5 Minuten auf Vorschläge zu reagieren.
Für die Vorbereitung und Auswertung des Brainwritings gilt das Gleiche wie für das Brainstorming.

Lösungsideen gewinnen

Analogiemethode anwenden

Analogie:
Ähnlichkeit, sinngemäße Übertragung

Bei der Suche nach technischen Lösungen ist es vorteilhaft, sich nach schon vorhandenen Lösungen umzusehen. Besonders die biologische Natur bietet hierfür erstaunliche Vorbilder, wie folgende Abbildungen zeigen:

Bei der Anwendung der Analogiemethode zur Lösung eines technischen Problems solltest du diese Fragen stellen:

1. Welche Funktion soll realisiert werden?
z. B. Anhaften, Zusammenfügen, Trennen, Verkleinern, Vergrößern, Umlenken, Leiten, Speichern, Beschleunigen, Bremsen, Umformen, Reinigen, …

Die anhaftende Klette

… und der Klettverschluss

Haftband →

Flauschband →

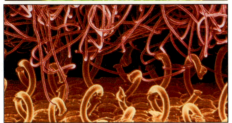

2. Wo gibt es für diese Funktion in Natur oder Technik bereits Lösungen?
Beispielsweise: Wie wurde das Problem des „Haftenbleibens" schon gelöst? Bei deiner Suche findest du möglicherweise dies:
– mit klebrigen Tropfen wie beim Sonnentau oder beim Klebstoff aus der Tube,
– mit Verhakungen wie bei der Klette oder bei Klettverschlüssen,
– mit Saugfüßen wie beim Tintenfisch oder solchen aus Kunststoff,
– mit Magneten wie beim Eisen bindenden Dauermagnet oder bei magnetischen Türverschlüssen von Möbeln oder Kühlschränken.

Die Ultraschallorientierung der Fledermaus … und die Ultraschalleinparkhilfe eines Pkw

Ultraschall:
Schallwellen über dem menschlichen Hörbereich (über 20 kHz)

2 Vorbilder in der Natur und ihre technischen Anwendungen

Eine gute Hilfe zur schnellen Lösungsfindung mit der Analogiemethode ist der Erfahrungssatz:
Ähnliche Funktionen weisen meist ähnliche Baustrukturen auf.

Der Erfinder des Klettverschlusses hat die Häkchenform durch eine mikroskopische Untersuchung der Klettenhaare gefunden.
Die Flügelform von Flugzeugen wurde zunächst vom Vogelflug „abgeschaut". Auch die großen Rotorflügel von Hubschraubern haben Vorbilder in der Natur: Ahornsamen sind Drehflügler und Libellen können wie Hubschrauber „in der Luft stehen bleiben".
Die Struktur eines Sägeblatts leitet sich von den Zähnen ab („Sägezähne"). Hier ist die Funktion das Trennen und die dazugehörige analoge Struktur die Zahnfolge. In Spanien nennt man eine zackige Gebirgskette sogar aufgrund ihrer Form Sierra, die Säge.

Bionik:
Kunstwort aus **Bio**logie und Tech**nik**

Es gibt sogar einen neueren Wissenschaftszweig, der sich nur mit der nutzbringenden Übertragung biologischer Vorbilder für die Technik beschäftigt: die **Bionik**.

Die Technik selbst liefert in ihren vielen Bereichen ebenfalls oft Vorbildlösungen. Es lohnt sich, dabei nicht nur moderne, sondern auch historische Technikobjekte einzubeziehen.

Methoden und Arbeitsweisen **107**

Variationsmethode anwenden

Variation:
Veränderung, Abwandlung

Bei der Suche nach technischen Lösungen kannst du auch von vorhandenen Lösungen ausgehen und diese durch eine Abwandlung verändern.

Jede benutzte Ausgangslösung hat vorhandene gestaltbare Merkmale, wie z.B. die äußere Form oder die Lage und Anordnung von Teilen.
Die Anwendung der Variationsmethode hat folgende Vorteile:

- Das neue Objekt muss nicht von Grund auf neu konstruiert werden.
- Man kann auf Bewährtes zurückgreifen.
- Man kommt leichter auf andere Gestaltungsideen.
- Es wird schneller eine Optimierung erreicht.

Allgemeine Variationsmerkmale sind z.B.

- **Formmerkmale** wie Außenmaße, Innenmaße, Geometrie (eckig, kreisförmig u.a.), Oberflächenstruktur (z.B. glatt, rau, gerippt, gelocht)
- **Materielle Merkmale** wie Werkstoffe, schwer, leicht, leitfähig, isolierend, Farbe oder Preis des Materials
- **Funktionelle Merkmale** wie Lage und Anzahl von Teilen, Zustände von Teilen wie Temperatur, Spannung, Drehzahl
- **Herstellungsmerkmale** wie Bauteile gießen, fräsen, kleben, löten, schrauben, nieten

Vorgehensweise

Am Beispiel einer Eckverbindung für den Holzrahmen eines Schaukastens soll die Anwendung der Variationsmethode verdeutlicht werden.
Die **Ausgangslösung** ist ein quadratisches Blech, das die beiden Holzschenkel verbindet (die Schrauben sind nicht eingezeichnet). Es besteht das Problem, dass diese Verbindung das Betrachten der Ausstellungsobjekte erschwert.
Es muss also eine neue Verbindungsart gefunden werden, die hohe Stabilität und störungsfreien Durchblick ermöglicht.
Dazu müssen die **Merkmale festgestellt** werden, die das Problem beeinflussen.
Die wichtigsten Merkmale sind: Form, Größe und Lage des Blechs.

Die Abbildung unten zeigt vier Lösungsvarianten, die durch Änderung der Form entstanden sind.
Nun erfolgt die **Auswahl**:
Variante 1 fällt heraus, da der Durchblick weiterhin gestört ist.
Variante 2 hat am unteren Holzschenkel zu wenig tragendes Material.
Variante 3 ist bei geringem Materialaufwand stabil und leicht herzustellen.
Variante 4 ist bei höherem Materialbedarf aufwendiger herzustellen.
Optimal ist also die Variante 3.
Die Lösung wurde hier durch ein Ausschlussverfahren gefunden.

Rahmen eines Schaukastens von vorne

Andere Bewertungsmethoden siehe Seiten 114 und 115

Lösungsvarianten	äußere Form	Darstellung
Ausgangslösung	Quadrat	
Lösungsvariante 1	Quadrat mit Abschnitt	
Lösungsvariante 2	Dreieck	
Lösungsvariante 3	Trapez	
Lösungsvariante 4	Quadrat mit Ausschnitt	

108 Methoden und Arbeitsweisen

Lösungsideen gewinnen

Kombinationsmethode anwenden

Bei dieser Methode werden günstige Lösungsmöglichkeiten zu einer Gesamtlösung verknüpft. Die gesuchte Lösung ist dann die, die den gesetzten Anforderungen zur gegebenen Problemstellung am besten gerecht wird.

Viele neue Lösungskombinationen

Wenn man beispielsweise ein neues Auto herstellen möchte, lassen sich anstelle einer aufwendigen kompletten Neukonstruktion Bauteile schon vorhandener Modelle verwenden.

So etwa kann der Motor eines Typs A in das Chassis (Fahrgestell) eines Typs B eingebaut und dann wiederum mit Karosserieteilen eines Typs C kombiniert werden. Bei je 4 Motor-, Getriebe- und Karosserieelementen ergeben sich durch alle möglichen Kombinationen der Austauschelemente insgesamt 4 · 4 · 4 = 64 Lösungen!

Da aber drei dieser Kombinationen schon vorhanden waren, sind es 64 − 3 = 61 Neukombinationen. Erstaunlicherweise kommt man auch ohne die Konstruktion neuer Autoteile zu einer großen Anzahl neuer Automodelle.

Vorgehensweise

Am Beispiel der Konstruktion eines Drehtellers mit motorbetriebenem Untersatz soll die Anwendung der Kombinationsmethode aufgezeigt werden.

Zunächst werden die **austauschbaren Elemente ermittelt**. Dies können unterschiedliche Materialien, Gehäuseteile, Antriebsteile und Steuerteile sein. Dann muss man durch Kombination dieser Elemente Lösungsmöglichkeiten suchen, die praktisch verwertbar sind. So könnte man die Plattenteile des Drehtellers durch Metallstäbe miteinander verschweißen. Doch dann wäre im Falle eines Defekts der Motor für eine Reparatur nicht mehr ausbaubar. Daher ist es sinnvoll, bei einer Verschraubung zu bleiben.

Bei der **Auswahl der optimalen Kombination** kann man sich an unterschiedlichen Kriterien orientieren. Dabei spielen die Gesamtkosten, leichte Montierbarkeit, schnelle Herstellbarkeit, Funktionssicherheit und Stabilität der Konstruktion eine Rolle. So ist im Beispiel Lösung B günstiger als A, da ein Schrittmotor und sein Steuerteil teuer sind.

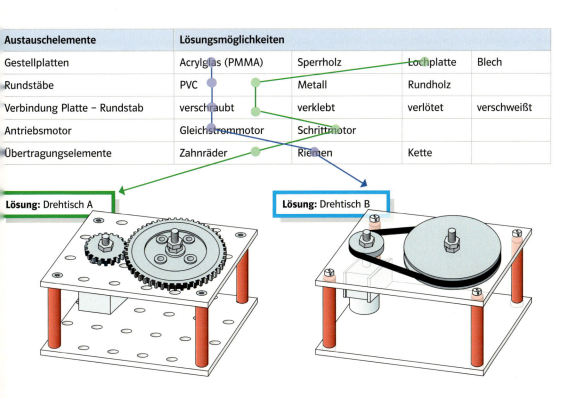

Beurteilungskriterien festlegen

1 Nachziehkrokodil aus Holz

Bei der Beurteilung und Bewertung eines im Technikunterricht hergestellten Produkts sind Beurteilungskriterien notwendig.
Schon während des Herstellungsprozesses ist es wichtig zu wissen, welche Kriterien besonders zu beachten sind.
Um Beurteilungskriterien zu finden und festzulegen, geht man in folgenden Schritten vor.

1. Ideen für Kriterien sammeln

Durch ein Brainstorming oder ein Unterrichtsgespräch können Ideen für Beurteilungskriterien gesammelt werden. Dabei ist es wichtig, dass erst einmal alle Ideen aufgeschrieben werden.

Die Angaben der Anforderungsliste sollen beim Festlegen von Beurteilungskriterien ebenfalls einbezogen werden.

Die Ideen werden an der Tafel oder auf einem Flipchart gesammelt. So hat jeder einen Überblick über die gefundenen Beurteilungskriterien.
Bei dieser Ideensammlung sollen nicht nur Kriterien gesammelt werden, die das fertige Produkt betreffen, sondern auch solche, die den Arbeitsprozess und die Arbeit im Team berücksichtigen.

2. Beurteilungskriterien festlegen und ordnen

Bei einem Brainstorming wie im ersten Schritt gibt es oft Ideen, die doppelt vorkommen, sich überschneiden, zusammengefasst oder vielleicht sogar weggelassen werden können.
Nachdem die Ideen gesammelt sind, müssen deshalb die Kriterien ausgewählt werden, die später beim Beurteilen verwendet werden sollen.

Anforderungsliste

Das Nachziehkrokodil sollte:
- aus Holz hergestellt werden,
- formschön sein,
- leicht laufende Räder haben,
- stand- und kippsicher sein,
- ein gut bewegliches Mittelteil haben,
- …

Beurteilungskriterien

Gegenstand:
- Gesamteindruck
- Räder leicht laufend
- Stand- und Kippsicherheit
- Mittelteil genügend wackelnd

Arbeitsweise:
- selbstständig
- teamfähig
- …

2 Nicht alle Beurteilungskriterien ergeben sich aus der Anforderungsliste

Beurteilen und Bewerten

Wenn man sich darauf geeinigt hat, welche Kriterien übernommen werden, können sie noch Überbegriffen zugeordnet werden (z. B. die einzelnen Maße werden dem Überbegriff Maßkontrolle zugeordnet; die Kriterien, die den Arbeitsprozess betreffen, können unter dem Begriff Arbeitsweise gesammelt werden, …). Dadurch können die Beurteilungskriterien übersichtlicher dargestellt werden.

3. Gewichtung für die einzelnen Beurteilungskriterien festlegen

Schon bei der Auswahl findet man Kriterien, die einem wichtiger oder weniger wichtig erscheinen.
Diese Tatsache kann durch den **Gewichtungsfaktor** hervorgehoben werden. Mit diesem Faktor werden die erzielten Punkte jeweils multipliziert.
Bei dem Beispiel in Abb. 3 kann man erkennen, dass die Maße mit einem Gewichtungsfaktor 1 versehen werden, die Funktion dagegen mit 5. Die Maße sind zwar wichtig für die Herstellung dieses Produkts, aber die Funktionsfähigkeit des fertigen Produkts ist viel wichtiger.

Die Kriterien und ihre Gewichtung werden meist vor der Herstellung festgelegt. Während des Herstellungsprozesses können aber Schwierigkeiten oder Probleme auftreten, die man vorher nicht berücksichtigt hat, oder ein Arbeitsschritt geht einem viel leichter von der Hand als man erwartet hätte. In diesen Fällen kann man den Gewichtungsfaktor nach der Herstellung noch verändern und ihn an den Schwierigkeitsgrad anpassen.

4. Kriterien und Gewichtung in den Beurteilungsbogen übertragen

Sind die Kriterien ausgewählt und geordnet und ist eine passende Gewichtung gefunden, werden sie in den Beurteilungsbogen übertragen.

Bevor mit der Beurteilung begonnen werden kann, muss festgelegt werden, wie viele Punkte für jedes Kriterium vergeben werden können (im Bogen der Abb. 3 sind es 0 bis 5 Punkte).
Bei welcher Qualität werden 5, 3 oder gar kein Punkt vergeben? Ein Beispiel dafür steht auf Seite 33.

Kontroll- und Beurteilungsbogen

Werkstück: *Nachziehkrokodil*   maximale Punktzahl: 230   Lehrerbeurteilung Punkte: 176

gefertigt von: *Heike Gründlich*   beurteilt von: *Markus Aisift*   Lehrerbewertung Note: 2,0

(0 – 5 Punkte jeweils für Fremd- und Eigenbeurteilung) Beurteilungskriterien		Gewichtungs-faktor	Punkte Eigen-beurteilung	Punkte Eigen-beurteilung mal Gewichtung	Punkte Fremd-beurteilung	Punkte Fremd-beurteilung mal Gewichtung	Punkte Lehrerbeur-teilung	Punkte Lehrerbeur-teilung mal Gewichtung
Maße:	alle Maße stimmen	1	3	3	3	3	3	3
Funktion:	Räder leicht laufend	5	4	20	4	20	4	20
	Mittelteil genügend wackelnd	3	3	9	3	9	3	9
	Stand- und Kippsicherheit o.k.	5	5	25	5	25	5	25
Optik:	sauber verarbeitet	5	3	15	4	20	4	20
	sieht gut aus	3	4	12	4	12	4	12
Arbeitsweise:	selbstständig	5	5	25	5	25	5	25
	hilfsbereit	4	3	12	3	12	3	12
	partnerschaftlich	4	3	12	4	16	4	16
	sicherheitsgerecht	4	3	12	3	12	4	16
	zielstrebig	4	3	12	3	12	3	12
	termingerecht	3	2	6	2	6	2	6
Erreichte Punktzahl:				163		172		176

3 Beurteilungs- und Bewertungsbogen

Pro- und Kontra-Argumente sammeln

Ideen für ein Produkt aus Holz
- Werkzeugkasten
- Buchstütze
- Handyhalter
- Liegestuhl
- CD-Ständer
- Hocker
- Holzpuzzle
- ...

1 Ideensammlung für ein Produkt aus Holz

Bei der Herstellung eines Produkts im Technikunterricht gibt es oft viele Ideen und Lösungsvorschläge.
Die Entscheidung für eine Idee oder einen Lösungsvorschlag ist manchmal gar nicht so einfach.

In diesem Fall kann das Sammeln von Pro- und Kontra-Argumenten eine große Entscheidungshilfe sein.

2 Handskizzen von Lösungsmöglichkeiten für eine Buchstütze

1. Ideen oder Lösungsmöglichkeiten ordnen

Alle gesammelten Vorschläge werden übersichtlich zusammengestellt, damit jeder aus der Klasse oder Gruppe einen Überblick hat. Am besten werden die Ideen an der Tafel notiert oder die Skizzen an einer Pinnwand befestigt.

Hinweis: Sollten Vorschläge dabei sein, von denen ihr jetzt schon wisst, dass sie gar nicht zu verwirklichen sind, solltet ihr sie aussortieren, damit ihr euch bei der Arbeit nicht verzettelt.

2. Pro- und Kontra-Argumente sammeln

Nach dem Ordnen folgt die direkte Auseinandersetzung mit den Ideen oder Lösungsmöglichkeiten.
Für jeden Vorschlag werden Pro-Argumente gesammelt, also Aussagen, die für ihn sprechen, und Kontra-Argumente, die dagegen sprechen.

Werkzeugkasten

pro	kontra
- praktisch	- großer Materialaufwand
- formschön	- teuer
- anspruchsvoll	- ...
- kann auch zu Hause verwendet werden	
- ...	

3 Pro- und Kontra-Liste

Hinweis:
Auch wenn ihr von einer Idee begeistert seid, solltet ihr beim Sammeln von Argumenten objektiv sein. Das bedeutet, dass ihr euch auch über Kontra-Argumente Gedanken machen müsst.

112 Methoden und Arbeitsweisen

Beurteilen und Bewerten

3. Entscheidung treffen

Nach der Sammlung wird eine Entscheidung getroffen.
Man kann so vorgehen, dass die Idee oder Lösungsmöglichkeit ausgewählt wird, die am meisten Pro- oder am wenigsten Kontra-Argumente hat.

Doch was macht man, wenn es gleich viele Pro- und Kontra-Argumente gibt? Oder wenn eine Idee zwar viele Kontra-Argumente hat, man aber trotzdem von dieser Möglichkeit begeistert ist?

In diesem Fall sollte die Klasse oder Gruppe durch eine Diskussion eine Einigung herbeiführen. Jeder stellt eine Idee oder Lösungsmöglichkeit mit allen Pro- und Kontra-Argumenten vor.
Dabei sollte besonders auf die Argumente eingegangen werden, die einem sehr wichtig erscheinen (Gewichtung).

4 Pro- und Kontra-Methode

Manchmal kann man trotz Diskussion keine Einigung finden. Aber auch hierfür gibt es eine Lösung:

Die Punktemethode
Jeder kann sechs Punkte, z. B. Klebepunkte, auf höchstens drei Vorschläge verteilen:
– 3 Punkte für die Idee, die am besten gefällt
– 2 Punkte für die zweitbeste Möglichkeit
– 1 Punkt für den drittbesten Vorschlag
Der Vorschlag mit den meisten Punkten wird gewählt.

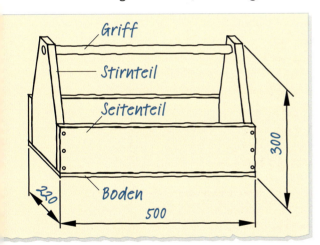

Beispiel Werkzeugkasten
Als Kontra-Argumente wurden der große Material- und Zeitaufwand genannt. Diese Argumente treffen zwar zu, aber wenn man sich darauf einigt, den Werkzeugkasten als einziges Werkstück zum Thema Holz herzustellen, sind sie zu entkräften.
Andere Argumente können aber auch verstärkt werden, z. B. das Pro-Argument „anspruchsvoll". Der Werkzeugkasten kann als so anspruchsvoll angesehen werden, weil man bei seiner Herstellung viele Holzbearbeitungsverfahren kennen lernt.

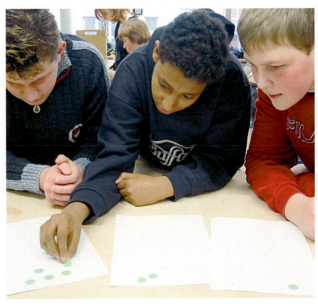

5 Punktemethode

Methoden und Arbeitsweisen **113**

Bewertungsmethoden anwenden

Mithilfe der Analogie-, der Variations- und der Kombinationsmethode ist es möglich, eine beträchtliche Anzahl von Lösungsideen zu erzeugen.

Für welche Lösungsidee soll man sich nun entscheiden:
- für die billigste?
- für die stabilste?
- für die, die am wenigsten Material verbraucht?

Es werden also **Kriterien** benötigt, mit deren Hilfe jede Lösungsidee bewertet wird. Diese Bewertungskriterien für die einzelnen Lösungsvarianten können aus den Anforderungen an die Problemlösung abgeleitet werden.

Es gibt aber auch allgemeine Bewertungsaspekte, die für alle möglichen Lösungsvarianten zutreffend sein müssen, z. B.:
- Funktionssicherheit
- Materialbedarf
- Zeitaufwand für die Herstellung
- Energiebedarf
- Umweltfreundlichkeit
- Kosten
- ästhetisches Aussehen (Design)
- usw.

Steht fest, welche Kriterien für den jeweiligen Gegenstand die wichtigsten sind, kann man die Lösungsvarianten in genau diesen Punkten vergleichen und sich dann für die geeignete Lösung entscheiden.

Zu diesem Zweck stehen folgende **Bewertungsmethoden** zur Verfügung:
- Dualbewertung
- Gestufte Bewertung
- Punktbewertung

1 Anwendung einer Bewertungsmethode

Dualbewertung

Die Dualbewertung ist die einfachste Bewertungsmethode. Bei ihr wird nur bewertet, ob die Forderungen (Kriterien) an die Lösungen erfüllt sind oder nicht. Es gibt bei dieser Methode also nur zwei Wertigkeiten.
Formulierungsmöglichkeiten für eine duale Bewertung sind z. B.
erfüllt – nicht erfüllt
gut – schlecht
ja – nein
1 – 0
Die Variante mit den meisten positiven Bewertungen wird ausgewählt.

Gestufte Bewertung

Wird die gestufte Bewertung angewendet, ordnet man zunächst die Forderungen (Kriterien) an die Lösung nach ihrer Bedeutung. Anschließend untersucht man, ob alle Lösungsvarianten die wichtigste Forderung erfüllen. Varianten, die diese Forderung nicht erfüllen, werden nicht weiter beurteilt (K.-o.-System).

Die verbliebenen Varianten werden anschließend nach der nächstwichtigen Forderung bewertet usw. Die Variante, die übrig bleibt, ist die beste Lösung.

dual: zwei

Beispiel für eine Dualbewertung: Stabilisierungsblech von Seite 108

Bewertungskriterium	Kriterium erfüllt?			
	Lösung 1	Lösung 2	Lösung 3	Lösung 4
Funktion (Steifigkeit)	ja	nein	ja	ja
Materialbedarf (gering)	nein	ja	ja	nein
Herstellungsaufwand (gering)	ja	ja	ja	nein
Günstigste Lösung?	nein	nein	**ja**	nein

114 Methoden und Arbeitsweisen

Burteilen und Bewerten

Punktbewertung
Bei der Punktbewertung wird jeder Lösung hinsichtlich der Erfüllung der Forderungen (Kriterien) eine Punktzahl zugeordnet. Die Variante, die die höchste Punktzahl erreicht, ist die günstigste.

Möglichkeiten für eine Stufung:
5 Punkte – sehr gut
4 Punkte – gut
3 Punkte – befriedigend
2 Punkte – genügend
1 Punkt – ungenügend

Beispiel für eine Punktbewertung:
Zwei Lösungen für einen Kompostierer, gefunden durch die Kombinationsmethode

Elemente (Bauteile, Teilprobleme)	Ausführungsmöglichkeiten
tragendes Gestell	selbsttragende Konstruktion, Skelett aus Dachlatten, aus Stahlrohr oder aus Holzbalken, …
äußere Form	rund, quadratisch, rechteckig, fünfeckig, sechseckig, oval, …
Gestaltung der Seitenwände	geschlossene Wände aus einem Stück, geschlossene Wände mit Löchern oder Schlitzen, offene Wände aus mehreren Brettern ohne Lücke, offene Wände aus mehreren Brettern auf Lücke, …
Boden	ohne Boden, mit Boden aus einem Stück, mit Boden aus mehreren Brettern ohne Zwischenräume, mit Boden aus mehreren Brettern mit Zwischenräumen, …
Auflage- bzw. Standfläche	Füße (z. B. runde, viereckige, …), ohne Füße (die Seitenbretter dienen gleichzeitig als Auflagefläche), Pfosten zum Einschieben der Seitenteile, …
Werkstoffe für die Seitenwände	Naturholz (Kiefer, Fichte, Tanne, Lärche), Holzwerkstoffe (Spanplatte, Holzfaserplatte, Schichtholz, Sperrholz, Tischerplatte, Leimholzplatte), Kunststoff, Metall (z. B. Stahl, Aluminium, …), Textilien, Steine (z. B. Tonziegel, Fliesen, Leichtbeton, …), Stroh-Lehm-Geflecht, Weiden-Lehm-Geflecht, …
Oberflächenschutz	unbehandelt, lasiert, lackiert, gewachst, imprägniert, kunststoffbeschichtet, geflammt, …
Art der Fügeverbindungen der Einzelteile	Nut und Feder, geschraubt, genagelt, gedübelt, gezinkt, überblattet, geleimt, auf Gehrung, stumpf, ineinander gesteckt, mit Schnellverschluss, …

Lösung 1

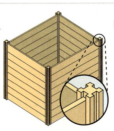
Lösung 2

Bewertungskriterium	Lösungsvarianten	
	Lösung 1	Lösung 2
Funktionssicherheit	3	5
erwartete Kompostierfähigkeit	4	5
Materialbedarf	4	4
Herstellungsaufwand	5	4
Energiebedarf	5	4
Lebensdauer	3	5
Summe	24	**27**

← günstigste Lösung

Methoden und Arbeitsweisen

Texte auswerten

Technische Sachtexte sind oftmals schwer verständlich geschrieben. Spezielle Strategien und Methoden helfen, solche Texte zu erfassen und ihren Inhalt zu verstehen.

Den Grundgedanken und den Inhalt eines Sachtextes kann man mit den folgenden vier Schritten einfach und effektiv erschließen und zusammenfassen.

1. Text und Kapitel überfliegen
Im ersten Schritt verschafft man sich einen groben Überblick über den Text. Die Überschriften, die Anfänge der einzelnen Abschnitte und bekannte Begriffe geben dem Leser dabei eine Vorstellung, worum es im Text geht.

2. Text konzentriert lesen und Schlüsselwörter markieren
Nun wird der Text konzentriert gelesen. Hierbei werden die wichtigsten Aussagen und Schlüsselwörter markiert oder unterstrichen. Unbekannte Begriffe werden herausgeschrieben und mithilfe von Lexika, Internet, speziellen CD-ROMs oder anderen Informationsquellen geklärt.

3. Wichtige Aussagen zusammenfassen
Um den Inhalt des Textes auf den Punkt zu bringen, werden die wichtigsten Aussagen der einzelnen Abschnitte in eigenen Worten zusammengefasst und mit einer Überschrift versehen.

4. Mit den Ergebnissen arbeiten
Mithilfe der Zusammenfassung lässt sich nun der Inhalt des Textes vor einer Gruppe präsentieren und z. B. als Lerngrundlage für eine Klassenarbeit oder für das zu bearbeitende Thema verwenden.

Umwandlung von Elektroenergie in mechanische Bewegung
Ein Elektromotor ist eine elektrische Maschine, die mithilfe von magnetischen Feldern hauptsächlich elektrische in mechanische Arbeit (oder zurück) umwandelt, indem sie eine Kraft oder ein Moment und damit auch eine Bewegung erzeugen kann. Der Wirkungsgrad liegt bei 20 % bis 90 %. Auf dem „Anker" ist eine Spule aufgewickelt, durch die Strom fließt. Durch das umgebende Magnetfeld entsteht eine Lorentzkraft, die den Anker, der mit der Welle fest verbunden ist, rotieren lässt. Auf diese Weise kann elektrische Energie in Bewegungsenergie verwandelt werden.

Gleichstrommotor
Im Motor befindet sich der Anker, eine sog. Kommutatorwicklung. Im Stator befinden sich ausgeprägte Pole. Im Kleinmotorenbereich sind die Pole aus Permanentmagneten, bei größeren Motoren sind die Pole gewickelt und stromerregt. Durch die Drehung des Ankers durch das Feld der Pole wird eine Spannung induziert. Diese Spannung kann an den Bürsten abgenommen werden. Bei Belastung fließt in der

- Bauteile:
  Welle, Anker, Spule, Lager, Dauermagnet
- Wirkungsgrad:
  Der Wirkungsgrad liegt bei 20 bis 90 %
- Wirkungsprinzip:
  Durch den Strom, der durch die Spule fließt, entsteht ein Magnetfeld. Das wirkt mit dem Permanentmagneten zusammen. Dadurch entsteht eine Drehbewegung. Nach einer halben

Der Elektromotor
Diese elektrische Maschine wandelt mithilfe von magnetischen Feldern elektrische in mechanische Arbeit um. Ihr Wirkungsgrad ist bis zu 90 % hoch. Bestandteile des Motors sind Anker, Welle, Lager und Spule. Durch die Spule fließt Strom, wobei ein Magnetfeld entsteht, das durch Abstoßung eine Drehbewegung erzeugt.

Präsentieren

Texte strukturieren

Für die Informationsbeschaffung zu technischen Problemstellungen stehen meist viele Quellen zur Verfügung, z. B. Bücher, Texte, Internet, CD-ROMs, …
Die Menge an anfallenden Informationen lässt sich mit Mindmaps grafisch darstellen und gut strukturieren. Diese Art der Grafik zeigt die Beziehungen zwischen verschiedenen Begriffen auf. So werden Strukturen der kreativen Arbeitsweise des Gehirns nachempfunden.

In der Mitte der Mindmap steht der zentrale Begriff. Er muss möglichst kurz formuliert sein oder kann als Bild dargestellt sein. Nach außen verzweigen sich verschiedene Hauptäste mit weiteren Unterästen, an denen die dazugehörenden Informationen notiert werden.

Bei der Erstellung sollten Farben, Bilder und stichwortartige Formulierungen benutzt werden, um die Mindmap schnell lesen und überblicken zu können. Wer eine solche Darstellung sieht, fühlt sich angeregt sie weiterzuentwickeln und sie sich zu merken. Dies ist in dieser Anordnung viel leichter möglich als in einer zeilen- oder listenartigen Darstellung der Stichworte.
Im Technikunterricht kann diese Art der Ideen- und Informationssammlung z. B. nach einem Brainstorming zum Erfassen und Strukturieren komplexer Inhalte, zum Entwerfen von Referaten oder Vorträgen, zum Mitschreiben bei Vorträgen oder zum Strukturieren von Wissen eingesetzt werden.

Mindmapping ist besonders für die Vorbereitung auf Klassenarbeiten und Prüfungen geeignet. Später kann der gelernte Stoff durch wiederholte Beschäftigung damit gefestigt werden. Eine solche übersichtliche Anordnung fördert die sichere Erinnerung über eine längere Zeit.

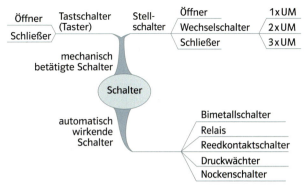

1 Beispiel für eine Mindmap

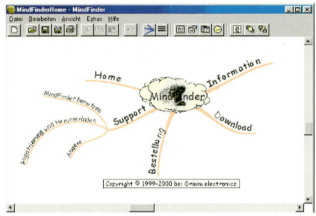

2 Programm „Mind Finder"

Mindmaps können einfach per Hand erstellt werden. Mindmap-Werkzeuge liegen aber vielfach auch als Software in Form von Freeware bis zu kostenpflichtigen Programmen vor. Als besondere Vorteile des computererzeugten Mindmappings gelten die einfache Handhabung sowie schnelle und präzise Strukturierung. Durch die einfachen Änderungsmöglichkeiten wird die Zusammenarbeit im Team gefördert und die Kreativität gesteigert.

Programme wie „Mind Finder" oder „ConceptDraw MINDMAP" stehen im Internet zur Verfügung.

Methoden und Arbeitsweisen

Referate halten

Das Präsentieren von Arbeitsergebnissen wird in der heutigen Zeit zunehmend wichtiger. Meist liegt es an der Art der Präsentation, ob das Ergebnis eines Problemlösungsprozesses oder eines technischen Zusammenhangs von anderen verstanden wird. Von der Fähigkeit überzeugend präsentieren zu können, hängt oft der Erfolg einer Arbeit ab.

Vorgehensweise beim Referat

1 Referat zum Sonnenkollektor

1. Sammeln von Informationen
- Stelle zuerst alle zum Thema passenden Unterlagen zusammen, z. B. technische Zeichnungen, Protokolle und Listen.
- Verwende bei deiner Problemlösung zusätzlich Zeitungsberichte, Bilder und Statistiken.
- Verschaffe dir einen Überblick, zu welchen Stichworten dir noch Informationen fehlen. Mit diesen „Suchbegriffen" kommst du im Internet oder mit einer CD-ROM schnell an umfassende Informationen. Weitere Quellen sind Fach- und Sachbücher, Fernsehsendungen oder Gespräche mit Fachleuten.

2. Lesen und Auswerten des Textes
Die Grundgedanken einer Informationsquelle kannst du nach dem genauen Lesen zusammenfassen und z. B. in Mindmapform herausschreiben. Häufig muss man auch Begriffe erläutern, damit sie der Zuhörer oder Leser versteht. Mithilfe von Zitaten kannst du deine Aussagen unterstützen. Gleichzeitig können sie auch deine Darstellung auflockern. Zitatanfang und Zitatschluss werden durch „..." kenntlich gemacht. Am Ende des Referats musst du deine verwendete Literatur in einer Liste angeben, z. B. so:

> Quellenangaben:
> - Helling, Happel, Heffner, Hölz, Kruse, Zeiller: Umwelt Technik Band 1, Ernst Klett Verlag, Stuttgart 2006, S. 28
> - Umwelt: Technik Arbeitsblätter, Teil 1, CD-ROM, Ernst Klett Verlag, Stuttgart 2003

3. Klären, was besonders wichtig ist
Verwende im Referat keine Wörter, die du nicht selbst erklären kannst. Überlege, ob alle herausgearbeiteten Punkte für deine Zuhörer oder Leser wichtig sind, ob sie zu ausführlich oder noch zu ungenau sind. Kläre auch, worüber du besonders genau informieren möchtest.

4. Ordnen des Referatinhalts
Ordne deine unterschiedlichen Punkte und bringe sie in eine sinnvolle Reihenfolge, etwa vom weniger Wichtigen zum Wesentlichen. Die Gliederung deines Referats kann sich an dem Aufbauschema eines herkömmlichen Aufsatzes mit Einleitung, Hauptteil und Schlussteil orientieren:

Einleitung
Mit einem motivierenden Einstieg wird das Interesse der Zuhörerschaft geweckt. Das kann z. B. ein Filmausschnitt, eine Karikatur, eine Zeitungsmitteilung, ein aktueller Ereignisbericht oder ein Originalteil sein.

Hauptteil
Der Inhalt des Hauptteils soll übersichtlich gegliedert sein. Unbekannte Begriffe sind zu definieren und immer wieder sollte der „rote Faden" erkennbar sein.

Schlussteil
In einer Zusammenfassung sollen die wichtigsten Sachverhalte des Themas hervorgehoben werden, ohne dabei ins Detail zu gehen oder schon genannte Zitate nochmals wiederzugeben.

Präsentieren

5. Vorbereiten der Referatunterlagen
Erarbeite deine Unterlagen möglichst am Computer.
- Achte bei den Texten auf eine geeignete Schriftart und Schriftgröße.
- Nutze die Möglichkeiten der Textformatierung sparsam. Zu viele verschiedene Formatierungen machen den Text unübersichtlich.
- Verwende ein Grafikprogramm zur Gestaltung deiner Zeichnungen.
- Vielleicht kannst du zur optischen Unterstützung auch ein Präsentationsprogramm nutzen.

Erkundige dich, welche optischen Hilfen für dein Referat zur Verfügung stehen, z. B.
- Tafel, Pinnwand oder Poster
- Tageslichtprojektor, Videorecorder oder DVD-Player
- Computer mit Projektionsdisplay oder Beamer
- Realobjekte oder Modelle

6. Vortragen des Referats
- Stelle das Gliederungsschema vor, z. B. mit Tafelanschrieb oder Overhead-Folie.
- Trage frei vor, das wirkt überzeugender als Ablesen.
- Stelle Blickkontakt zu den Zuhörern her, nicht den Rücken zudrehen.

Gliederungsschema		
1	Baustoffe	S. 1
2	Einsatz und Arten	S. 2
2.1	Begriffsbestimmung und Einteilung der Baustoffe	S. 2
2.2	Holz	S. 3
2.3	Natursteine	S. 3
2.4	Leder/Ton	S. 4
2.5	Beton	S. 5
2.6	Ziegel	S. 5
3	Verwendung	S. 6
3.1	…	S. 6
4	Zusammenfassung	S. 7
5	Quellenangaben	S. 8

- Kläre bei Referatsbeginn, ob Zwischenfragen sofort oder erst am Ende des Vortrags abgehandelt werden sollen.
- Sprich laut, deutlich und langsam und achte auf deine Körpersprache.
- Kündige Zitate an: Zu Beginn der zitierten Ausführungen mit „Zitat" und am Ende mit „Zitat Ende".
- Stelle den Zuhörerinnen und Zuhörern eventuell ein Handout oder eine Zusammenfassung zur Verfügung.

7. Beurteilen des Referats
Bevor das Referat erarbeitet wird, sollten die Beurteilungskriterien bekannt sein. Besprecht mit eurem Lehrer oder eurer Lehrerin, nach welchen Kriterien beurteilt werden soll, und erstellt eine Beurteilungsskala, zum Beispiel:

		maximale Punkte
1.	Schwierigkeitsgrad	8
2.	Vollständigkeit	8
3.	Gliederung	4
4.	Fotos und Grafiken	4
5.	…	

7.	Quellenangaben	4
8.	Experimente, Tafelskizzen	5
9.	Erklärende Formulierungen	4
10.	Lebendigkeit des Vortrags	8
11.	Umfang/Seitenzahl	4
Maximale Gesamtpunktzahl		**64**

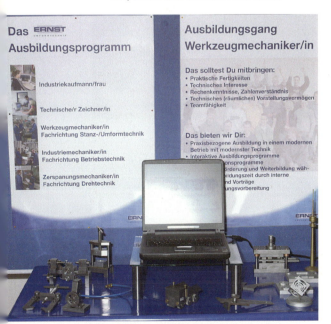

2 Referat zu technischen Ausbildungen

Methoden und Arbeitsweisen **119**

Ausstellungen vorbereiten

Eine publikumswirksame Möglichkeit, Arbeitsergebnisse z. B. eines Projekts oder einer Erkundung zu präsentieren, ist eine Ausstellung.

Je nach örtlicher Gegebenheit und Absicht des Ausstellers bieten sich viele Möglichkeiten der Präsentation an, z. B.
- Poster oder Schautafel
- Schaukasten oder Informationsstand
- Computerpräsentation oder Homepage

Vorgehensweise
Unabhängig von der Ausstellungsart geht ihr bei der Vorbereitung einer technischen Ausstellung am besten folgendermaßen vor:

1. Stellt alle Unterlagen, Medien und Ergebnisse zusammen, die ihr bereits habt.
2. Legt die Struktur fest, mit der die Inhalte des Themas dargeboten werden sollen.
3. Sucht einen geeigneten Platz für die Ausstellung. Die Stelle sollte möglichst zentral und dennoch ausreichend geschützt sein, sodass das Vorhaben kein Hindernis darstellt.
4. Klärt, wie viel Platz zur Verfügung steht.
5. Bereitet die Exponate auf, verfasst die dazugehörigen Texte, entwerft das Ausstellungsmotto und ordnet alles entsprechend an.

Bei der Aufbereitung der Exponate solltet ihr euch auch auf euer Publikum einstellen, das sich vielleicht mit eurem Ausstellungsthema noch nicht so gut auskennt.

Um eine übersichtliche und anschauliche Darstellung zu erreichen, helfen euch:
- klare Gliederung
- kurze Überschriften
- gute Lesbarkeit der Texte
- leicht verständliche Informationen
- kurze, übersichtliche Textabschnitte
- möglichst viele Fotos, Abbildungen und Grafiken (ein Bild sagt mehr als tausend Worte)

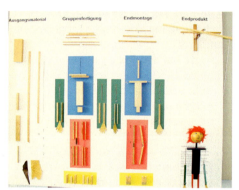

1 Schautafel zum Marionettengerüst

2 Schaukasten zu Holzverbindungen

3 Informationsstand

4 Homepage

Präsentieren

Dokumentationen zusammenstellen

Die Herstellung eines Produkts, die Beobachtung eines Versuchs oder eine Expertenbefragung wird oft dokumentiert. Doch weshalb stellt man überhaupt eine Dokumentation zusammen und was versteht man darunter?
Durch eine Dokumentation werden Informationen geordnet und festgehalten, die dann weitergegeben werden können. Führt man beispielsweise einen Versuch durch, bei dem man wichtige Erkenntnisse gewinnt, sollen diese natürlich für Interessierte oder für spätere Arbeiten erhalten und weitergegeben werden.

Eine Dokumentation ist also eine Sammlung und Nutzbarmachung von Informationen zu einem bestimmten Thema und Sachverhalt.
Das Sammeln geschieht auf unterschiedliche Weise:
– schriftlich (Protokolle, Berichte)
– bildlich (Skizzen, Zeichnungen, Fotos, Filme)
– akustisch (Tonaufnahmen)
– multimedial (Homepage, CD, DVD)

Oft ist eine Dokumentation auch eine Mischung aus den genannten Möglichkeiten, aber meistens eine schriftlich ausgearbeitete Mappe.

1. Vorbedingungen klären
Zu Beginn eines Versuchs, eines Projekts, einer Erkundung, einer Objektanalyse oder einer Expertenbefragung muss man sich darauf einigen, ob man die Informationen schriftlich festhält und/oder Fotos, Film- oder Tonaufnahmen macht und wer wofür zuständig ist.

Dabei ist zu überlegen, welche Möglichkeiten der Dokumentation am besten geeignet sind und welche Gerätschaften überhaupt zur Verfügung stehen.

2. Informationen ordnen
Nachdem die Informationen gesammelt wurden, müssen sie so geordnet werden, dass man einen roten Faden erkennen kann. Dabei fällt auch auf, ob noch Informationen ergänzt werden müssen.

3. Dokumentation zusammenstellen
Bei der Zusammenstellung ist es sehr wichtig, die Informationen so darzustellen, dass der Inhalt gut nachvollziehbar ist. Eine Mappe muss z. B. ein Deckblatt und ein Inhaltsverzeichnis haben.
Ein Film, eine Fotoserie, eine Präsentation oder eine Tonaufnahme sollte ebenfalls so gestaltet sein, dass man den Inhalt selbstständig erschließen kann.

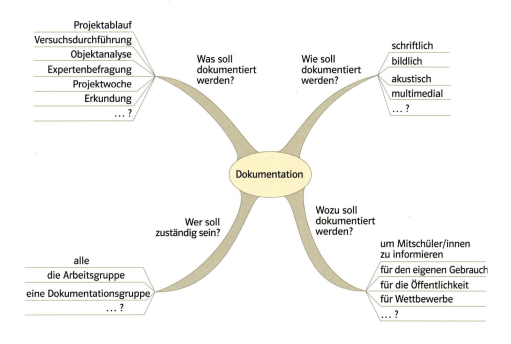

Methoden und Arbeitsweisen 121

Technische Kommunikationsmittel

Bevor ein Produkt oder ein Werkstück produziert und ausgeliefert werden kann, fließen viele Informationen vom Kunden zum Betrieb, innerhalb des Betriebs und zurück zum Kunden.

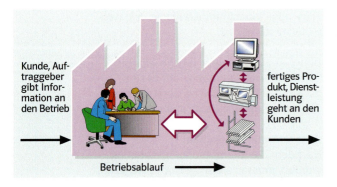

Enthalten diese Informationen technische Sachverhalte, so können sie nur in einfachen Fällen durch Sprache oder Schrift übermittelt werden. Zur Darstellung und Übermittlung schwieriger Sachverhalte benutzt man technische Kommunikationsmittel und -medien.

Diese Kommunikationswerkzeuge werden zur Informationsbeschaffung, -weitergabe und -speicherung benötigt. Dabei werden heutzutage überwiegend Computer eingesetzt. Um die Kommunikation zu erleichtern, werden genormte Informationsträger zur Bearbeitung von Aufträgen verwendet, z. B.

- Stücklisten
- Zeichnungen
- Diagramme
- Kennlinien
- Schaltpläne
- Tabellen
- Arbeitspläne
- Fertigungsprogramme
- Arbeitszeitkarten
- Versandpapiere
- Betriebsanleitungen
- Ersatzteillisten
- Bestellformulare
- Prüfprotokolle

DIN: Deutsches Institut für Normung

ISO: Internationale Organisation für Standardisierung

Grundregeln, die bei der Informationsvermittlung beachtet werden müssen, sind in nationalen und internationalen Normen festgelegt (DIN und ISO).
Innerhalb der technischen Kommunikation gelten die Normen für die Gestaltung der Unterlagen (Zeichnungsnormen) sowie die Normen für die Größe und Ausführung der Werkstücke (Vorgaben bei Normteilen).

Technische Zeichnungen sind häufig das wichtigste Informationsmittel für den Produktionsablauf vom Kundenauftrag bis zum fertigen Produkt. Dies gilt auch bei der Instandsetzung und Wartung von Maschinen und Geräten.

Technische Zeichnungen sind Informationsträger. Sie enthalten Informationen über Form, Größe, Aufbau und Funktionen von Werkstücken, Baugruppen und Systemen, damit die Menschen, die am Fertigungs-, Instandsetzungs- oder Wartungsprozess beteiligt sind, die notwendigen Angaben am Arbeitsplatz haben.

Technische Zeichnungen unterscheidet man nach ihrem Inhalt und Zweck. Es gibt Ideenskizzen (1), Werkzeichnungen (2), Schnittzeichnungen (3), Explosionszeichnungen (4), Schaltpläne (5), Abwicklungen (6), Diagramme (7), Fertigungszeichnungen (8) und Raumbilder (9).

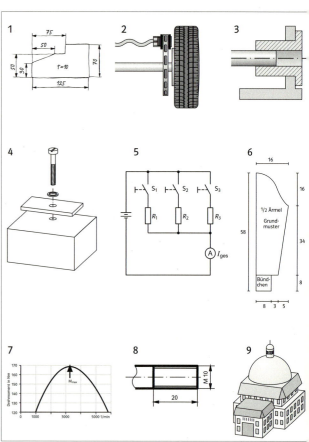

1 verschiedene technische Zeichnungen

Technisches Zeichnen

Skizzen und Fertigungszeichnungen anfertigen

Bei der Planung und Konstruktion eines Gegenstands verwendet man häufig drei Ausführungen der technischen Zeichnung. In der Regel beginnt man damit, eine **Skizze** zu entwerfen, d.h. die Idee wird freihändig auf ein Blatt gezeichnet.

In einem zweiten Schritt wird entweder eine **Fertigungsskizze** gezeichnet, d.h. der Entwurf wird mit allen für die Herstellung benötigten Maßen versehen oder es wird eine saubere und maßstäbliche **Fertigungszeichnung** erstellt, nach der der Gegenstand hergestellt werden kann.

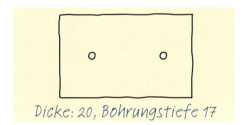

2 Ideenskizze

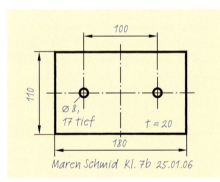

3 Fertigungsskizze

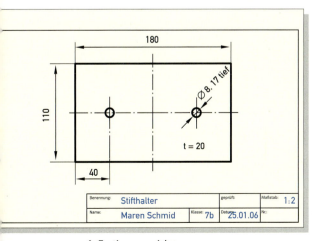

4 Fertigungszeichnung

Ideenskizze
Eine Ideenskizze wird angelegt, um etwas mit wenigen Hilfsmitteln schnell zeichnerisch darzustellen. Das Skizzieren geschieht vorwiegend freihändig und ist nicht an Regeln und Bestimmungen gebunden. Die Verwendung von kariertem Papier erleichtert das Skizzieren. Ideen- bzw. Entwurfsskizzen helfen, eigene Ideen zu finden bzw. zu klären und anderen zu erläutern.

Fertigungsskizze
Sollen Gegenstände oder ihre Einzelteile zum Zweck ihrer Herstellung rasch und mit einfachen Mitteln dargestellt werden, bietet sich die Fertigungsskizze an. Sie enthält alle für die Herstellung notwendigen Angaben, z.B.
- die Abmessungen (Länge, Breite, Dicke),
- die Lage und Maße von Aussparungen und Schrägen,
- die Durchmesser und eventuell Tiefen von Bohrungen und Gewinden.

Fertigungszeichnung
Für die Planung und Herstellung eines Gegenstands im Technikunterricht wird häufig eine maßstäbliche Fertigungszeichnung erstellt. Ihre Anfertigung erfordert im Vergleich zur Fertigungsskizze neben einer Zeichenplatte mit Lineal oder einem CAD-System vor allem zeichnerische Genauigkeit und Sauberkeit.

Methoden und Arbeitsweisen **123**

Linien und Beschriftungen darstellen

Linien sollten möglichst tiefschwarz und gleichmäßig breit sein. Ob dies gelingt, hängt vom Härtegrad der verwendeten Mine, dem Druck auf den Stift und von der Beschaffenheit des Papiers ab.

Eine **Faustregel** bietet einen Anhaltspunkt:
1. Beim Vorzeichnen sollte man härtere Minen, z. B. F oder H, verwenden und dabei nur geringen Druck ausüben.
2. Zum Nachzeichnen (auch „Ausziehen" genannt) eignen sich weichere Minen, z. B. HB oder B. Dabei wird mit deutlich stärkerem Druck gearbeitet.

Holzbleistifte müssen immer eng an der Linealkante entlang geführt werden. Um randscharfe Linien zu erhalten und damit die Linie trotz Abrieb der Minenspitze möglichst gleichmäßig breit wird, neigt man den immer gut angespitzten Stift schräg in Richtung der Linienführung.

Feinminenstifte eignen sich besonders für gleichmäßig breite Linien. Der Stift muss immer senkrecht am Lineal entlang geführt werden. Da nur die Mine kürzer wird und der Stift seine Länge behält, liegt er immer gleich gut in der Hand. Auch das Anspitzen entfällt. Feinminenstifte gibt es in verschiedenen Stärken, z. B. 0,7 für breite Linien, 0,5 für Strichlinien und 0,3 für schmale Linien.

Zur Fertigungszeichnung gehört auch eine gut lesbare **Beschriftung**. Diese Forderung erfüllen verschiedene Schriftarten. Sie sind als Normschriften festgelegt und werden meist mit Schablonen auf gedachte Grundlinien gezeichnet (Abb. 2). Die Kleinbuchstaben werden 5 mm hoch, die Großbuchstaben 7 mm hoch gezeichnet.

2 Normschrift

Das **Schriftfeld** ermöglicht eine übersichtliche Anordnung aller Angaben des Zeichners auf dem Zeichenblatt. In der Schule genügen die in Abb. 3 dargestellten Angaben.

Benennung:	Vorderteil	geprüft:		Maßstab: 1 : 1
Name:	Martin Schulz	Klasse: 7b	Datum: 30.6.06	Nr.:

3 Einteilung des Schriftfeldes

Linienart	Benennung	Verwendung
——	Volllinie, breit (0,7)	für sichtbare Kanten und Umrisse
—	Volllinie, schmal (0,3)	für Maßlinien, Maßhilfslinien, Schraffurlinien, kurze Mittellinien, Bezugslinien
~	Freihandlinie	Bruchlinien
– · – · –	Strichpunktlinie, schmal (0,3)	für Mittellinien, Lochkreise, Darstellung der ursprünglichen Form, Gehäuse
– – – –	Strichlinie (0,5)	für verdeckte Kanten
— · — · —	Strichpunktlinie, breit (0,7)	für die Kennzeichnung des Schnittverlaufs

1 Linienarten und ihre Benennung

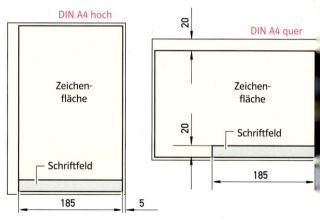

4 DIN-A4-Format, 210 × 297

124   Methoden und Arbeitsweisen

Technisches Zeichnen

Maßstäblich zeichnen

Viele Gegenstände in unserer Umgebung lassen sich aufgrund ihrer Größe nicht auf der zur Verfügung stehenden Blattgröße, z.B. DIN A4, darstellen. Sie sind entweder zu klein oder zu groß (Abb. 8). Um dieses Problem zu lösen, verwendet man beim technischen Zeichnen **Maßstäbe**.

Technische Gegenstände lassen sich in drei Arten zeichnen: verkleinert, in wirklicher Größe oder vergrößert (Abb. 5).

8 maßstäbliche Zeichnung, Maßstab 1 : 150 000

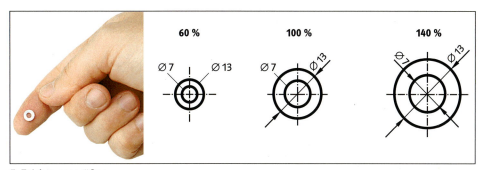

5 Zeichnungsgrößen

Bei allen drei Möglichkeiten stehen die Abmessungen des gezeichneten Gegenstands in einem bestimmten Verhältnis zu seiner wirklichen Größe. Das Verhältnis der Abmessungen eines gezeichneten Gegenstands zu seiner wirklichen Größe nennt man Darstellungsmaßstab, abgekürzt M (Abb. 6).

Beim **Verkleinerungsmaßstab** werden alle Abmessungen im angegebenen Verhältnis zeichnerisch verkleinert und entsprechend beim **Vergrößerungsmaßstab** zeichnerisch vergrößert (Abb. 7). Der Maßstab wird bei Zeichnungen im Schriftfeld angegeben.

Beispiel: M 1 : 5 bedeutet, dass 1 cm in der Zeichnung 5 cm am Gegenstand sind.

6 Darstellungsmaßstab

Verkleinerungs- und Vergrößerungsmaßstäbe, die beim technischen Zeichnen üblich sind, zeigt die Tabelle.

M 1:2 Verkleinerungsmaßstab
M 1:1 natürlicher Maßstab
M 2:1 Vergrößerungsmaßstab

7 verschiedene Maßstäbe

Arten der Maßstäbe	empfohlene Maßstäbe		
natürlicher Maßstab			1 : 1
Vergrößerungsmaßstäbe	5 : 1 50 : 1	2 : 1 20 : 1	10 : 1
Verkleinerungsmaßstäbe	1 : 2 1 : 20	1 : 5 1 : 50	1 : 10 1 : 100

9 empfohlene Maßstäbe

Methoden und Arbeitsweisen

Werkstücke in einer Ansicht darstellen

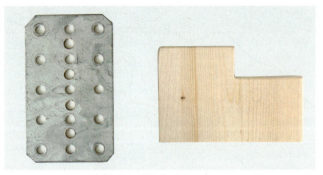

1 flächige Werkstücke

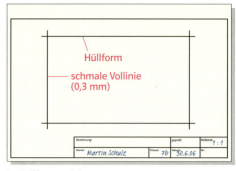

2 Hüllform zeichnen

Bei der zeichnerischen Darstellung von flächigen Körpern, die keine räumlichen Besonderheiten aufweisen, verwendet man in der Regel die Darstellung im **Eintafelbild**.

Vorgehensweise beim Zeichnen
Es empfiehlt sich, die notwendigen Herstellungsschritte gedanklich und zeichnerisch nachzuvollziehen. Wie man bei dem Holzbauteil aus Abb. 1 vorgeht, zeigen die Abbildungen 2 bis 5 und die aufgeführten Zeichenschritte.

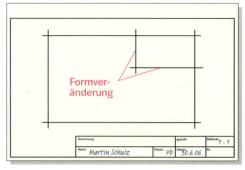

3 Aussparung zeichnen

Umrisslinien zeichnen
Beim Zeichnen der Hauptansicht wird immer zuerst die Umrisslinie des gesamten Körpers vorgezeichnet (Abb. 2). Diese Umrisslinien sollten sehr fein gezeichnet werden (0,3 mm), da später Teile dieser Linien, z. B. bei Formveränderungen des Körpers, durch Radieren entfernt werden müssen.

Formveränderungen einzeichnen
Nun werden Formveränderungen, z. B. Aussparungen, in die Umrisslinie des Körpers eingezeichnet (Abb. 3). Danach werden die überflüssigen Konstruktionslinien der Umrisslinie durch Radieren entfernt (Abb. 4).

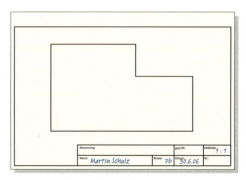

4 überflüssige Linien entfernen

Zeichnung fertigstellen
Wenn erforderlich, wird nun die Zeichnung bemaßt (siehe Seite 127). Nach einer abschließenden Überprüfung der Zeichnung wird die Fertigform mit Volllinien nachgezeichnet (Abb. 5). Sie sind mit 0,7 mm Stärke die breitesten Linien in technischen Zeichnungen.

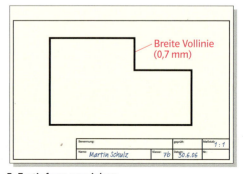

5 Fertigform ausziehen

Technisches Zeichnen

Zeichnungen bemaßen

Es ist nicht üblich, die Größe eines Werkstücks aus der technischen Zeichnung durch Messen zu entnehmen.
Daher müssen Werkstücke bemaßt werden. Erst Form und Bemaßung zusammen ergeben wichtige Informationen über den Gegenstand (Abb. 6).

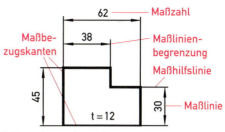

6 Bemaßungselemente

Im Eintafelbild wird die Werkstückdicke mit „t =" angegeben.

Bemaßung

Bei unsymmetrischen Werkstücken werden Maße von zwei rechtwinklig aufeinander stehenden Maßbezugskanten aus eingetragen (Abb. 6). Häufig wählt man die linke und die untere Kante eines Werkstücks als Maßbezugskanten. Alle Maßlinien beginnen oder enden an diesen Maßbezugskanten.
Jede Abmessung darf nur einmal bemaßt werden, weil Fertigungsungenauigkeiten sonst zu falschen Ergebnissen führen würden.

Bemaßungselemente

Maßlinien werden parallel zur Werkstückkante zwischen die Maßhilfslinien gezeichnet. Ihr Abstand zu den Kanten sollte etwa 10 mm, zur nächsten Maßlinie etwa 7 mm betragen.

Maßhilfslinien zeichnet man durch „Verlängern" der Umrisslinien. Sie sollten sich nach Möglichkeit nicht kreuzen und etwa 2 mm über die Maßlinie hinausragen.

Maßzahlen geben die tatsächlichen Maße des Werkstücks in mm an, die Maßeinheit entfällt. Auch beim Vergrößern und Verkleinern ändern sich die Maßzahlen nicht. Man schreibt sie so über die Maßlinie, dass sie in der Leselage des Schriftfelds von unten oder von rechts lesbar sind.

Als **Maßlinienbegrenzung** verwendet man in der Regel Maßpfeile.

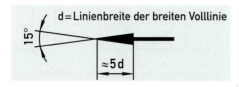

Bemaßen bei kurzen Maßlinien
Bei sehr kurzen Maßlinien werden Maßlinien von außen an die Maßhilfslinien gesetzt (Abb. 7, Maß 5). Passt die Maßzahl nicht auf die Maßlinie, darf sie rechts über den Pfeil herausgerückt werden.

Werkstücke mit Symmetrieachse
Bei symmetrischen Werkstücken werden Symmetrieachsen als Mittellinien gezeichnet. Man wählt dafür die schmale Strichpunktlinie.

Werkstücke mit Mittellinien
Werkstücke mit einer Mittellinie erhalten nur eine Maßbezugskante (Abb. 7). Sie liegt rechtwinklig zur Mittellinie. Die Mittellinie ersetzt eine der beiden Maßbezugskanten und wird zur Maßbezugslinie. In diesem Fall wird von dieser Mittellinie aus gemessen und angerissen.

Bemaßen schiefwinkliger Kanten
Schräg zueinander stehende Kanten können auf zwei Arten bemaßt werden: durch die Angabe eines Winkels und eines Längenmaßes (Abb. 7, Maß 16) oder durch die Angabe von zwei Längenmaßen (Maße 32 und 16).

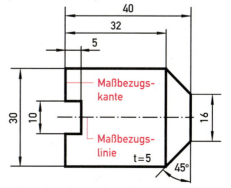

7 Bemaßung bei Werkstücken mit Mittellinie

Methoden und Arbeitsweisen **127**

Rundungen und Bohrungen darstellen

Mittellinien
Bohrungen erhalten in technischen Zeichnungen Mittellinien (Abb. 1). Sie werden mit der schmalen Strichpunktlinie (0,3 mm) gezeichnet. Mittellinien werden etwas über die zugehörigen Kanten hinausgeführt (Abb. 1, Punkt a). Im Schnittpunkt kreuzen sich die Strichlinien (Abb. 1, Punkt b).

Bemaßen von Rundungen
Kreisteile werden immer mit dem Radius bemaßt (Abb. 2). Sie erhalten in der Regel ein Mittellinienkreuz und einen Maßpfeil. Dieser wird bei großen Radien von innen an den Kreisbogen gezogen. Bei kleinen Radien wird der Maßpfeil von außen angetragen und die Maßlinie bis zum Mittelpunkt durchgezogen (Abb. 2, R 5). Die Kennzeichnung des Mittelpunkts kann bei sehr kleinen Radien entfallen (Abb. 2, R 2).

Bemaßen von Bohrungen
Bohrungen werden von Mittellinien und Bezugskanten aus bemaßt (Abb. 3c). Hierbei werden Durchmesser und – mit Ausnahme von Durchgangsbohrungen – die Tiefe angegeben.

Sind Durchmesser als Kreise zu sehen, werden sie an diesen Kreisen bemaßt:
- am Kreis direkt mit durchgezogener Maßlinie und Maßpfeil oder mit Bezugslinie (Abb. 3a). In Eintafelbildern kann durch einen Zusatz die Tiefe angegeben werden (Abb. 3d)
- außerhalb des Kreises zwischen den Maßhilfslinien (Abb. 3b)
- im Kreis, wobei für die Maßzahlen die Mittellinien unterbrochen werden dürfen (Abb. 3c)

Sind die Bohrungen nicht als Kreis sichtbar, kann man sie wie folgt darstellen:
- nur als Mittellinie (Abb. 3d)
- als Mittellinie, zusätzlich als gestrichelt gezeichnete Bohrung (Abb. 3e)
- unsichtbar (gestrichelt) gezeichnete Bohrungen werden in der Regel nicht bemaßt (Abb. 3e), sondern das Werkstück wird in einem Teilschnitt gezeichnet (Abb. 3f)

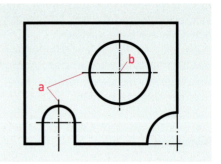

1 Werkstück mit Bohrung und Rundungen

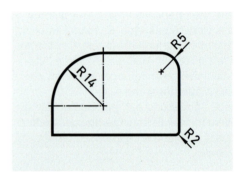

2 Bemaßung mit Rundungen

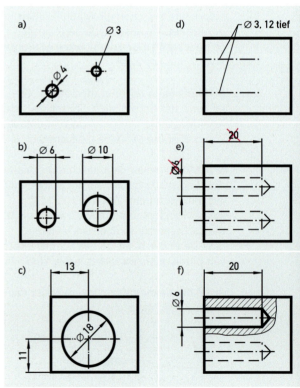

3 Möglichkeiten der Bemaßung von Bohrungen

128 Methoden und Arbeitsweisen

Technisches Zeichnen

Schnitte und Gewinde zeichnen und bemaßen

Schnittdarstellung

Um komplizierte Teilbereiche eines Werkstücks darstellen und bemaßen zu können, bedient man sich beim technischen Zeichnen häufig der Schnittdarstellung.

Ein zeichnerischer Schnitt trennt das Werkstück „gedanklich" in einer Schnittebene in zwei Teile (Abb. 4a). In der Schnittebene entstehen Schnittflächen. Ein Teil wird so geklappt, dass seine Schnittfläche in der Zeichenebene liegt (Abb. 4b). Bisher verdeckte Kanten sind nun sichtbar.

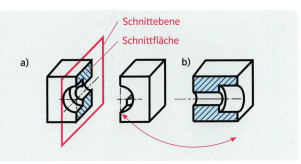

4 Schnittfläche der Zeichenebene

Alle nun sichtbaren Kanten werden mit der breiten Volllinie gezeichnet. Schnittflächen werden mit der schmalen Volllinie unter 45° zum unteren Zeichenflächenrand schraffiert (Abb. 5b).

Die Lage der Schnittebene wird durch die breite Strichpunktlinie gekennzeichnet (Abb. 5a).
Pfeile kurz vor dem Ende dieser Schnittlinie zeigen die Richtung, in die die Schnittfläche in die Zeichenebene geklappt wird.

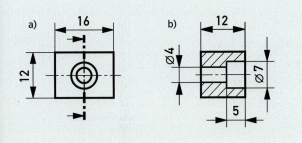

5 Schnittdarstellung

Gewindedarstellung

Innengewinde mit Kernlochbohrung (Abb. 6a und 6c) werden in der Regel im Schnitt dargestellt. Die Gewindelochsenkung wird nicht gezeichnet. Die Kernlochbohrung ist stets länger zu zeichnen als die Gewindebohrung. Da der Gewindeauslauf außerhalb der nutzbaren Gewindelänge liegt, wird er nicht gezeichnet (Gewindeauslauf: etwa halber Gewinde-Nenndurchmesser).
Auch beim **Außengewinde** (Abb. 6b und 6d) wird der Gewindeauslauf weggelassen.

Gewindebemaßung

Bei Gewinden wird stets der Gewinde-Nenndurchmesser bemaßt (Abb. 6c und 6d). Linksgewinde sind mit dem Zusatz „links" zu versehen. Als Gewindelänge ist die nutzbare Länge anzugeben.

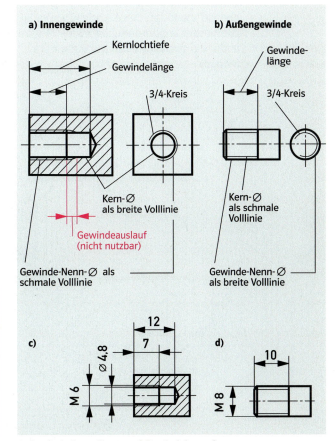

6 Gewindedarstellung und Gewindebemaßung

Methoden und Arbeitsweisen

Werkstücke in mehreren Ansichten darstellen

Zur Herstellung von Gegenständen werden in der Regel flächige Zeichnungen angefertigt, da räumliche Darstellungen und Kreisformen in perspektivischen Ansichten aufwendig zu zeichnen sind. Beim technischen Zeichnen wird daher meistens die rechtwinklige Parallelprojektion mit Zwei- oder Dreitafelprojektion bevorzugt.

Mithilfe der **rechtwinkligen Parallelprojektion** lassen sich Punkte, Strecken, Flächen und Körper auf einer dahinter liegenden Ebene zweidimensional abbilden (Abb. 1):
Parallele Projektionsstrahlen treffen rechtwinklig auf die Eckpunkte, Kanten und Flächen des Körpers. Sie ergeben ein genaues und maßgerechtes Abbild. Um einen Körper eindeutig darstellen zu können, sind meistens drei Abbildungen (Projektionen) erforderlich.

Entsprechend werden drei Projektionsebenen benötigt. Diese sind rechtwinklig zueinander angeordnet. Sie bilden miteinander die nach vorne offene Raumecke (Abb. 3).

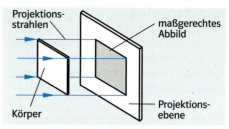

1 rechtwinklige Parallelprojektion

Zur zeichnerischen Darstellung werden alle drei Projektionsebenen gedanklich in eine Zeichenflächenebene geklappt (Abb. 3). Ihre Verbindungsachsen werden zu Zeichenflächenachsen. Es entsteht das **Dreitafelbild**.

2 Projektionskörper

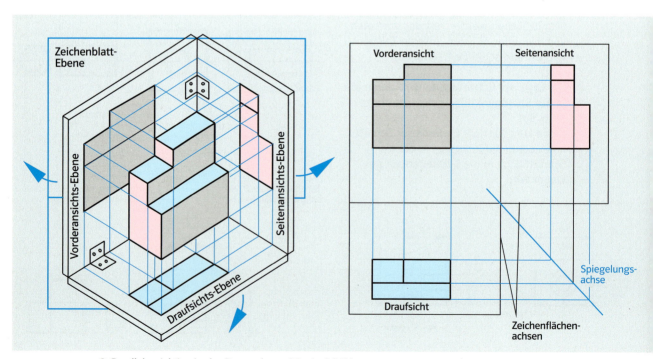

3 Parallelprojektion in der Raumecke und Dreitafelbild

130 Methoden und Arbeitsweisen

Technisches Zeichnen

Werkstücke räumlich darstellen

Das menschliche Auge ist mit dem „Auge" einer Kamera zu vergleichen. Beide können räumliche Gegebenheiten abbilden. In einem fotografischen Bild und einer perspektivischen Zeichnung werden von den wichtigsten Kanten des abzubildenden Körpers Linien in die Tiefe gezogen, die sich in gemeinsamen Punkten treffen.

Die Kabinettprojektion ist die verbreitetste Art, einen Gegenstand räumlich darzustellen. Neben ihr werden in technischen Zeichnungen auch die dimetrische und die isometrische Projektion verwendet.

Die Größenverhältnisse der Abmessungen in der Breite, Höhe und Tiefe sind genau festgelegt (genormt).
Die senkrechten Kanten werden immer senkrecht gezeichnet und die Kanten der Vorder- und Seitenansicht werden in unterschiedlichen Winkeln zur Waagrechten angetragen (Abb. 4).

In der **Kabinettprojektion** und der **dimetrischen Projektion** wird die Vorderseite der Darstellung betont. Weist sie Kreise auf, werden diese auch als solche gezeichnet.

Bei der **isometrischen Projektion** dagegen erscheinen alle drei Seiten gleich wichtig. In allen Seiten wird ein Kreis zur Ellipse.

Bei allen drei Parallelprojektionen liegt der Schwerpunkt beim Zeichnen auf der Parallelverschiebung von Linien oder Kanten.

**Es gilt der Grundsatz:
So viel Parallelverschiebung wie möglich und so wenig Messen wie nötig!**

Das Zeichnen solcher Raumbilder wird durch die Verwendung von Zeichendreiecken oder spezieller Zeichenschablonen erleichtert.

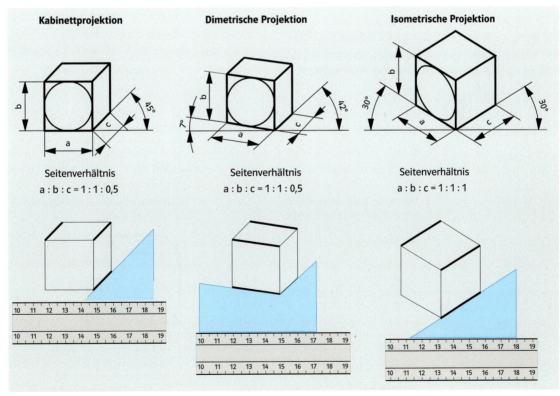

4 Parallelprojektionen

Methoden und Arbeitsweisen **133**

Kabinettprojektion zeichnen

Die Kabinettprojektion ist eine Parallelprojektion, in der alle parallelen Kanten und Flächen eines Gegenstands auch parallel gezeichnet werden.

Diese Art der Zeichnung lässt sich einfach herstellen und erlaubt es, mehrere Flächen eines Gegenstands anschaulich darzustellen.

Es gilt der Grundsatz:
- Breite und Höhe der Vorderflächen bleiben unverkürzt.
- Die Tiefenlinien werden um die Hälfte verkürzt.
- Neigung der Tiefenlinien: 45°

1 Gegenstand in perspektivischer Ansicht

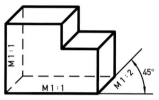

2 Kabinettprojektion

1. Zusammen mit der Blatteinteilung den Ausgangspunkt P festlegen.

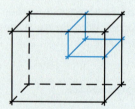

4. Aussparungen oder Formänderungen einzeichnen.

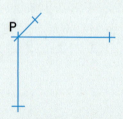

2. Vom Punkt P aus: Messen und Einzeichnen von je einer Kante in jeder Richtung (Breite, Höhe und Tiefe).

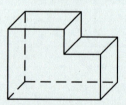

5. Die überstehenden Konstruktionslinien entfernen.

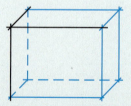

3. Die restlichen Kanten der Hüllform durch Parallelverschieben zeichnen.

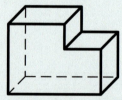

6. Die Kanten sauber ausziehen, indem man jeweils die Kanten einer Richtung nacheinander und ohne Umwechseln des Lineals oder des Zeichendreiecks zieht.

3 Zeichnen eines einfachen Gegenstands in der Kabinettprojektion

Technisches Zeichnen

Dimetrische Projektion zeichnen

Natürlich wirkende Raumbilder erhält man, wenn man Körper in der so genannten dimetrischen Projektion darstellt (Abb. 4). Wie bei der Kabinettprojektion wird auch hier die Vorderansicht betont und Überdeckungen von sichtbaren und verdeckten Kanten werden vermieden. Die Kanten der Vorderansicht und Seitenansicht werden mit 7° bzw. 42° Neigung zur Waagrechten dargestellt. Zur Hilfestellung lassen sich Schablonen verwenden.

4 Gegenstand

Es gilt der Grundsatz:
- Breite und Höhe der Vorderflächen bleiben unverkürzt.
- Die Tiefenlinien werden um die Hälfte verkürzt.
- Neigung der Vorderseite: 7°
- Neigung der Tiefenlinien: 42°

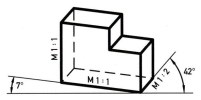

5 dimetrische Projektion

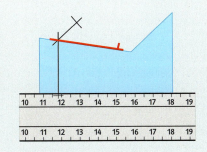

1. In jeder Richtung (Breite, Höhe und Tiefe) je eine Kante messen und zeichnen.

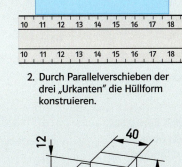

2. Durch Parallelverschieben der drei „Urkanten" die Hüllform konstruieren.

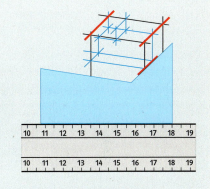

3. Formänderung einzeichnen und Darstellung überprüfen.

4. Überflüssige Konstruktionslinien entfernen.

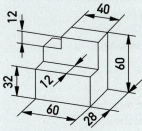

5. Darstellung bemaßen.

6. Kanten sauber ausziehen, indem jeweils die Kanten einer Richtung nacheinander und ohne Umwechseln des Lineals bzw. Wechseln der Schablonenkante gezogen werden.

6 Vorgehen beim Darstellen in dimetrischer Projektion

Methoden und Arbeitsweisen

Formen erkennen

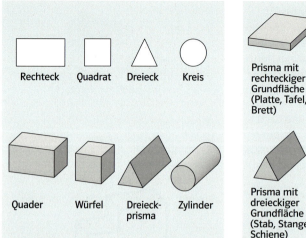

1 Begriffe für geometrische Grundformen von Flächen und Körpern

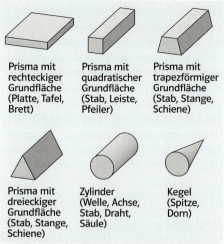

2 Begriffe für geometrische und technische Formen

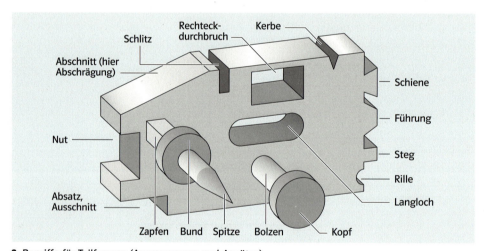

3 Begriffe für Teilformen (Aussparungen und Ansätze)

Das Erkennen der Form ist das Kernstück des Zeichnunglesens. Um sich über die Form eines Gegenstands verständigen zu können, ist es notwendig, sie eindeutig zu beschreiben.

Hierbei beginnt man mit dem Benennen der geometrischen Grundform. Anschließend werden die Teilformen nacheinander „abgebaut" und benannt.

4 Begriffe für Bearbeitungsformen (Auswahl)

136   Methoden und Arbeitsweisen

Technisches Zeichnen

Bauzeichnungen lesen und anfertigen

Für den Bauherrn werden Grundrisse mit Möblierung und Ansichten als **Vorentwurfszeichnungen** angefertigt. Je nach den Vorschriften eines Bundeslandes müssen verschiedene **Entwurfszeichnungen** für die Bauvorlage beim Bauamt eingereicht werden, z. B. **Lageplan** (Abb. 5), Grundriss, Seitenansichten, Schnittzeichnungen und Abwasserplan, außerdem Baubeschreibung, Berechnung der Wohnfläche, Berechnung des Wärmeschutzes und baustatische Berechnungen.

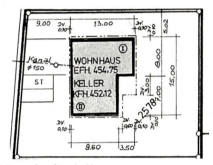

5 Lageplan für ein Haus

Ist die Baugenehmigung erteilt und hat der Bauherr den Bauplänen zugestimmt, werden **Ausführungszeichnungen** für die Ausführung der Bauarbeiten üblicherweise im Maßstab 1:50 angefertigt, z. B. für Rohbauarbeiten, Dachkonstruktion, Elektroinstallation und Wasserinstallation. Die Ausführungszeichnungen können durch Teilzeichnungen in anderen Maßstäben ergänzt werden.

Vor der Vergabe der Bauarbeiten an ausführende Firmen werden **Kostenvoranschläge** (Angebote) eingeholt. Damit die zahlreichen Arbeiten ineinander greifen, kein Leerlauf entsteht und das Bauwerk termingerecht erstellt werden kann, werden die Arbeiten in einem Arbeitsplan grafisch dargestellt (Abb. 6).

Der **Grundriss** (Abb. 7) ist ein horizontaler Schnitt durch ein Gebäude in Fensterhöhe. Folgende Besonderheiten sind bei technischen Bauzeichnungen zugelassen:

- Maßzahlen können auch in Maßlinienlücken stehen.
- Maße können auch in m und cm angegeben werden. Halbe cm werden mit einer hochgestellten 5 geschrieben.
- Als Maßbegrenzung sind auch Kreise, Querstriche oder Punkte möglich. Ein besonderes Zeichen für die Maßbegrenzung darf sogar fehlen.
- Maßhilfslinien müssen nicht bis an die Körperkante gezogen werden.
- Kettenmaße und Doppelbemaßungen sind üblich.
- Bei Wandöffnungen wird die Breite über und die Höhe unter der Maßlinie angegeben.
- Brüstungshöhen (BR) für Fenster werden vom Fußboden aus gemessen. Die Maße gelten für den Rohbau.
- Zwischen die Maße für rechteckige Öffnungen von Kaminen und Schächten setzt man einen Schrägstrich.
- Bei Treppenstufen zeigt ein Pfeil zu den oberen Stufen.

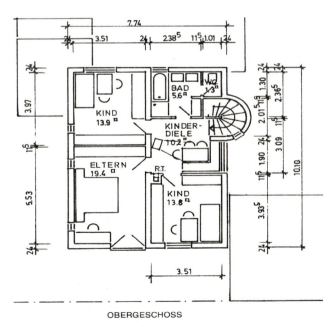

6 Ausschnitt aus einem Arbeitsplan

7 Grundriss eines Stockwerks

Methoden und Arbeitsweisen

Schaltpläne zeichnen

In Schaltplänen werden elektrische Bauteile und ihre Verbindungen mithilfe der grafischen Symbole der Schaltzeichen dargestellt (siehe Seite 258).
Die Benennung und Bedeutung von Schaltzeichen ist international festgelegt (genormt).

Schaltpläne informieren über:
- die Anordnung der Bauteile,
- die Strompfade,
- die Verlegung der Leitungen,
- die Wirkungsweise einer Schaltung,
- die benötigten elektrischen Werte.

Symbol	Bezeichnung
	Leitung
	Glühlampe
	Widerstand
	Batterie
	Öffner

1 Schaltzeichen

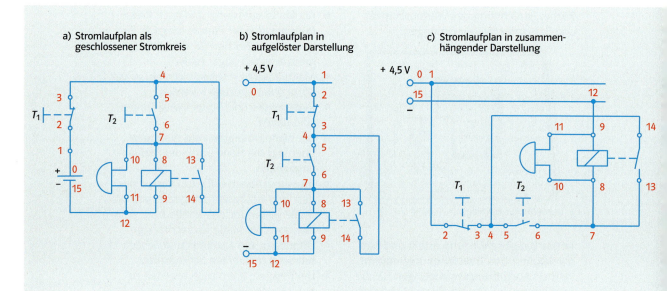

2 Schaltpläne für eine akustische Rufanlage mit Speicherung des Alarmsignals

Je nach Verwendungszweck unterscheidet man Schaltpläne in Form geschlossener Stromkreise und Schaltpläne als Stromlaufpläne in aufgelöster oder zusammenhängender Darstellung (Abb. 2).

Für alle Schaltplanarten gilt:
- Sämtliche Bauteile und Leitungen werden eingezeichnet.
- Strompfade werden möglichst geradlinig und kreuzungsfrei dargestellt.
- Schaltungszustand: spannungslos.

Schaltpläne in Form geschlossener Stromkreise zeichnet man z. B., um sich mit Personen zu verständigen, die noch nicht sehr viel Übung im Lesen von Schaltplänen haben (Abb. 2a).
Auf die räumliche Lage und den mechanischen Zusammenhang der Bauteile (z. B. bei Relais) muss keine Rücksicht genommen werden.

Der **Stromlaufplan in aufgelöster Darstellung** zeigt die Schaltung nach Strompfaden aufgelöst. Ihre Funktion sowie ihre Strompfade sind so besonders gut zu erkennen (Abb. 2b).

Der **Stromlaufplan in zusammenhängender Darstellung** (Abb. 2c) wird bei komplexen elektrischen Anlagen verwendet, z. B. bei Telefonen, Modelleisenbahnanlagen oder Hausinstallationen. In ihm gibt es keine aufgelösten Strompfade. Er wird häufig durch eine Stückliste ergänzt.

Vorteil: Die Bauteile sind gut zu erkennen. Diese Art des Stromlaufplans kann bei der Entwicklung des Verdrahtungsplans helfen.

Zusammenhängende Bauteilgruppen können zur Verdeutlichung mit strichpunktierten Linien umrandet werden.

Methoden und Arbeitsweisen

Technisches Zeichnen

Verdrahtungsplan

Mithilfe des Verdrahtungsplans kann eine Schaltung funktionssicher und ohne allzu großen Zeitaufwand aufgebaut werden.

Er zeigt die tatsächliche räumliche Lage der Bauteile und ihrer elektrischen Verbindungen auf der Unterlage, z. B. auf einer Sperrholzplatte oder einer Platine. Zahlen an den Anschlüssen und Verzweigungen (siehe auch Abb. 3) erleichtern die Orientierung und den Vergleich mit dem Stromlaufplan.

Im Verdrahtungsplan werden
- Bauteile mit ihren tatsächlichen Maßen dargestellt,
- Bauteile so angeordnet, dass ihre Verbindung einfach und auf dem kürzesten Weg möglich ist,
- Leitungen parallel zu den Rändern der Unterlage gezogen und
- Leitungen farblich unterschieden.

Der Leitungsverlauf wird in kleinen Abschnitten von Bauteil zu Bauteil oder zu einer Verzweigungsstelle gezeichnet.

Ebenfalls Schritt für Schritt solltest du den Verdrahtungsplan mithilfe einer Checkliste (Abb. 4) auf seine Richtigkeit und Vollständigkeit kontrollieren.

Leitungsverlauf von …	bis …	vorhanden
1	2	✓
3/4	5	✓
6	7/10	✓
7/10	8	✓
3/4	14	✓

4 Checkliste

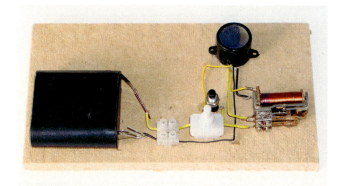

5 Rufanlage

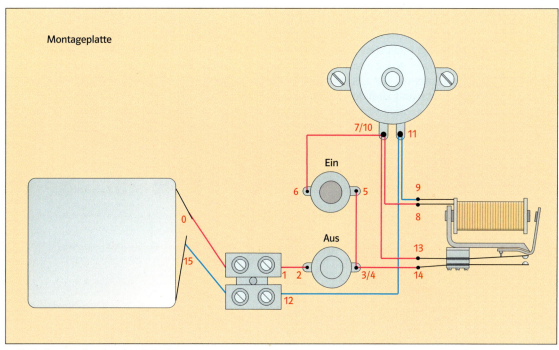

3 Verdrahtungsplan für eine Rufanlage

Methoden und Arbeitsweisen **139**

Mit CAD-Software arbeiten

CAD-Arbeitsplätze

Durch den Wandel in der industriellen Fertigung verändern sich auch die Arbeitsmethoden und die zum Einsatz kommenden Werkzeuge für technische Zeichnungen. Früher wurden sie unter Verwendung von Zeichenbrettern, Zeichenstiften, Radierern und Schablonen von Hand gezeichnet.

CAD: computerunterstütztes Konstruieren

Heute wird in der Industrie fast ausschließlich mithilfe von Computern und CAD-Systemen (Computer Aided Design) entwickelt und konstruiert. Durch eine entsprechende Hard- und Software wird der Computer zum Zeichen- und Konstruktionswerkzeug.

Zu einem CAD-Arbeitsplatz gehören der Computer, Eingabegeräte (Tastatur, Maus, Grafiktablett und elektronischer Stift) und Ausgabegeräte (Bildschirm, Drucker und Plotter). Die eingesetzte Software setzt sich aus dem Betriebssystem und der Anwendungssoftware zusammen.

Bei der Planung von Gegenständen und Produkten werden CAD-Systeme nicht ausschließlich zum Zeichnen verwendet. Moderne Systeme stehen im Verbund mit anderen Computern. Mit der fertigen Zeichnung lassen sich dann beispielsweise Materiallisten erzeugen, Preise berechnen, Arbeitsmaschinen ansteuern usw. Bereiche wie z. B. das Bauwesen, die Elektrotechnik und der Maschinenbau profitieren stark von dieser Vernetzung.

Darstellungen

Aus den Eingabewerten erstellt das CAD-System eine Abbildung des Objekts auf dem Bildschirm. Die Abbildung kann flächig oder räumlich dargestellt werden.

Zweidimensionale Systeme definieren in flächigen Darstellungen Punkte und verbinden sie mit geraden oder kreisförmigen Linien.

Bei **dreidimensionalen Systemen** werden die Bauteile und Objekte immer räumlich dargestellt, so gezeichnet und abgespeichert. Jede Darstellung und Veränderung des Objekts ist möglich. Aus den gespeicherten räumlichen Darstellungen können jederzeit flächige Ansichten, Schnitte, Projektionen und Abwicklungen auf dem Bildschirm gezeigt oder ausgedruckt werden.

Durch das Eingeben der entsprechenden Befehle werden von dem Objekt Durchdringungen, Schrägbilder, Schnitte oder verschiedene – auch bewegte – räumliche Ansichten auf dem Bildschirm sichtbar.

Mehrere Objekte können zu Bauteilgruppen zusammengeführt werden. Dadurch lassen sich Gesamtzeichnungen, Explosionsdarstellungen und Teilzeichnungen von einem mehrteiligen Modell entwickeln und bei Bedarf auf dem Plotter, einer speziellen Zeichenmaschine, ausdrucken.

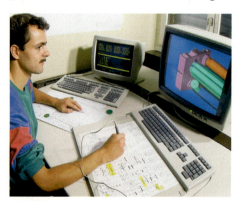

1 Bildschirmarbeitsplatz in der Industrie

2 CAD-Ausstattung

140 Methoden und Arbeitsweisen

Technisches Zeichnen

Alle Aktionen beim Zeichnen mit dem Computer werden durch Anklicken von **Icons** (Symbolen) oder durch Befehle eines **Menüs** (Auswahl) aufgerufen. Im abgebildeten Beispiel könnte aus dem Menü eine Gerade gezeichnet werden.

Wird der Mauszeiger auf das Auswahlfenster bewegt, können die dort vorhandenen Objekte ausgewählt werden. Linienart und Linienbreite, ebenso die Form der auf dem Bildschirm zu zeichnenden Elemente (Linie, Rechteck, Kreis) werden auf diese Weise bestimmt. Das Zeichnen übernimmt das Programm. Bei einem Rechteck benötigt es z. B. die Eingabe zweier Eckpunkte als Koordinatenmaße über die Tastatur oder das Anklicken dieser Eckpunkte mit der Maus.

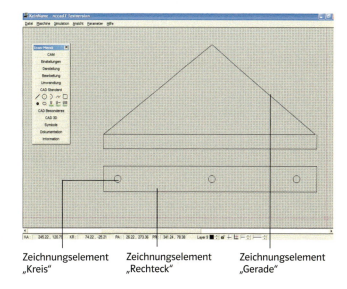

Zeichnungselement „Kreis"   Zeichnungselement „Rechteck"   Zeichnungselement „Gerade"

3 CAD-Programm

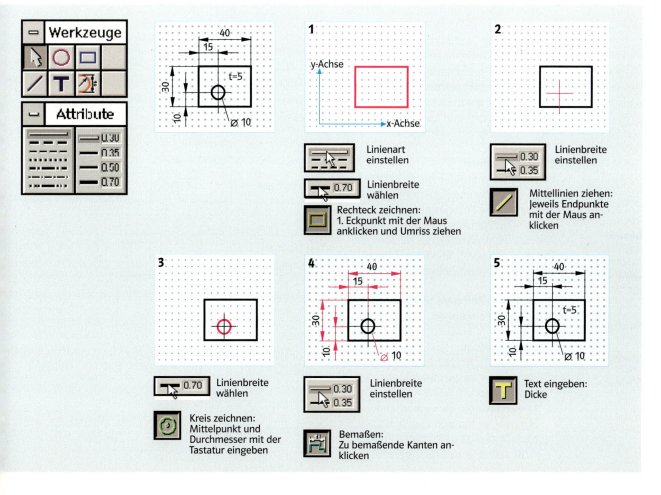

Methoden und Arbeitsweisen **141**

Mit CAD-Software arbeiten

Fang
Das Positionieren des Mauszeigers wird durch ein Punktegitter erleichtert. Wenn gewünscht, kann man das Programm so einrichten, dass die Zeigerspitze im Umkreis von z. B. 2 Millimetern durch einen Gitterpunkt „gefangen" wird. Dies ermöglicht ein schnelles und präzises Zeichnen, denn alle Punkte beim Zeichnen lassen sich dann nur noch auf diesen Fangpunkten platzieren.

Raster
Zusätzlich lassen sich auf dem Zeichenblatt Rasterlinien anzeigen. Diese Linien dienen der Orientierung und es wirkt beim Zeichnen, als ob man auf kariertem Papier oder Millimeterpapier zeichnen würde. Rasterlinien werden nicht ausgedruckt.

Ebene: Zeichenebene, auch Layer oder Folie genannt

Ebenentechnik
Beim Einsatz der Ebenentechnik kann der CAD-Anwender die am Bildschirm zu konstruierende Zeichnung strukturieren. Durch das Festlegen, auf welcher Ebene (Folie) z. B. die sichtbaren Körperkanten (1), die Mittellinie (2), die Bemaßung (3) und der Rahmen mit Schriftfeld (4) dargestellt werden, ist ein übersichtliches Konstruieren möglich. Bei Bedarf können die einzelnen Ebenen ein- und ausgeblendet werden.

Den einzelnen Zeichnungselementen (wie Linien, Kreise, Rechtecke) können zusätzlich die Eigenschaften Linienart und Farbe zugeordnet werden. Die Gesamtzeichnung ist durch das Einblenden aller Ebenen zu sehen und kann durch einen Plotter ausgegeben werden.

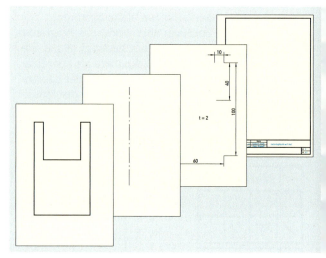

1 Ebenen 1 – 4

Zusatzfunktionen
Einzelne Geometrieelemente können durch die Änderungsfunktionen der CAD-Software ohne Schwierigkeiten auf dem Bildschirm bearbeitet werden. Einige wichtige Funktionsbefehle heißen: Trimmen, Spiegeln, Kopieren, Drehen, Verschieben, Dehnen, Ziehen und Skalieren.

Trimmen: automatisches Abschneiden überstehender Linien

Gängige CAD-Software bietet viele weitere nützliche Funktionen:

- **Makrofunktion:** Häufig sich wiederholende Vorgänge lassen sich zusammenfassen, abspeichern und beliebig oft aufrufen.
- **Symboltechnik:** Fertig vorhandene Symbole lassen sich aus Symbolbibliotheken abrufen und müssen nicht selbst gezeichnet werden.

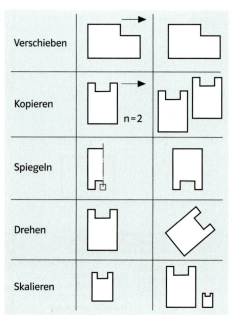

2 Zusatzfunktionen

Technisches Zeichnen

Bemaßen

Neben Icons für geometrische Formen enthalten die Menüs auch Icons für typische Tätigkeiten beim technischen Zeichnen, so z. B. für das Bemaßen. Diesen Bestandteil der CAD-Software bezeichnet man als **Element-Erzeugnisfunktion.** Es empfiehlt sich alle Maßangaben auf einen eigenständigen **Layer** zu zeichnen.

Layer: Zeichenebene

Maße haben in CAD-Programmen folgende Eigenschaften:
- Die Werte der einzelnen Maße werden beim Bemaßen automatisch vom Programm ermittelt und angegeben. Darum darf beim Zeichnen der Maßstab nicht vergessen werden.
- Zur Erstellung des Maßes müssen nur die Maßpunkte und der Standort des Maßes vorgegeben werden. Das Maß mit Maßlinien, Hilfslinien, Pfeilen und Maßtext wird automatisch erstellt.
- Das Format der Maße kann den benötigten Normen entsprechend weitgehend angepasst werden.
- Maße sind zusammenhängende Einheiten. Einzelne Objekte im Maß können nicht geändert werden. Es kann jedoch das Format und der Maßtext von jedem Maß geändert werden.

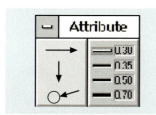

3 Icons für Bemaßung

- Maße sind assoziativ, das heißt, wenn der Umriss in der Zeichnung geändert wird, ändern sich die Maße mit.

Schriftliche Anweisungen

Zu einer technischen Zeichnung gehören auch schriftliche Anweisungen. Diese Texte, wie z. B. Stücklisten oder Datenbankfelder, werden benötigt, damit das Objekt fachgerecht angefertigt, zusammengebaut, bedient, gepflegt und gewartet oder – falls erforderlich – sachgerecht repariert werden kann.

In **Schriftfeldern** für Pläne und Listen werden zeichnungs- und werkstückspezifische Angaben gemacht. Hierunter fallen beispielsweise Werkstoff, Oberflächenangaben, Gewicht, Farbe, Seriennummer, Ausführungsnummer usw. Bei Objekten, die aus mehreren Teilen zusammengefügt werden, darf die Stückliste nicht fehlen. In ihr wird jedes Bauteil mit einer Nummer und einer kurzen Beschreibung aufgeführt.

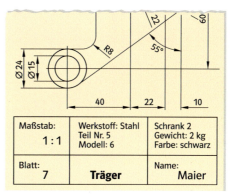

4 Schriftfeld

Datenbankfelder sind dazu da, eine Zeichnung mit Daten zu versehen. Für die Zeichnung (Abb. 5) lässt sich so beispielsweise automatisch eine Inventarliste über die vorhandenen Bürogeräte und Computer erstellen. Hierzu werden die Datenfelder für die Zeichnung festgelegt, d. h. jedem Objekt in der Zeichnung lassen sich beliebig viele Daten (z. B. Computertyp, Kabelart, Zahl der Steckdosen) anhängen.

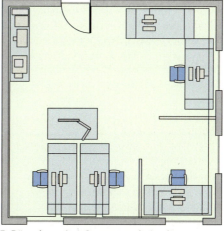

5 Büroplan mit 4 Computerarbeitsplätzen

Methoden und Arbeitsweisen **143**

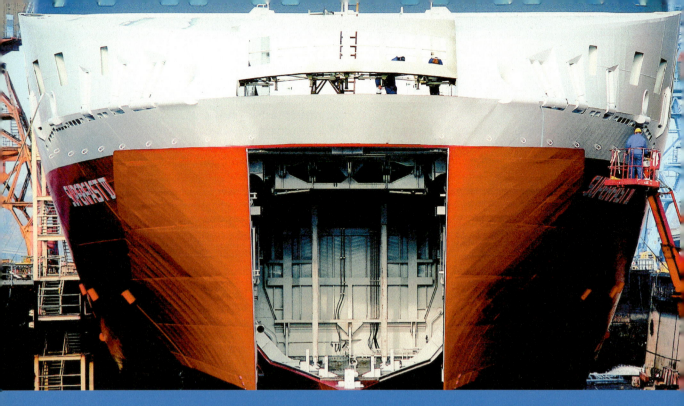

Werkstoffe und Bauteile
Werkstoff Holz • Werkstoff Metall • Werkstoff Kunststoff • Elektrische Bauteile

Schiffe anschauen – zumindest in den Ferien haben auch die „Landratten" mal die Möglichkeit, einen faszinierten Blick auf die Giganten der Meere zu werfen. Früher wurden die Schiffe aus Holz gebaut, aber welche Werkstoffe braucht man eigentlich heute, um so ein großes Schiff zu bauen?
Die Werft in Flensburg hat es uns verraten: Für eine 164 m lange Fähre wurden 7500 t Stahl verbaut. 2825 t Maschinen sowie 375 t Elektrik wurden installiert – davon sind 450 km verlegte Leitungen! 2445 t Material wurden für den Innenausbau benötigt: Isolationsmaterial, Kunststoff, Metall, Holz, ...

Ob man große oder kleine Schiffe baut oder ein Haus oder einen Nussknacker – entscheidend ist, dass man über den Werkstoff Bescheid weiß. Genauso wie über die Funktion von Bauteilen, die man in eine Schaltung einbauen möchte – vom kleinen Widerstand bis zum geheimnisvollen Elektromotor.

Das wirst du kennen lernen:

- Wie entstehen Werkstoffe?
- Welche Eigenschaften haben die verschiedenen Werkstoffe?
- Welche elektrischen Bauteile kannst du verwenden?

Werkstoff Holz

Zur Bedeutung des Waldes

Früher diente den Menschen das Holz aus den Wäldern vor allem zum Heizen, Kochen und Bauen.
Im Mittelalter benötigte man sehr viel von diesem natürlichen Rohstoff: im Bergbau, im Schiffbau, in Glashütten zum Glasschmelzen und in Salinen zum Salzsieden.

Anfang des 19. Jahrhunderts drohte eine Holznot. Es entwickelte sich die moderne Forst- und Waldwirtschaft. Grundprinzip des Handelns wurde die Nachhaltigkeit. **Nachhaltigkeit** bedeutet, dass die Holznutzung den Holzzuwachs in derselben Zeit nicht überschreiten darf.

Der Wert eines Waldes ist viel mehr als der Materialwert des Holzes.
Der Wald hat hat drei wichtige Funktionen:

1. Nutzfunktion
Der Wald
– produziert den lebenswichtigen Sauerstoff (Fotosynthese),
– beeinflusst das Klima weltweit positiv,
– liefert den nachwachsenden, kohlenstoffdioxidneutralen und umweltfreundlichen Rohstoff Holz,
– bietet vielen Menschen Arbeitsplätze,
– ist Grundlage für das Einkommen der Waldbesitzer.

kohlenstoffdioxidneutral:
Kohlenstoffdioxid wird in gleicher Menge gebunden, wie es bei der Verbrennung freigesetzt wird.

2. Schutzfunktion
Der Wald
– gewährt Lebensraum für Tiere und Pflanzen,
– hat die Fähigkeit, Wasser im Boden zu speichern und zu reinigen,
– reguliert den Wasserhaushalt der Luft,
– filtert Staub und Ruß aus der Luft,
– mindert Lärm,
– schützt vor Bodenabtragung (Erosion) durch Wasser und Wind, Bodenrutschungen, Muren und Lawinen.

2 Erosion

3. Erholungsfunktion
Der Wald bietet den Menschen Entspannung und Erholung
– beim Spazierengehen und Wandern,
– bei der Naturbeobachtung,
– bei Sport (z. B. Joggen) und Spiel.

3 Sport und Spiel im Wald

Leistungen von Bäumen
• Eine ausgewachsene Buche erzeugt je Stunde 1,7 kg Sauerstoff. Das entspricht dem Sauerstoffbedarf von zwei Menschen während eines Tages.
• Eine 100-jährige Fichte bindet an einem Tag den Kohlenstoffdioxidausstoß von zwei Einfamilienhäusern.

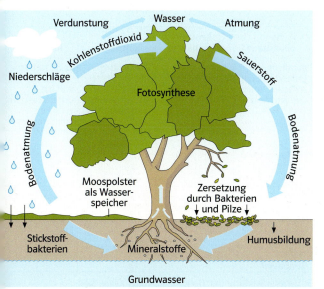

1 Fotosynthese

Werkstoffe und Bauteile **145**

Aufbau und Wachstum des Baumes

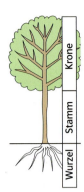

1 Aufbau des Baumes

Der Baum besteht aus Wurzeln, Stamm und Krone. Jeder dieser Teile erfüllt wichtige Aufgaben:

Die **Wurzeln** geben dem Baum Halt in der Erde und dienen mit ihren Wurzelhaaren der Aufnahme von Wasser und den darin gelösten Nährstoffen.

Der **Stamm** enthält die „Versorgungsleitungen" und transportiert das Wasser mit den Nährstoffen in die Krone.

Die **Krone** besteht aus Ästen und Zweigen mit Blättern, Blüten oder Früchten. Die in den Blättern gebildeten Aufbaustoffe (Traubenzucker und Stärke) werden zu den Speicherzellen des Baumes geführt.

Außerdem werden in den Speicherzellen Aufbau-, Gerb- und Farbstoffe gelagert. Das Splintholz des Laubbaumes enthält auch die festigenden Faserzellen. Mit der Ausbildung von Splintholz sterben bei einigen Baumarten (z. B. Eiche und Kiefer) die Zellen im inneren Teil des Stammes ab und bilden das harte, wertvolle Kernholz.

Gerbstoff: zum Gerben von Leder geeigneter Stoff

Das **Kernholz** bildet den tragenden Teil des Baumes. Bei einigen Bäumen (z. B. Lärche und Nussbaum) verfärbt sich das Kernholz bei der Verkernung deutlich dunkel (**Kernholzbäume**). Zu den Hölzern, die keinen Farbunterschied zwischen Kern- und Splintholz aufweisen (**Reifholzbäume**), gehören z. B. Fichte, Rotbuche und Linde.

Der Querschnitt eines Stammes zeigt Jahresringe

Ein Jahresring wird durch das Holz gebildet, das während einer Wachstumsperiode hinzuwächst. Vom Frühjahr bis in den Sommer hinein wächst das Frühholz mit dünnwandigen Zellen bzw. größeren Poren. Es erscheint daher hell. Spätholz, das im Sommer und Herbst gebildet wird, enthält enge, dickwandige Zellen bzw. kleinere Poren und sieht deshalb dunkler aus als Frühholz. Frühholz und Spätholz bilden zusammen den Jahresring. Nadelbäume haben Harzkanäle, die helle oder dunkle Punkte bilden.

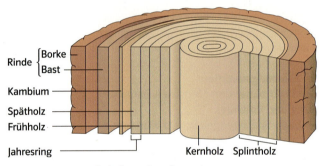

2 Aufbau eines Baumstamms

Die **Borke** (äußere Rinde) schützt den Baum vor Wasserverlust, Umwelteinflüssen, Pilz- und Insektenbefall.

Der **Bast** (innere Rinde) enthält die „Leitungen" (Siebröhrchen) des Baums, durch die die Aufbaustoffe in die unteren Baumteile gelangen. Der Bast stirbt ab, verkorkt und wird Teil der Borke.

Das **Kambium** (Wachstumsschicht) ist hauchdünn. Sie ist der eigentlich wachsende Teil des Stammes und erzeugt jedes Jahr nach außen Bast und nach innen neues Holz (Splintholz).

Das **Splintholz** ist das junge, weiche Holz. In ihm befinden sich die „Wasserleitungen" des Baumes und die Speicherzellen für das Wasser.

Kern- holzbäume	Kernreif- holzbäume	Reif- holzbäume	Splint- holzbäume
deutliche Unterscheidung zwischen Splint- und Kernholz	besitzen Kernholz, Splintholz und Reifholz	Verkernung des Reifholzes ohne deutliche Farbänderung zum Splintholz	keine farbliche und härtemäßige Unterscheidung zwischen Splintholz und Kernholz
Eiche Kiefer Lärche Nussbaum Obstbäume (außer Birnbaum)	Esche Rüster (Ulme)	Birnbaum Fichte Linde Rotbuche Tanne	Berg- und Spitzahorn Birke Erle Weißbuche

3 Unterscheidung der Baumarten nach Kern-, Reif- und Splintholz

Werkstoff Holz

Schwinden, Quellen und Verwerfen von Holz

Schwinden und Quellen

Das Volumen der Zellhohlräume und Zellwände im lebenden Stamm besteht je nach Holzart aus mindestens 60 % Wasser.
Nach dem Fällen und beim Lagern entweicht zunächst das Wasser der Zellräume. Das Holz enthält dann nur noch 30 % Wasser. Das ursprüngliche Volumen des Holzes ist noch unverändert (Abb. 4a).

Verwerfen von Schnittholz

Holz schwindet und quillt in seinen Wachstumsrichtungen (längs der Fasern und in Richtung der Jahresringe) unterschiedlich.

Das unterschiedliche Schwinden in den Wuchsrichtungen führt bei zugeschnittenem Holz zur Veränderung der Form. Man nennt dies **Verwerfen** (Abb. 6).

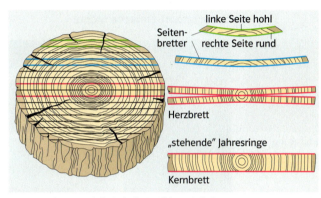

6 Verwerfen von Schnittholz in Abhängigkeit von der Lage

Durch natürliche oder künstliche Trocknung verdunstet erneut Wasser. Es tritt nun aus den Zellwänden aus. Erst jetzt verringert sich das Volumen des Holzes (Abb. 4b). Diesen Vorgang bezeichnet man als **Schwinden.**
Aus den dickeren Zellwänden harter Hölzer kann mehr Wasser entweichen als aus den dünneren von weichem Holz. Harte Hölzer, wie z. B. Buche, schwinden deshalb stärker (Abb. 5).

Seitenbretter verwerfen sich umso stärker, je weiter sie von der Stammmitte entfernt sind. Ihre **linke**, vom Kern abgewandte Seite wird hohl, die **rechte**, dem Kern zugewandte, zieht sich rund.
Das Kernbrett aus der Stammmitte schwindet in Breite und Dicke, bleibt aber im Wesentlichen gerade.

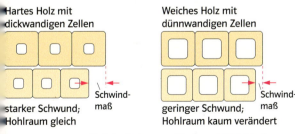

5 Schwinden von Hart- und Weichholz

Holz nimmt aber auch umgekehrt Wasser auf, z. B. durch die umgebende feuchte Luft. Dieser Vorgang heißt **Quellen**. Wenn Holz schwindet oder quillt, sagt man: es **arbeitet**.

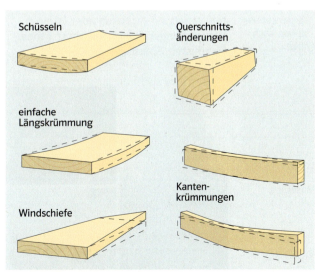

7 Typische Formen des Verwerfens

Werkstoffe und Bauteile **147**

Nadelhölzer – Merkmale, Eigenschaften und Verwendung

Fichte

Längsschnitt: Holz gelblich weiß bis gelblich braun, leicht seidiger Glanz, Splint und Kern gleichfarbig
Holzbild: Jahresringe gut sichtbar, Harzkanäle vorhanden
Eigenschaften: leicht, weich, schwindet wenig, harzhaltig, elastisch, biegefest, leicht spaltbar
Verwendungsbeispiele: Bauholz, Innenausbau, Industrieholz (Zellstoff, Papier, Spanplatten), einfache Möbel

Kiefer

Längsschnitt: Splint gelblich weiß bis rötlich weiß, Kern rötlich gelb bis rotbraun
Holzbild: Jahresringe deutlich sichtbar, Harzkanäle zahlreich
Eigenschaften: leicht, mittelhart, schwindet wenig, harzreich (Harzgeruch), elastisch, dauerhaft, lässt sich gut bearbeiten
Verwendungsbeispiele: Möbel- und Bauholz, besonders für Fenster, Türen, Fußböden, Vertäfelungen, Schiff- und Waggonbau

Maserung

Maserung

Unterscheidungshilfe: **F**ichtenzapfen hängen nach unten (**f**allen), **T**annenzapfen stehen nach oben.

Tanne

Längsschnitt: Holz gelblich bis rötlich weiß
Holzbild: deutliche Jahresringe, Harzkanäle
Eigenschaften: leicht, weich, elastisch, schwindet wenig, lässt sich gut bearbeiten, verleimen, lackieren oder lasieren
Verwendungsbeispiele: Bauholz, Möbelbau, Kisten, Sperrholz

Lärche

Längsschnitt: Holz gelblich weiß bis rötlich weiß, rotbraun
Holzbild: Kernholzbaum, schmaler Splint, deutliche Jahresringe, Harzgänge oder Harzgallen
Eigenschaften: mittelschwer, hart, schwindet wenig, sehr haltbar
Verwendungsbeispiele: Innenausbau, Fenster, Türen, Vertäfelungen, Treppen, Fußböden, Wasserpfähle, Brückenbau, Schiffbau

Besonderheit: Die Lärche ist der einzige Nadelbaum, der im Herbst seine Nadeln verliert.

Maserung

Maserung

148 Werkstoffe und Bauteile

Werkstoff Holz

Laubhölzer – Merkmale, Eigenschaften und Verwendung

Buche

Längsschnitt: Holz rötlich weiß, Splint und Kern gleichfarbig, Holzstrahlen im mittigen Schnitt als helle Querstreifen
Holzbild: Jahresringe deutlich sichtbar, breite Holzstrahlen sind charakteristisch, keine Harzkanäle
Eigenschaften: schwer, hart, sehr zäh und wenig elastisch, schwindet stark
Verwendungsbeispiele: Treppen, Parkett, Spielzeug, Griffe und Werkzeugstiele, Küchenbrettchen, Werkbänke, Furniere

Buchenholz erkennt man an den dunklen kleinen Strichen (Markstrahlen)

Maserung

Die Früchte der Buche heißen Bucheckern.

Eiche

Längsschnitt: Splint gelblich weiß, Kern hellbraun bis gelblich braun, dunkelt nach
Holzbild: Jahresringe deutlich sichtbar, im Querschnitt Poren des Frühholzes mit bloßem Auge zu erkennen, breite Holzstrahlen
Eigenschaften: schwer, hart, dauerhaft, Kernholz elastisch und biegefest, schwindet mäßig, frisches Holz riecht säuerlich (Gerbsäure)
Verwendungsbeispiele: Möbelbau (Massivholz und Furnier), Fenster und Türen, Deckenverkleidungen, Treppen und Fußböden, Boots- und Schiffbau, Fässer, Schnitzware

Maserung

Rückseite einer deutschen Cent-Münze

Ahorn

Längsschnitt: Holz ist von gelblich weißer bis fast weißer Färbung, die jedoch unter Lichteinfluss deutlich zum Vergilben neigt
Holzbild: Splint- und Kernholz sind farblich nicht zu unterscheiden
Eigenschaften: mittelschwer bis schwer, hart, elastisch, biegsam, besonders hohe Abriebfestigkeit, aufgrund seiner Feinporigkeit leicht zu reinigen
Verwendungsbeispiele: Tischplatten, Täfelungen, Möbel, Musikinstrumente, Parkett

Die Früchte des Ahorns kann man wie einen Hubschrauber fliegen lassen.

Maserung

Werkstoffe und Bauteile **149**

Handelsformen von Holz und Holzwerkstoffen

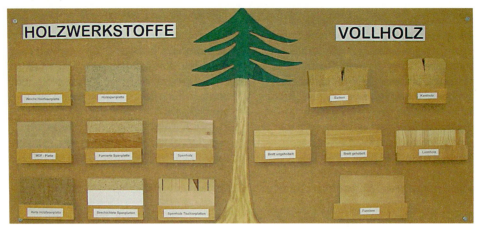

1 Schautafel im Technikraum

Schnittholz
Wenn wir von „Holz" sprechen, meinen wir zunächst einmal das Naturerzeugnis, das uns der Wald zur Verfügung stellt. Dieser Rohstoff wird zu 100 Prozent genutzt. Das Sägewerk ist für die zur industriellen Weiterverarbeitung vorgesehenen Baumstämme die erste Station. Dort werden sie mit Sägemaschinen zu Kanthölzern, Bohlen, Brettern und Leisten unterschiedlicher Qualität und Abmessungen verarbeitet. Das so hergestellte Schnittholz muss in Stapeln in Trockenkammern oder über längere Zeit im Freien getrocknet werden.

2 Holztrocknung

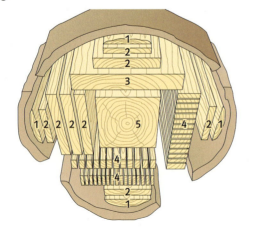

1 Schwarten
2 Bretter
3 Bohlen
4 Leisten
5 Kantholz

3 Schnittholz

Halbfertigerzeugnisse aus Schnittholz
Schnittholz kann zu Halbfertigerzeugnissen (Halbzeugen) weiterverarbeitet werden,
– zu gehobelten Bohlen und Brettern mit festgelegten Maßen, z. B. Nut- und Federbretter für den Ausbau eines Wohnraums und
– zu Leisten und Stäben mit unterschiedlichen Profilen.

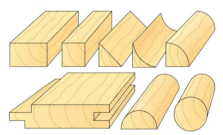

4 Profilbretter, -leisten und -stäbe

Furniere
Edle Hölzer sind knapp und teuer. Deshalb verwendet man häufig nur dünne Holzblätter, Furniere genannt, die durch Schälen, Messern oder Sägen von einem Stamm abgetrennt werden.
Furnierte Holzwerkstoffe sind preiswerter als Vollholz und arbeiten nicht so stark. Man unterscheidet
– **Deckfurniere** (z. B. bei Parkettböden). Um Reißen der Deckfurniere zu verhindern, müssen unter dem Deckfurnier Unterfurniere aufgeleimt werden.
– **Unter-** oder **Blindfurniere**
– **Absperrfurniere**

Sägefurnier

Schälfurnier

Messerfurnier

5 Furnierherstellung

150 Werkstoffe und Bauteile

Werkstoff Holz

Holzwerkstoffe

Holz besitzt unerwünschte Eigenschaften wie das Quellen, Schwinden und Verwerfen.

Zudem variiert auch die Qualität des Rohmaterials. Bei naturgewachsenem Holz sind Holzfehler, wie z. B. Astigkeit, Risse und Drehwuchs, unvermeidbar. Sie setzen die Festigkeit des Holzes deutlich herab.

Künstliche Werkstoffe

Um diese negativen Eigenschaften weitgehend auszuschalten, zerlegt man das Holz in größere bis kleinste Holzteile und setzt es anschließend unter Zugabe von Leimen und Zuschlagstoffen neu zusammen. Auf diese Weise entstehen künstliche Werkstoffe mit neuen, optimierten Eigenschaften.

Holzwerkstoffe bieten viele Vorteile:
- Sie sind homogen (gleichmäßig) aufgebaut.
- Sie sind ast- und wuchsfehlerfrei.
- Sie eignen sich hervorragend für Holzkonstruktionen im Möbelbau, da sie in allen Plattenebenen gleiche Eigenschaften haben.
- In der Regel zeigen sie deutlich kleineres Quellen und Schwinden als Vollholz.
- Sie lassen sich großflächig produzieren.
- Balken können in großen Längen hergestellt werden.
- Man erhält sie in Standardabmessungen. Dies ermöglicht eine leichtere Planung.
- Sie sind preiswerter als Vollholz.

Überblick

Folgende plattenförmigen Holzwerkstoffe werden unterschieden:

Spanwerkstoffe

Spanplatten

Spanplatten werden aus Holzspänen und holzartigen Faserstoffen (z. B. Hanf oder Reisstroh) unter Zugabe von Bindemitteln bei hoher Temperatur gepresst. Sie sind roh, mit unterschiedlichen Kunststoffen beklebt oder mit Furnieren beschichtet erhältlich.

Vor- und Nachteile
+ höhere Festigkeit, Maßhaltigkeit und Formstabilität als Vollholz
+ gut zu sägen und zu bohren
+ preiswert
+ gute Schalldämmung
− geringe Festigkeit der Schnittkante, insbesondere beim Schrauben
− quellen stark bei Feuchtigkeit
− schlechte Fräsbarkeit

Verwendung: Möbelbau, Wand- und Deckenverkleidungen

6 von oben nach unten: furnierte, kunststoffbeschichtete und rohe Spanplatte

OSB-Platte

Zur Herstellung werden lange, schlanke Holzspäne (engl. strands) verwendet. 70 % der Späne sind in Längsrichtung, 30 % in Querrichtung angeordnet.

Vorteile
+ deutlich bessere Biegeeigenschaften als herkömmliche Spanplatten
+ optisch ansprechend

Verwendung: Holzbau, Innenausbau, Messebau, Betonschalungen, Verpackungen

Gesundheitshinweis:
Im Innenraum sollten nur Spanplatten mit der Bezeichnung E1 (Emissionsklasse 1) verwendet werden, da diese nur geringe Ausdünstung von Gasen haben.

OSB:
oriented strand board

7 Oberfläche der OSB-Platte

Werkstoffe und Bauteile **151**

Holzwerkstoffe: Lagenwerkstoffe

Lagenwerkstoffe

Sie bestehen aus einzelnen Furnierschichten, die zu Platten oder Formteilen verleimt sind.
Man unterscheidet hierbei Furniersperrholz (früher Furnierplatte genannt) und Tischlerplatte.

Furniersperrholz

2 Furniersperrholz

3 Siebdruckplatte

Vor- und Nachteile
+ wenig Verzug
+ stabil, hohe Tragfähigkeit
+ rutschfest, z. B. Ladefläche bei Anhängern
+ relativ beständig auch für Bauteile im Außenbereich
− schwer

Tischlerplatte

4 Tischlerplatte

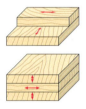

1 Multiplexplatte

Furniersperrholz besteht aus einer ungeraden Anzahl (3, 5 oder mehr) gleich dicker, kreuzweise aufeinander geleimter Furniere. Durch die ungerade Anzahl haben die beiden Deckfurniere (Oberseite und Unterseite des Sperrholzes) den gleichen Faserverlauf.
Durch das kreuzweise Verleimen (eine Schicht längs, eine Schicht quer) der Furniere können sie nicht mehr ungehindert arbeiten; sie sind gegeneinander abgesperrt.
Ab einer Dicke von 15 mm und ab 9 Schichten werden Sperrhölzer häufig auch als **Multiplexplatten** bezeichnet.

Vor- und Nachteile
+ preiswerter als Vollholz
+ höhere Festigkeit, Maßhaltigkeit und Formbeständigkeit als Vollholz
− Pappelsperrholz: sehr weiche Struktur und Oberfläche (Schrauben halten schlecht)

Verwendung: großflächige Konstruktionselemente, Rückwände, Füllungen, Schubkastenböden, für den Außenbereich

Siebdruckplatten

Siebdruckplatten haben auf der einen Seite eine gitterartige Oberfläche aus Duroplast, die sehr abriebfest ist. Die andere Seite ist glatt.

Tischlerplatten haben
− Streifenmittellagen (bis 75 mm),
− Stabmittellagen (bis 25 mm) oder
− Stäbchenmittellagen (1,5 bis 6 mm) aus Vollholzleisten.

Diese werden auf beiden Seiten mit einem Absperrfurnier versehen, dessen Faserverläufe rechtwinklig zum Faserverlauf der Mittellage sind. Die einzelnen Lagen sind also auch wieder abgesperrt. Je nach Mittellage arbeiten Tischlerplatten unterschiedlich stark.

Vor- und Nachteile
+ relativ geringes Gewicht
+ leicht zu bearbeiten
− ungeeignet im Außenbereich und für hochwertige Werkstücke

Verwendung: im Möbelbau: z. B. für Fachböden und Seiten, Türen, Einbaumöbel

152 Werkstoffe und Bauteile

Werkstoff Holz

Holzwerkstoffe aus Vollholz und Faserwerkstoffe

Holzwerkstoffe aus Vollholz

Schichtholz
Beim Schichtholz ist im Gegensatz zum Sperrholz der Faserverlauf der einzelnen Lagen gleich gerichtet.

Leimholzplatten (Einschicht-Platte)

6 Leimholzplatte

Die Leimholzplatte besteht aus Stäben, die miteinander ohne Deckfurniere verleimt sind. Auf diese Weise lässt sich auch mit Vollholz eine größere Fläche herstellen.

Vor- und Nachteile
+ leicht zu be- und verarbeiten
+ vielseitig verwendbar
+ gute Haltbarkeit von Schrauben und Beschlägen
+ geringes Gewicht
+ kostengünstig und umweltfreundlich
− biegt sich bei Feuchteeinfluss

Verwendung: im Möbelbau als Frontplatten, massive Küchenarbeitsplatten

Faserwerkstoffe

7 von oben: leichte, mitteldichte und harte Faserplatte

Faserplatten werden aus verholzten Fasern geringwertigen Holzes oder aus Holzabfällen und Bindemitteln durch Pressen hergestellt.

Je nach Pressdruck entstehen Holzfaserplatten mit unterschiedlichen Dichten und Eigenschaften für verschiedene Verwendungszwecke:

Harte Faserplatte (HDF)
Die Hartfaserplatte hat eine glatte Oberseite und eine raue Unterseite.

Vor- und Nachteile
+ kein Verziehen
+ flächenstabil (unstabil in der Dicke)
− nicht für hochwertige Werkstücke

Verwendung: Innenausbau für Wand- und Deckenverkleidung, Rückwände für Regale und Schränke, Grundplatte für Bilderrahmen

Mitteldichte Faserplatte (MDF)
Für die Herstellung von MDF werden einheimische Nadelhölzer zu feinen Fasern zerspant und unter hohem Druck mit Leimharzen zu Platten gepresst.

Vor- und Nachteile
+ gleiche Dichte an der Oberfläche wie im Platteninneren
+ gute, feine Oberflächenqualität
+ leicht maschinell bearbeitbar
+ hart
+ preisgünstig
− nicht im Außenbereich verwendbar

Leichte Holzfaserplatte (LDF)
Die weiche LDF weist gegenüber den harten Holzfaserplatten ein loseres Gefüge, ein niedrigeres Gewicht und eine geringere Festigkeit auf. Sie hat schall- und wärmedämmende Eigenschaften.

Vor- und Nachteile
+ leicht
+ wärmedämmend
+ schalldämmend
− hohe Feuchteempfindlichkeit
− geringe Belastbarkeit
− porös

Verwendung: Wand- und Deckenverkleidungen sowie im Innenausbau zum Dämmen, z. B. zur Trittschalldämmung für Fußböden

---

3- und 5-Schichtholz:
Mehrere Millimeter dicke Hölzer werden in gleicher Faserrichtung verleimt. Dadurch bleiben die guten Eigenschaften von Vollholz, wie Biege- und Druckfestigkeit, erhalten.

Erhältliche Plattenstärke: 4 bis 100 mm

5 Dreischichtplatte

HDF: high density fiberboard

MDF: medium density fiberboard

Hinweis: MDF lässt sich gut lackieren. Vorher muss eine Grundierung aufgetragen werden.

LDF: low density fiberboard

Werkstoffe und Bauteile

Vorkommen und Gewinnung von Nichteisen-Metallen

Aluminium

Aluminium ist nach Sauerstoff und Silizium das am häufigsten zu findende chemische Element in der Erdkruste. Das bekannteste Erz, aus dem man Aluminium gewinnt, ist das Bauxit. Große Förderländer sind Australien, Guinea, Kanada und Brasilien. Bauxit wird meist im Tagebau gefördert.

Aluminium kann nicht direkt aus dem Bauxit ausgeschmolzen werden, da sich Sauerstoff stark mit dem Metall verbinden möchte. Eine Temperatur von über 2000 °C wäre erforderlich, um diese Verbindung wieder zu trennen. Deshalb läuft die Aufbereitung zweistufig ab. Dabei wird zunächst reines Aluminiumoxid hergestellt, das durch Schmelzflusselektrolyse in Aluminium und Sauerstoff zerlegt wird. Diese Elektrolyse ist sehr strom- und damit kostenintensiv.

Elektrolyse: Abscheiden von verflüssigtem Metall an einem Pol einer Gleichspannungsquelle

2 Kupfererz

Im Konverter entsteht dann Blisterkupfer (ca. 97 % Kupfer). Wird diesem der Sauerstoff entzogen, entsteht Kupfer, welches bereits einen Kupfergehalt von 99 % besitzt.
Durch anschließende Elektrolyse erhöht sich die Reinheit des Kupfers auf 99,9 %.

Konverter: Industrieofen mit feuerfester Auskleidung

Blister: Bläschen

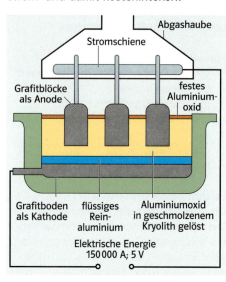

1 Schmelzflusselektrolyse von Aluminium

3 Zinkelektrolyse

Kupfer

Spuren von Kupfer finden sich in fast jedem Gestein. Die bedeutendsten Kupfererzvorkommen sind in Chile und den USA.
Vor der eigentlichen Verhüttung (Schmelzung) wird das „taube" Begleitgestein abgetrennt.
Das Resultat ist Kupferkonzentrat, das zu 20 bis 30 % aus Kupfer besteht. Dieses wird bei 1200 °C geschmolzen.

Zink

Das Zinkerz kommt in Brasilien, Australien und Russland vor.
Zink wird vor allem aus dem Erz Zinkblende gewonnen. Durch Rösten des Erzes verbindet sich der Schwefel mit Sauerstoff. Übrig bleibt Zinkoxid. Dieses kann entweder in großen Öfen bei ca. 1200 °C oder durch Elektrolyse zu Zink umgewandelt werden. Elektrolytzink ist besonders rein und korrosionsbeständig.

Zinksulfid (ZnS): chemische Bezeichnung für Zinkblende

Werkstoff Metall

Eisengewinnung und Stahlherstellung

Die Verwendung von Metallen ist für uns wichtig, weil sie besondere Werkstoffeigenschaften haben können, z. B. hohe Belastbarkeit, Härte, Magnetisierbarkeit, gute elektrische Leitfähigkeit, gute Verformbarkeit und Kratzfestigkeit.

Stahl ist weltweit der wichtigste Industriewerkstoff. Mit ihm lassen sich Legierungen mit unterschiedlichen Eigenschaften herstellen, z. B. nicht rostender Stahl oder harter Stahl für schneidende Werkzeuge.

Roheisenerzeugung

Bis zu 60 m hohe Hochöfen werden mit auf- und vorbereitetem Erz, Koks und Zuschlägen beschickt. Koks dient als Reduktionsmittel und als Wärmequelle. Er bindet den Sauerstoff des Eisenerzes an den Kohlenstoff des Kokses. Zuschläge, wie z. B. Kalk, werden dazugegeben, um unerwünschte Erzbestandteile zu binden und das flüssige Eisen vor erneuter Oxidation zu schützen.

Beim Reduzieren des Eisenoxids zu Roheisen entsteht eine Eisen-Kohlenstoff-Verbindung. Durch das Verbinden des Kohlenstoffs mit Eisen erniedrigt sich der Schmelzpunkt.

Stahlherstellung

Ausgangsmaterial für die Stahlherstellung ist Roheisen.
Das Roheisen, das aus dem Hochofen abgestochen wird, besitzt einen Kohlenstoffgehalt von 3 bis 5 %. Außerdem enthält es noch Silizium, Phosphor, Schwefel und andere Stoffe, die es so spröde machen, dass es für die meisten Anwendungen nicht brauchbar ist.

Bei der Verarbeitung des Roheisens zu Stahl muss der Kohlenstoffgehalt gesenkt und die störenden Beimengungen müssen herausgebrannt werden. Dieser Verbrennungsvorgang wird in der Stahlindustrie „Frischen" genannt.

Frischen

Ein häufig angewandtes Verfahren zur Stahlherstellung ist z. B. das Linz-Donawitz-Verfahren (LD-Verfahren).
Ein großer Schmelztiegel (Konverter) wird mit flüssigem Roheisen, Schrott und Eisenschwamm gefüllt. Unter hohem Druck wird reiner Sauerstoff dazu eingeblasen. Der Kohlenstoff und die unerwünschten Begleitstoffe reagieren mit Sauerstoff. Sie werden zu CO_2 verbrannt.

Der so entstandene Stahl hat jetzt noch einen Kohlenstoffgehalt von weniger als 2 % und ist damit schmiedbar und walzbar. Durch Legieren mit anderen Stoffen können seine Eigenschaften verändert werden.

Eisen: reines Eisen, chemisch: Fe, hat technisch geringe Bedeutung

Eisenschwamm: hochreduzierte, nicht aufgeschmolzene Eisenerze

Legieren: Beimischen von Stoffen zu flüssigem Metall

Oxidieren: Aufnehmen von Sauerstoff

Aufbereitung: Der Eisenanteil wird durch Abtrennen der steinigen Anteile erhöht.

Vorbereitung: Zur Weiterverarbeitung im Hochofen wird:
- grobes Erz gebrochen, gemahlen, gesiebt
- feines Erz z. B. zu Pellets verarbeitet (Kugeln bis ⌀ 15 mm)

4 Hochofen

5 Konverter

Eigenschaften und Verwendung von Metallen

Metalle lassen sich auf die unterschiedlichste Art und Weise aufgrund ihrer Eigenschaften einteilen.

Die **Dichte** gibt an, ob es sich um ein Schwer- oder Leichtmetall handelt. Ist der Wert der Dichte größer als 4,5 g/cm³, handelt es sich um ein Schwermetall.

Die **Wärmeleitfähigkeit** macht eine Aussage darüber, ob die Wärme z. B. bei einem Heizkörper aus Metall schnell weitergeleitet wird oder nicht. Je höher der Wämeleitfähigkeitswert ist, desto besser wird die Wärme geleitet.

Der **spezifische Widerstandswert** zeigt an, wie gut ein Metall den Strom leitet.

Die **Längenausdehnungszahl** ist ein Maß dafür, wie stark sich ein Metall bei Erwärmung ausdehnt.

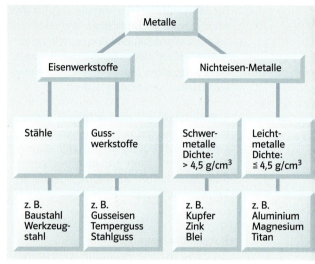

1 Einteilung von Metallen

2 Hochspannungsmast

Baustahl z. B. S 235 JR (früher: St 37-2)

zäh, hohe Streckfähigkeit, magnetisierbar, gute Zerspanbarkeit, schweißbar
Der Kohlenstoffgehalt bestimmt die Härte des Stahls.

Verwendung: Baustahlmatte, Maschinengehäuse, Eisenbahnschienen

Farbe:	silbrig glänzend
Dichte:	7,85 g/cm³
Wärmeleitfähigkeit:	41 – 58 W/(m·K)
Schmelzpunkt:	1400 – 1500 °C
Spez. Widerstand:	0,18 Ω · mm²/m
Längenausdehnungszahl:	12 · 10⁻⁶/K

3 Werkzeuge

Werkzeugstahl z. B. C 110 W1

hochlegierter, verschleißfester Stahl z. B. als HSS (Hochleistungs-Schnellarbeitsstahl), magnetisierbar
Der Kohlenstoffgehalt bestimmt die Härte des Stahls. Werkzeugstahl mit über 13 % Chrom nennt man rostfreien Edelstahl.

Verwendung: Bohrer, Meißel, Körner, Vorstecher und andere Werkzeuge

Farbe:	silbrig glänzend
Dichte:	7,85 g/cm³
Wärmeleitfähigkeit:	41 – 58 W/(m·K)
Schmelzpunkt:	1400 – 1500 °C
Spez. Widerstand:	0,16 Ω · mm²/m
Längenausdehnungszahl:	16 · 10⁻⁶/K

4 Zinnfigur

Zinn Sn

sehr gut gießbar, korrosionsbeständig gegen Luft und Wasser, weich

Verwendung: Lötzinn, Zinnfiguren, Zinngeschirr, Lametta

Farbe:	silbrig bis grau
Dichte:	7,3 g/cm³
Wärmeleitfähigkeit:	66 W/(m·K)
Schmelzpunkt:	232 °C
Spez. Widerstand:	0,11 Ω · mm²/m
Längenausdehnungszahl:	23 · 10⁻⁶/K

Werkstoff Metall

5 verzinkte Maschinenschrauben

Zink Zn

korrosionsbeständig gegen Luft und Wasser

Verwendung: feuerverzinkte Leitplanke, Lichtmast und Autokarosserie, elektrische Schmelzsicherung

Farbe:	silbrig bis grau
Dichte:	7,14 g/cm³
Wärmeleitfähigkeit:	113 W/(m·K)
Schmelzpunkt:	420 °C
Spez. Widerstand:	0,06 Ω · mm²/m
Längenausdehnungszahl:	29 · 10⁻⁶/K

6 Wicklung eines Relais

Kupfer Cu

weich, zäh und dehnbar, Grünspanbildung mit Säuren (giftig)
Lässt sich gut treiben, biegen und löten.

Verwendung: Hausdach, Strom- und Wasserleitung, Platinenbeschichtung, Motor- und Transformatorwicklung

Farbe:	rötlich glänzend
Dichte:	8,9 g/cm³
Wärmeleitfähigkeit:	384 W/(m·K)
Schmelzpunkt:	1083 °C
Spez. Widerstand:	0,017 Ω · mm²/m
Längenausdehnungszahl:	17 · 10⁻⁶/K

7 polierte 50-Cent-Münze

Messing z. B. CuZn37 (früher: Ms)

Kupfer-Zink-Legierung:
55–90 % Kupfer, 45–10 % Zink
gute Polierbarkeit, korrosionsbeständig wie Kupfer

Verwendung: Schiffsbeschlag, Türschild, Armatur, Metallüberzug von Münzen

Farbe:	goldgelb
Dichte:	8,4 g/cm³
Wärmeleitfähigkeit:	113 W/(m·K)
Schmelzpunkt:	925 °C
Spez. Widerstand:	0,06 Ω · mm²/m
Längenausdehnungszahl:	18,5 · 10⁻⁶/K

8 Espressokanne

Aluminium Al

dünne Oxidschicht schützt vor weiterer Oxidation, weich und leicht, einfach zu biegen
Verwendung: Fenster- und Fahrradrahmen, Messestand, Schautafel

Farbe:	silbrig glänzend
Dichte:	2,7 g/cm³
Wärmeleitfähigkeit:	238 W/(m·K)
Schmelzpunkt:	660 °C
Spez. Widerstand:	0,029 Ω · mm²/m
Längenausdehnungszahl:	23,9 · 10⁻⁶/K

9 Schere

Nickel Ni

hart, lässt sich gut polieren (Spiegelglanz), korrosionsbeständig gegen Luft und Wasser

Verwendung: Beimengung bei der Stahlveredelung, Schutzüberzüge, z. B. bei Zirkeln, Scheren, Batterieanschlüssen, Krokodilklemmen

Farbe:	silbrig hell
Dichte:	8,9 g/cm³
Wärmeleitfähigkeit:	90 W/(m·K)
Schmelzpunkt:	1453 °C
Spez. Widerstand:	0,095 Ω · mm²/m
Längenausdehnungszahl:	13 · 10⁻⁶/K

Werkstoffe und Bauteile

Handelsformen

Metalle kommen als Barren, Halbzeuge oder Fertigteile in den Handel.
Halbzeuge sind Metallprofile wie Bleche, Drähte, Rohre oder Stäbe. Sie haben durch Gießen, Walzen, Ziehen oder Pressen ihre vorläufige Form erhalten und werden weiterverarbeitet.

Bleche
Bleche werden unter anderem nach dem verwendeten Metall, nach der Oberflächenbeschaffenheit und nach ihrer Größe unterschieden.
Im Großhandel gibt es Bleche ab 2 m², für Schulen sind aber kleinere Formate unterschiedlicher Stärke interessant.
Man unterscheidet Feinbleche (< 3 mm) und Grobbleche (> 3 mm). Je dünner das Blech ist, desto leichter lässt es sich verarbeiten.
Bleche werden zur Herstellung von Verkleidungen, Abdeckungen oder Behältern verwendet.
Am bekanntesten sind Bleche mit glatter Oberfläche, die z. B. im Karosseriebau verarbeitet werden. Benötigt man eine rutschsichere Oberfläche, z. B. für Boden- oder Treppenbeläge, verwendet man Tränen- oder Strukturbleche. Lochbleche werden häufig bei flexiblen Montagen verbaut, z. B. bei Messeständen. Außerdem gibt es noch Bleche mit Profil, z. B. Wellbleche für Dachabdeckungen und Fassadenverkleidungen.

Rohre
Zur Weiterleitung von Flüssigkeiten und Gasen oder als gewichtsarmes Tragteil (Gerüstbau, Fahrzeugbau) und als Führungselement (Zylinderbuchse, Wellenlager) werden Rohre eingesetzt. Sie sind in verschiedenen Profilen erhältlich: rund oder rechteckig, vierkant, sogar sechskant oder achtkant. Man bezeichnet Rohre auch als **Hohlprofile**.
Die Maße von Rohren werden in Millimetern angegeben. Rohrgewinde werden aber über Innenmaße in Zoll angegeben.

1 Zoll = 25,4 mm

Form- bzw. Profilstäbe
Stäbe werden hauptsächlich aus Stahl, Aluminium oder Messing hergestellt. Sie habe meist eine tragende, stützende oder stabilisierende Funktion bei Bauwerken und anderen technischen Konstruktionen.

Rundstäbe können als Wellen oder Achsen verwendet werden. Mit einem Gewinde versehen, kann der Rundstab mit anderen Bauteilen direkt verbunden werden.
Vierkant- und Flachstäbe werden oft zur Stabilisierung eingesetzt.
Winkel- und T-Profile bieten bei einem Minimum an Material eine hohe Biegefestigkeit und werden als Träger verwendet. Besonders stabil sind die Doppel-T-Profile (Träger), die bei großen Stahlkonstruktionen, z. B. beim Brücken- oder Kranbau zum Einsatz kommen.

1 Tränenblech

2 Strukturblech

3 Lochblech

 Rundstab

 Vierkantstab

 Flachstab

 Winkelprofil

 T-Profil

Doppel-T-Profil (Träger)

4 Handelsformen

Die Abmessungen für Rohre und Profilstäbe beziehen sich immer auf das Außenmaß und bezeichnen Höhe x Breite x Wandstärke in Millimetern.

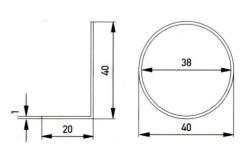

5 Winkelbemaßung und Rohrbemaßung
40 x 20 x 1   40 x 2

Werkstoffe und Bauteile

Werkstoff Metall

Recycling

Das Ziel bei der Aufbereitung von Metallschrott besteht darin, Werkstoffe einer Wiederverwertung zuzuführen.

Stahl ist z. B. ein zu 100 Prozent wieder verwertbares Material. Während viele andere Werkstoffe beim Recycling deutliche Qualitätsminderungen aufweisen, gehen aus Stahlschrott immer wieder gleich hochwertige Produkte hervor. Dies liegt daran, dass Stahl durch seine Eigenschaften (z. B. Magnetisierbarkeit) leichter zu trennen ist.

Ist das Metall allerdings wie bei Elektrokabeln sortenrein vorhanden, können Reinheitsgrade auch bei Nichteisenmetallen bis nahezu 100 % erzielt werden. Beim Recycling werden die Materialien sortiert, zerkleinert und anschließend paketiert.

6 sortenreine Kupferkabelreste

Sortierung

Sortieren heißt: Trennen von unterschiedlichen Materialien oder Ausmustern von allen nicht gewünschten Stoffen.

Altautos müssen nach der Altfahrzeugverordnung mit einer durchschnittlichen Verwertungsquote von 85 Prozent recycelt werden. Am Beginn der Demontage steht das Ausmustern von Reifen, Scheiben, Batterien und des Katalysators sowie das Absaugen der Betriebsflüssigkeiten.

Beim Recyceln werden nicht nur große Objekte wie Autos, sondern immer mehr auch kleine Teile wiederverwertet. Dahinter steht nicht nur der Umweltschutzgedanke, sondern auch marktwirtschaftliches Interesse.

Selbst die Autoabgaskatalysatoren können wiederverwertet werden. Zuerst werden die Katalysatoren entmantelt. Anschließend gehen die metallischen Gehäuse in den Schrottkreislauf. Aus der Kat-Keramik werden die Edelmetalle zurückgewonnen und wieder zu hochreinen Feinmetallen für die Herstellung neuer Katalysatoren umgewandelt. Die Kat-Keramik wird wieder verwendet.

Zerkleinerung

Anschließend zerkleinert ein Schredder das Auto in faustgroße Stücke. Diese werden dann automatisch getrennt. Ein Shredder schafft ca. 60 Autos pro Stunde.

7 Beschickung einer Schredderanlage

Paketierung

Vor dem Transport wird der Schrott zu Schrottpaketen zusammengepresst. Im Schmelzofen werden diese Pakete dann eingeschmolzen und anschließend weiterverarbeitet.

8 Paketierung von Weißblechschrott

Werkstoffe und Bauteile **159**

Vom Rohstoff zum Gebrauchsgegenstand

Erdöl ist die wichtigste Rohstoffquelle für die meisten Kunststoffe. Trotz der hohen Jahreserzeugung von weltweit 200 Millionen Tonnen Kunststoffen werden nur etwa 6 % des gesamten Rohölverbrauchs für die Kunststofferzeugung verwendet. Der größte Anteil, nämlich ungefähr 80 % des wertvollen Rohstoffs Erdöl, wird als Heizöl und als Kraftstoff in Motoren verbraucht.

Erdöl ist ein Naturstoff aus einem Gemisch zahlreicher Stoffe. In Raffinerien wird Erdöl durch Erhitzen in verschiedene Bestandteilgemische getrennt. Ein Teilgemisch ist hierbei das Rohbenzin. Aus dem Rohbenzin werden die chemischen Grundstoffe für die Kunststofferzeugung gewonnen. Aus diesen werden Formmassen für die Kunststoffverarbeitung als Granulat (Körner), Pulver, Pasten oder flüssige Harze hergestellt. Die **Formmassen** werden zu Halbzeugen (Folien, Platten, Rohre, Profile, ...) und zu vielen **Fertigprodukten** weiter verarbeitet.

Die chemische Industrie produziert mehr als 50 **Kunststoffsorten**. Jede einzelne Kunststoffsorte kann in zahlreichen Varianten hergestellt werden, z. B. durch Zusatzstoffe zum Weichmachen oder Verstärken, durch Einfärben oder Stabilisieren gegen starkes Sonnenlicht usw.

Die **chemischen Bezeichnungen** der Kunststoffe können sehr kompliziert sein. Die Kurzbezeichnungen lassen sich leichter aussprechen, z. B. PS für Polystyrol, PE für Polyethen, PP für Polypropen, PVC für Polyvinylchlorid. PS, PE, PP und PVC bilden den Hauptanteil der **Massenproduktion** von Kunststoffartikeln.

Viele Kunststoffe sind uns nicht mit den chemischen Bezeichnungen, sondern mit den **Handelsnamen** bekannt, z. B. Nylon und Perlon für Polyamid, Plexiglas für Acrylglas und Styropor für Polystyrol-Hartschaum.

Ethen wird auch Ethylen genannt, Propen auch Propylen

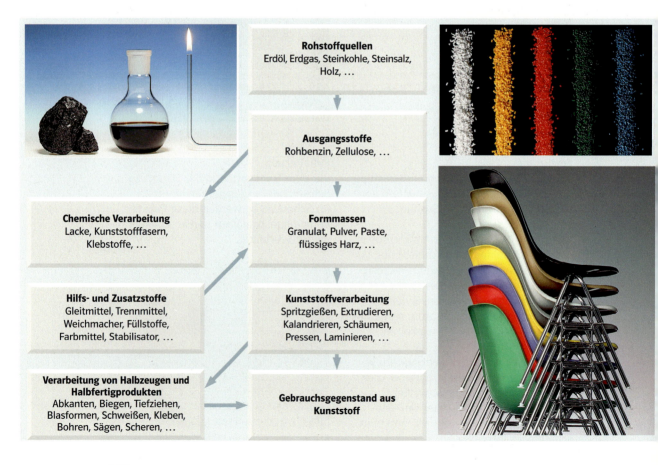

160   Werkstoffe und Bauteile

Werkstoff Kunststoff

Thermoplaste, Duroplaste, Elastomere

Kunststoffe verhalten sich bei verschiedenen Temperaturen unterschiedlich.
Sie lassen sich dementsprechend in drei Gruppen einteilen: in Thermoplaste, Duroplaste und Elastomere.

Thermoplaste (thermos = warm) sind bei Raumtemperaturen fest. Sie verlieren mit zunehmender Temperatur ihre Festigkeit und werden gummiartig-elastisch. Nach dem Erkalten behalten umgeformte Thermoplaste ihre Form bei.
Beim Wiedererwärmen gehen sie durch innere Spannkräfte in ihre Ausgangsform zurück (so genannter Memory-Effekt).

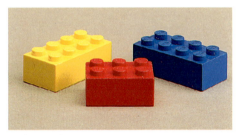

1 Thermoplast

Werden Thermoplaste über den thermoplastischen Bereich hinaus erwärmt, erreichen sie einen teigig-zähen bis flüssigen, plastischen Zustand. Bei Erwärmung über den plastischen Bereich hinaus zersetzen sie sich und sind nicht mehr verwendbar.

Beim Übergang vom festen Zustand zum elastischen und vom elastischen zum plastischen Bereich gibt es keine scharfen Temperaturgrenzen. Die Zustände ändern sich nicht schlagartig. Es gibt breite Übergangsbereiche.

Duroplaste (durus = hart) sind bei Raumtemperatur hart und bleiben auch bei einer Erwärmung fest. Erhitzung führt nicht zur Erweichung, sondern zur chemischen Zersetzung des Materials.
Die Formmassen sind flüssige, pastenartige, pulverförmige, granulierte (körnerartige) oder tablettenartige Harze. Die Herstellung von Gegenständen erfolgt bei harten Formmassen durch Pressen unter Hitzeeinwirkung.

Bei flüssigen Reaktionsharzen wird vor der Formgebung Härter hinzugefügt. Nach der Formgebung lassen sich Duroplaste nur noch spanend bearbeiten, z. B. durch Bohren, Sägen und Feilen.

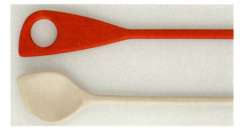

2 Duroplast

Elastomere (elastisch = dehnbar, biegsam) lassen sich bei Raumtemperatur gummiartig dehnen. Ihre Elastizität behalten sie über einen weiten Temperaturbereich bei. Werden sie stark erhitzt, erreichen sie nicht den plastischen Zustand, sondern zersetzen sich und sind nicht mehr verwendbar. Bei sehr großer Kälte werden Elastomere steif.

3 Elastomer

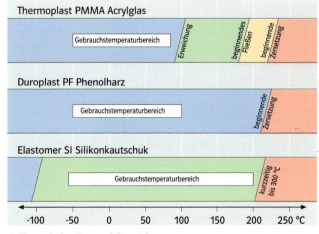

4 Thermische Zustandsbereiche

Werkstoffe und Bauteile **161**

Häufig verwendete Kunststoffe

Thermoplaste	Anwendungen von Thermoplasten	Beispiele
PE Polyethen • weich, zäh-elastisch („unzerbrechlich"), ab ca. 70 °C weicher • wachsartige Oberfläche • nicht klebbar, aber schweißbar • brennbar (dabei Geruch nach Kerzenwachs), frostbeständig	Haushaltsschüsseln, Vorratsdosen für Kühl- und Gefrierschränke, Batteriehalter für Rundzellen, Flaschenkästen, Abfalleimer und Mülltonnen, Tragetaschen zum Einkauf, kältebeständige und UV-feste Isolierung bei Antennenkabeln, Chemikalienflaschen	
PVC Polyvinylchlorid • hart, durch Weichmacher weich • gut klebbar, gut schweißbar • nicht geschäumt: selbstlöschend • brennbar (dabei Chlorgeruch!)	hart: Lamellen von Rollläden, Rahmen von Kunststofffenstern, Dachrinnen, Abwasserrohre weich: Wasserschläuche, Isolierung von Elektrokabeln, Kunstleder (wie Taschen, Schreibmäppchen), Sohlen, Duschvorhänge	
PS Polystyrol • hart: blecherner Klang, spröde • aufgeschäumt: wärmeisolierend • leichter als Kork, brennbar (starke Rußbildung!) • klebbar (mit Spezialklebern)	hart: Jogurtbecher, Campinggeschirr, transparente Vorratsbehälter (z. B. für Wattestäbchen) aufgeschäumt: Hartschaumplatten (zum Hausbau nur „schwer entflammbar" verwenden!), Rettungsringe, Verpackungsmaterial („Styropor")	
PMMA Acrylglas • lichtbeständig (keine Trübung) • schlagfest, zäh, nicht splitternd • ab ca. 90 °C weich • gut klebbar mit Spezialkleber • brennbar, bei zu schnellem trennenden Bearbeiten entstehen giftige, riechbare Gase (Blausäure)	als „Plexiglas" in Lichtkuppeln, für optische Linsen (wie Lupen), Designregale im Laden- und Messebau (Glanzeffekt nach dem Polieren), Bade- und Duschwannen (kein Abplatzen von Email wie bei Stahlwannen), UV-feste Dachverglasung von Gewächshäusern, wetterfeste Praxisschilder – teurer Kunststoff!	
ABS Acryl-Butadien-Styrol • hart, zäh („unzerbrechlich") • antistatisch • ab ca. 85 °C weich • schweißbar, klebbar	Elektrogehäuse wie Telefonapparate, Handmixer und Kaffeemaschinen, Schalengehäuse zum Selbsteinbau für Elektronikteile, Kunststoffteile im Auto (innen ist dann ABS eingeprägt), Wasserkasten am WC	
PA Polyamid • weich, zäh, reißfest • verschweißbar, klebbar • wärmefest bis 110 °C • brennbar	„Nylon"-Damenstrümpfe, „Perlon"-Reiß- und Klettverschlüsse, Kabelbinder, leise laufende Zahnräder, Dübel für Betonwände, Seile (für Schiffe und Abschleppseile), dünne Angel- und Dekorationsschnüre („Perlondraht"), Schutzhelme, Kochbeutel – teurer Kunststoff!	
PC Polycarbonat • schlagzäh, schwer entflammbar	Autorücklichter, Babyflaschen, Motorradhelme, Stegplatten für Überdachungen	
PTFE Polytetrafluorethen • Antihafteffekt (nichts bleibt haften) • bei ca. 330 °C entstehen bei der Zersetzung giftige Fluordämpfe	„Teflon"-Pfannen, Lagerbuchsen, Gleitschicht für Bügeleisen und Sägeblätter, Gleitmaterial für Teleskopausleger von Autokranen, Dichtungsband für Gewinde von Wasserrohren	

Werkstoff Kunststoff

Elastomere	Anwendungen von Elastomeren	Beispiele
PUR Polyurethan • bräunlich, weich, zäh-elastisch • haftbeständig, abriebfest • je nach Mischung der Ausgangsstoffe thermoplastische oder gummielastische Eigenschaften • beständig gegen Öl und Benzin • unbeständig gegen sehr heißes Wasser • nur mit Spezialklebstoffen verklebbar • brennbar	Schuhsohlen, Zahnriemen, Schwämme, Schaumstoffe (für Polstermöbel und Matratzen), saugende Tücher (Putzen, Abwasch) Schaumspray zum Abdichten der Rahmen beim Fenster- und Türeneinbau (in Spraydosen zum Aufschäumen der Zwischenräume der Rahmen), Wärme- und Schalldämmstoff Maximale Gebrauchstemperatur je nach Typ zwischen 80 °C und 110 °C	 
SI Silikon • temperaturfest zwischen −50 °C und 250 °C (kurzzeitig bis 300 °C) • weichelastisch, nicht schmelzend • verklebbar mit Sekundenkleber und anderen Spezialklebern • wasserabweisend • gut wärme- und stromisolierend • pastenförmig in Kartuschen (für Handhebelpressen zum Abdichten – siehe Abbildung rechts) • flüssig (Silikonöl wird bei Kälte nicht zäh wie Mineralöl)	Hitzebeständige Kabel, z. B. bei Halogenlampenfassungen oder als transparente Isolierschläuche zum Überschieben über blanke Stromleiter, selbstanpassende Schutzbrillen Anformmaterial für die Herstellung von Masken, Material für Dichtungen in Steckteilen von Gartenschläuchen (im Gegensatz zu Gummi versprödet Silikon bei Kälte nicht) Silikonkunststoffe sind in vielen Farben erhältlich, z. B. rote und schwarze Messkabel, weiße oder braune Silikonpaste	 

Duroplaste	Anwendungen von Duroplasten	Beispiele
MF Melaminformaldehyd • harte und damit relativ kratzfeste Oberfläche, aber bei zu hohem Druck brüchig (Rissbildung) • öl- und alkoholbeständig, ebenso säure- und laugenfest • leicht zu reinigen • bis 80 °C thermisch dauernd belastbar (kurzzeitig bis 120 °C) • durch die große Härte nur mit einem Hartmetallsägeblatt an der Kreissäge zu trennen (Staub dabei absaugen!) • Formaldehydharze mit Gesteinspulver vermischt als unbrennbare Steckdosenteile (aber brüchig!)	Schutz- und Dekorfunktion: Beschichtung von Küchenplatten („Resopal") und Gebrauchsmöbeln wie Büromöbel oder Schuhschränke Beschichtung von Arbeitsplatten: oberflächengeschützte Spanplatten (beschichtete Regalbretter); in Holzimitationen wie Buche, Kiefer oder Eiche erhältlich Umleimer (ein aufbügelbares Umrandungsband für abgesägte Regalbretter) Brandschutz: Duroplaste in Elektroteilen verkohlen nur bei einem Brand, brennen aber nicht selbstständig weiter so wie die meisten Thermoplaste	 
PF Phenol-Formaldehyd • harter, spröder Duroplast • preiswert • getränkte Hartpapierleiterplatten, riechen bei Lagerung in der Wärme phenolartig, ganz besonders beim trennenden Bearbeiten. Säge- und Frässtaub nicht einatmen!	„Pertinax"-Leiterplatten: Sie sind nicht so hart wie Epoxidplatten, die aus Gießharz und Glasfaser bestehen, und somit leichter zu bearbeiten. als „Bakelit" in elektrischen Bauteilen, z. B. in Schaltern, elektrischen Anschlussleisten oder Zündverteilerkappen von Ottomotoren	

Werkstoffe und Bauteile

Entsorgung und Recycling

Abfall

In Deutschland werden täglich Millionen kurzzeitig genutzter **Verpackungen** aus Kunststoffen verbraucht – in Form von Folien, Bechern, Tuben, Kanistern, Eimern usw. Jährlich sind es fast 1,5 Millionen Tonnen. Würden daraus Würfel mit einem Volumen von 1 m³ gepresst, ergäben diese Würfel aneinander gereiht eine Straßenstrecke von Rom bis nach Hamburg.

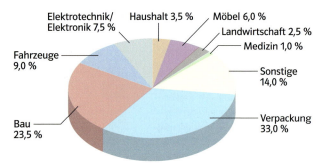

1 Einsatzgebiete von Kunststoffen

Die Kunststoffabfälle bestehen aber nicht nur aus Verpackungen. Auch langlebige Produkte wie Schaumstoffmatratzen oder Bodenbeläge aus Kunststoffen müssen entsorgt werden. Insgesamt gibt es in Deutschland jährlich mehr als 3 Millionen Tonnen Kunststoffabfälle durch private Haushalte.

Der hohe Kunststoffverbrauch ist auf die **Vielseitigkeit des Werkstoffs** und seine immer größer werdenden Anwendungsmöglichkeiten zurückzuführen.

Es werden jedoch auch viele Kunststoffprodukte hergestellt, auf die wir verzichten könnten, z. B. Kleinverpackungen für Milch, Marmelade, Einwegbesteck, Einwegbecher, Kunststoffverpackungen von Lebensmitteln, die man frisch kaufen kann. Bei Süßwaren, Kosmetika, Geschenkverpackungen werden keine übermäßigen und mehrfachen Verpackungen benötigt. Statt der Kunststofftragetasche kann man auch eine Textileinkaufstasche oder einen Einkaufskorb verwenden.
Die Herstellung und Entsorgung von Verpackungen zahlt in jedem Fall der Verbraucher.

Kunststoffabfälle aus dem Verpackungsmüll werden mit der „gelben Tonne" oder dem „gelben Sack" getrennt gesammelt. Ihre Wiederverwertung ist aber noch schwierig, denn die Kunststoffabfälle bestehen aus verschiedenen Sorten und sind verschmutzt. Sie lassen sich deshalb nicht so einfach wie **sortenreine** Abfälle aus der Produktion in den Materialkreislauf zurückführen (werkstoffliches Recycling).

Aus **sortenverschiedenen** Kunststoffabfällen werden heute schon über 100 verschiedene Produkte hergestellt. Sie haben aber einen geringeren wirtschaftlichen Wert, da sie schlechtere Materialeigenschaften als sortenreine Kunststoffe haben. Beispiele für Produkte aus sortenverschiedenen Kunststoffabfällen sind Befestigungen für Lärmschutzwälle, Blumenkästen, Bedachungsmaterial, Möbelteile.

2 Möbel aus Recyclingmaterial

3 Autoteile aus Recyclingmaterial

164 Werkstoffe und Bauteile

Werkstoff Kunststoff

4 Kunststoffabfälle werden in einer Schredderanlage zerkleinert und anschließend zu neuen Formteilen gepresst

Eine andere Möglichkeit ist die **Verbrennung** in Heizkraftwerken, denn Kunststoffe haben einen hohen Energiegehalt (energetisches Recycling). Dieser entspricht etwa dem des Heizöls. In modernen Heizkraftwerken werden die Abgase zwar gut gereinigt, aber der Schadstoffausstoß kann nicht völlig vermieden werden.

Es gibt verschiedene Verfahren, Thermoplaste wieder in gasförmige und flüssige **Grundstoffe** zu **zerlegen** (rohstoffliches Recycling), um daraus neue Kunststoffe herzustellen. Der Nachteil besteht aber darin, dass sich die Grundstoffe aus den Rohstoffen billiger herstellen lassen als aus recycelten Kunststoffabfällen.

5 Recyclingsymbol

Gesundheit

Kunststoffverpackungen können vor schädlichen Einwirkungen durch Licht schützen, Haltbarkeit gewährleisten, vor Verschmutzung bewahren und das Eindringen von Bakterien und Schädlingen verhindern. Aber aus dem Verpackungsmaterial können geringe Mengen von Kunststoffbestandteilen in das verpackte Lebensmittel gelangen. Der Gesetzgeber schreibt deshalb die **maximal zulässige Gesamtmenge der Stoffe** vor, die von der Verpackung auf ein Lebensmittel übergehen darf. Welche Menge als ungefährlich betrachtet wird, ist gesetzlich festgelegt.

Die meisten Kunststoffe sind bei normaler Temperatur nicht gesundheitsschädlich. Beim starken Erhitzen und beim Verbrennen entstehen jedoch **giftige Gase**. Von angezündeten Kunststoffen können außerdem brennende Tropfen abfallen, die Verbrennungen der Haut verursachen.

Arbeitssicherheit

Verbrenne keine Kunststoffe!

Ziffer	Bezeichnung	Kunststoff
01	PET	Polyethenterephthalat
02	PE-HD	Polyethen hoher Dichte („high density")
04	PE-LD	Polyethen niedriger Dichte („low density")
03	PVC	Polyvinylchlorid
05	PP	Polypropen
06	PS	Polystyrol
07	O	Sonstige („others")

6 Bedeutung der Ziffern

Werkstoffe und Bauteile **165**

Spannungsquellen

Spannungsquellen können unterschiedlich große Spannungen haben. Wohngebäude werden z. B. mit einer Spannung von 400 bzw. 230 Volt versorgt. Taschenlampen, elektrisches Spielzeug, Telefoneinrichtungen oder Lichtanlagen in Fahrzeugen werden mit kleineren Spannungen betrieben. Diese **Kleinspannungen** gefährden den Menschen nicht. Sie können von Einzelzellen, Batterien, Akkus, Netzgeräten, Dynamos oder Solarzellen bereitgestellt werden.

> **Arbeitssicherheit**
>
> Aus Sicherheitsgründen dürfen Experimentierspannungen 24 V nicht übersteigen!

Batterien, Akkus und Solarzellen liefern **Gleichstrom**. Es liegt eine **Gleichspannung** an. Die Polung der Gleichspannung wird durch ein Plus- und ein Minuszeichen gekennzeichnet.

In der Schaltungstechnik ist es auch üblich, statt des Minuszeichens das Zeichen „0" zu verwenden. Die Angabe dieses Nullpunkts bedeutet, dass die Spannung von diesem Bezugspunkt aus gemessen wird.

4 Gleichstrom und Gleichspannung

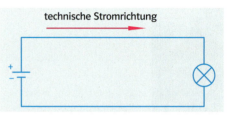

2 technische Stromrichtung

Bei Gleichspannung ist die **technische Stromrichtung** in den Leitungen einer Schaltung vom Pluspol zum Minuspol festgelegt. Man traf diese Vereinbarung lange bevor entdeckt wurde, dass die Elektronen in leitenden Materialien gerade umgekehrt wandern, nämlich vom Minuspol zum Pluspol (physikalische Stromrichtung).

Bei **Wechselspannung** wechselt der Strom ständig seine Richtung (Wechselstrom), da die Spannung laufend umgepolt wird. In Deutschland und in vielen anderen europäischen Ländern findet die Umpolung fünfzigmal pro Sekunde statt. Techniker sagen dazu: „Die Wechselspannung hat eine Frequenz von 50 Hertz (Hz)." Bei einer Glühlampe lässt sich nicht feststellen, ob sie mit einer Gleich- oder Wechselspannung betrieben wird. Dynamos von Fahrrädern und Lichtmaschinen von Mofas liefern Wechselspannung.

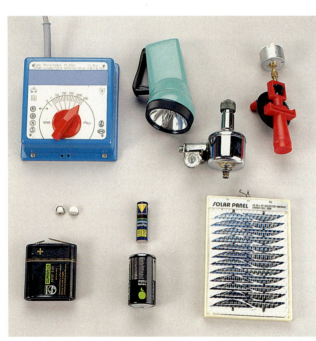

1 Spannungsquellen

Nennspannung: auf der Zelle angegebene Spannung

Einzelzellen stellen durch chemische Vorgänge elektrische Energie bereit. Sie sind „verbraucht", wenn nur noch die halbe Nennspannung gemessen wird. Verbrauchte Zellen müssen über den Handel oder Batteriesammelstellen entsorgt werden.
Bei Akkumulatoren (kurz: Akkus) ist der chemische Vorgang umkehrbar. Sie können geladen und entladen werden.

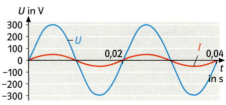

3 Wechselspannung und Wechselstrom

166 Werkstoffe und Bauteile

Elektrische Bauteile

Um Strom weiterzuleiten, werden bei einigen elektrisch betriebenen Gegenständen metallische Teile als Leitungsstücke verwendet, z. B. der Rahmen beim Fahrrad, die Karosserie beim Auto oder das Metallgehäuse bei elektrischen Geräten, die mit Kleinspannung betrieben werden. Diese Leitungsstücke bezeichnet man als **Masse**. Ein Pol der Spannungsquelle hat hierbei Masseanschluss.

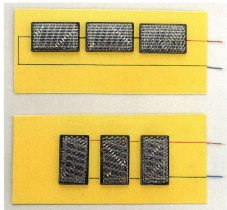
6 Reihen- und Parallelschaltung von Solarzellen

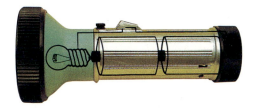
5 Taschenlampengehäuse als „Masse"

Möchte man mit Einzelzellen, Akkus oder Solarzellen die **Spannung erhöhen**, schaltet man diese in Reihe. Ein Minuspol wird jeweils mit einem Pluspol verbunden. **Batterien** bestehen aus Einzelzellen, die in Reihe geschaltet sind.

Muss man einen **stärkeren Strom** entnehmen oder sollen sich Zellen und Akkus nicht so schnell erschöpfen, werden sie zueinander parallel geschaltet. Hierbei werden jeweils die gleichnamigen Pole miteinander verbunden.

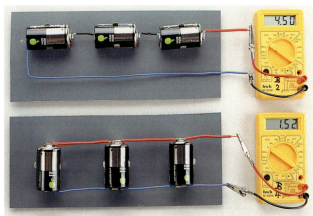
7 Reihen- und Parallelschaltung von Einzelzellen

Arbeitssicherheit

Bei Verwendung von Anlagen und Geräten mit Kleinspannung muss gewährleistet sein, dass die Spannungsquelle bei Überlastung durch eine Sicherung abgetrennt wird, z. B. beim Halogenlicht im Haus.

Es ist dir nicht erlaubt, Arbeiten an elektrischen Anlagen mit gefährlichen Spannungen vorzunehmen, z. B. Leitungen zu verlegen, Steckdosen oder Schalter anzubringen.

Auf keinen Fall solltest du meinen, dass du das im Kleinspannungsbereich erworbene Wissen ohne weitere Fachkenntnisse bei elektrischen Geräten und Anlagen mit **230 Volt Netzspannung** anwenden kannst.
Schon beim Anschließen einer Deckenleuchte oder beim Anbringen einer Leitung an ein Elektrogerät mit 230 V Nennspannung müssen zahlreiche Schutzbestimmungen des **VDE** (Verband der Elektrotechnik Elektronik Informationstechnik e. V.) beachtet und eingehalten werden.
Diese Bestimmungen gelten als gesetzlich anerkannte Regeln der Elektrotechnik.

Werkstoffe und Bauteile **167**

Mechanisch betätigte Schalter

1 Tast- und Stellschalter

Tastschalter (Taster) sind Schalter, die nach Betätigung wieder in die Ausgangsstellung zurückfedern. Beim Betätigen eines Klingeltasters wird der Stromkreis geschlossen. Man bezeichnet ihn deshalb als Taster mit Schließerkontakt oder als **Schließer**.

Taster mit Öffnerkontakt, **Öffner** oder Unterbrecher genannt, öffnen bei Betätigung einen Stromkreis und schließen ihn im unbetätigten Zustand. Öffner werden am Türrahmen von Kühlschränken und Autos für die Innenbeleuchtung verwendet. Durch den Druck der geschlossenen Tür werden die Tasterkontakte geöffnet. Als Geräte- und Lichtschalter verwendet man **Stellschalter**. Nach Betätigung behalten sie ihre Schaltstellung bei. Auch Stellschalter gibt es mit Öffner- oder Schließerkontakt.

Mit **Wechselschaltern** (UM-Schalter, Wechsler) kann man zwischen zwei Leitungswegen umschalten. Sie können als Stellschalter oder als Taster ausgeführt sein.

Um die Stromrichtung in einem Verbraucher, z. B. einem Elektromotor, umzukehren, kann man **Polwendeschalter** verwenden.

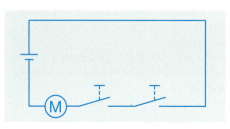

2 Reihenschaltung von Tastern: Sicherheitsschaltung (Zweihandbetätigung)

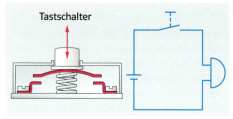

3 Taster mit Schließerkontakt

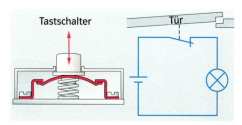

4 Taster mit Öffnerkontakt

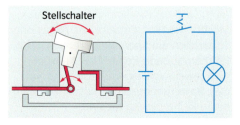

5 Stellschalter mit Schließerkontakt

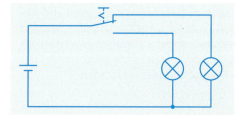

6 Wechselschaltung mit 1 x UM-Schalter

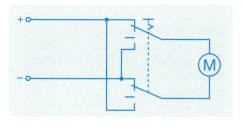

7 Polwendeschaltung: Umkehren der Stromrichtung

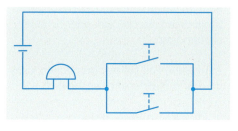

8 Parallelschaltung von Tastern: Klingelanlage

168 Werkstoffe und Bauteile

Elektrische Bauteile

Automatisch wirkende Schalter

Mit automatisch wirkenden Schaltern können, abhängig von Zeit, Temperatur, Druck, Füllstand, Magnetismus usw., Schaltvorgänge ausgeführt werden. Solche Schalter gibt es in großer Vielfalt.

Mit **Nockenschaltern** oder Schaltern mit Stiftscheiben können Vorgänge nach einem festgelegten Zeitprogramm automatisch ein- und ausgeschaltet werden. Die Scheiben werden durch langsam laufende Getriebemotoren gedreht und betätigen hierbei Kontaktzungen. Sie werden z. B. in Schaltuhren für Waschmaschinen oder in Zeitschaltern für das Treppenhauslicht verwendet.

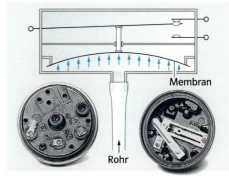

11 Druckwächter

Mit **Druckwächtern** wird die Füllstandshöhe einer Flüssigkeit in einem Behälter überwacht, z. B. der Wasserstand in einer Waschmaschine.
Steigt der Füllstand im Röhrchen des Druckwächters an, nimmt der Luftdruck im Röhrchen zu und drückt auf eine Membran. Bei einem bestimmten Druck betätigt die Membran einen Schalterkontakt.

9 Nockenschalter

Bimetallschalter (bi: zwei) sind vielseitig einsetzbare temperaturabhängig arbeitende Schalter. Bimetalle bestehen aus zwei verschiedenen Metallen, die fest miteinander verbunden sind.
Bei Erwärmung dehnt sich eine Metallschicht stärker aus als die andere. Dadurch krümmt sich das Bimetall und betätigt einen Schalterkontakt. Bimetallschalter finden z. B. Anwendung bei Bügeleisen, Heizlüftern oder Raumthermostaten.

Reedkontaktschalter sind Magnetschalter. Sie bestehen aus Kontaktzungen in einem mit Stickstoff gefüllten Glasröhrchen.
Wird ein Dauer- oder Elektromagnet an das Glasröhrchen geführt, berühren sich die magnetisierbaren Kontaktzungen.

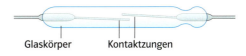

12 Reedkontaktschalter

Relais sind elektromagnetische Schalter. Fließt durch ihren Elektromagnet ein kleiner Steuerstrom, dann wird ein Anker angezogen, der einen Schaltkontakt öffnet oder schließt.
Werden Relais mit lichtabhängigen Widerständen (LDR) zusammengeschaltet, lässt sich eine Lichtschranke herstellen. Werden Relais mit temperaturabhängigen Widerständen (NTC oder PTC) zusammengeschaltet, entsteht eine Temperatursteuerung, wie sie z. B. in Heizanlagen vorkommt.
Weitere Informationen zu diesen Bauteilen auf den Seiten 170, 176 und 177.

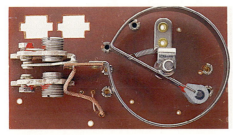

10 Bimetallschalter

Elektrische Widerstände

Mit Widerständen lassen sich Spannungen und Stromstärken verändern. Bei **Festwiderständen** können der elektrische Widerstandswert und die größte Abweichung vom Nennwert an aufgedruckten Farbringen abgelesen werden. Festwiderstände für kleine Leistungen bestehen aus Kohle- oder Metalloxidspiralen, die auf einem Keramikkörper aufgebracht sind.

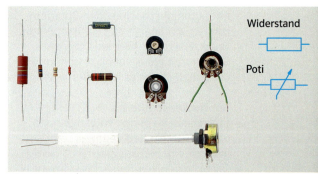

1 Festwiderstände, Trimmer und Potentiometer

Zahlenwerte der Widerstandsreihe E 12:
1,0
1,2
1,5
1,8
2,2
2,7
3,3
3,9
4,7
5,6
6,8
8,2

In Schaltungen werden häufig Widerstände der Widerstandsreihe E 12 verwendet. Die Bezeichnung E 12 bedeutet, dass jede Zehnerpotenz (10 – 100, 100 – 1000 usw.) in 12 Widerstandswerte unterteilt ist.

Mit einer Reihenschaltung von zwei Widerständen kann jede beliebige Teilspannung zwischen 0 Volt und der Betriebsspannung eingestellt werden. Soll eine Spannung stufenlos verändert werden können, verwendet man **Stellwiderstände**. Sie haben drei Anschlüsse. Der mittlere Anschluss führt zum Schleifer, der sich über die Widerstandsbahn bewegt.

Potentiometer (kurz: Poti) werden mit einer Welle eingestellt. Sie werden z. B. als Lautstärkeregler beim Radio eingesetzt. Bei **Trimmern** wird der Schleifer mit einem Schraubendreher gedreht.

Ringfarbe		1. Ring	2. Ring	3. Ring	4. Ring (Toleranz)	Beispiel
schwarz		0	0	x 1 Ω		
braun		1	1	x 10 Ω		gelb
rot		2	2	x 100 Ω		violett
orange		3	3	x 1 kΩ		rot
gelb		4	4	x 10 kΩ		
grün		5	5	x 100 kΩ		gold
blau		6	6	x 1 MΩ		
violett		7	7	x 10 MΩ		
grau		8	8	x 100 MΩ		
weiß		9	9	x 1 GΩ		47 x 100 Ω =
gold					± 5 %	4,7 kΩ ± 5 %
silber					± 10 %	

2 Farbring-Code für Kohleschicht-Widerstände

LDR:
light dependent resistor

Fotowiderstände (LDR) haben eine lichtempfindliche Fläche. Bei zunehmender Helligkeit nimmt der Widerstandswert ab. Mit ihnen können elektrische Objekte in Abhängigkeit vom Tageslicht automatisch gesteuert werden.

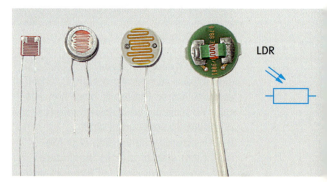

3 Fotowiderstände

NTC:
negative temperature coefficient

PTC:
positive temperature coefficient

Heißleiter (NTC) und **Kaltleiter** (PTC) verändern ihren Widerstandswert in Abhängigkeit von der Temperatur. Mit zunehmender Temperatur vermindert sich der Widerstandswert bei Heißleitern, bei Kaltleitern erhöht er sich.
Sie können als Messfühler in Schaltungen zur Temperaturüberwachung eingesetzt werden.

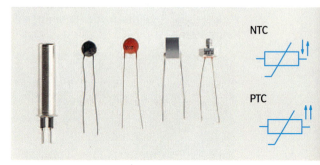

4 Heißleiter (NTC), Kaltleiter (PTC)

170 Werkstoffe und Bauteile

Elektrische Bauteile

Dioden

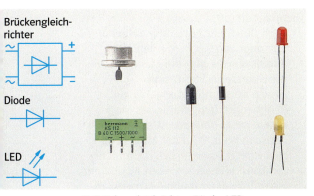

5 Brückengleichrichter, Diode, LED

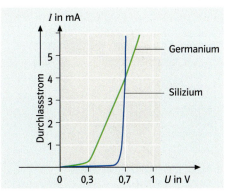

7 Schwellenspannung von Germanium- und Siliziumdioden

Diode

Dioden lassen den Strom nur in einer Richtung durch. Sie wirken wie ein „elektrisches Ventil". Der Strom fließt vom Plus-Anschluss, der als **Anode** bezeichnet wird, zur **Kathode** (Minus-Anschluss). Bei umgekehrter Polung sperren Dioden. Die Pfeilrichtung beim Schaltzeichen entspricht der Durchlassrichtung des Stroms. Der Querstrich an der Pfeilspitze im Schaltzeichen ist auf dem Bauteil als Ring gekennzeichnet.

Ein wichtiger Anwendungsbereich von Dioden ist die Umwandlung von Wechselspannung in Gleichspannung.

Werden die Dioden wie im Brückengleichrichter (**Graetzschaltung**) zusammengebaut, werden beide Diodenhalbwellen genutzt. Der Wirkungsgrad wird gegenüber der Schaltung in Abb. 6 verbessert.

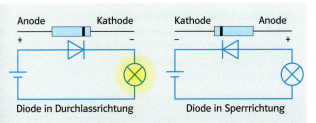

6 Diode im Stromkreis

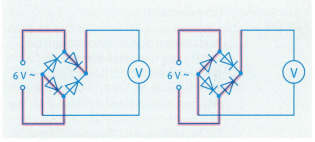

8 Funktionsweise der Graetzschaltung bei Wechselspannung

Wird der maximal zulässige Betriebsstrom der Diode überschritten, führt das durch zu hohe Erwärmung zur Zerstörung der Diode.

Die Diodenkennlinie (Abb. 7) zeigt, dass in Durchlassrichtung eine Mindestspannung (**Schwellenspannung**) an der Diode anliegen muss, damit Strom fließt. Wird die Diode in Durchlassrichtung betrieben, so fällt an ihr immer die Durchlassspannung ab.

Aufgrund der steilen Kennlinie können Dioden zur Spannungsstabilisierung und Spannungserhöhung eingesetzt werden.

Leuchtdiode

Leuchtdioden können Anzeigelämpchen ersetzen, da sie Licht aussenden.
Man bezeichnet sie kurz als LED. Leuchtdioden werden in Durchlassrichtung betrieben (langer Anschluss = plus).
Die Schwellenspannung ist bei den verschiedenfarbigen LEDs unterschiedlich groß:

- rote LED   ca. 1,6 V
- gelbe LED   ca. 2,1 V
- grüne LED   ca. 2,2 V
- weiße LED   ca. 3,5 V

Zur Verminderung der Stromaufnahme (ca. 20 mA) schaltet man die Leuchtdiode mit einem Widerstand in Reihe.

LED: light emitting diode

Werkstoffe und Bauteile **171**

Dauermagnete

2 Magnetfeldwirkung bei einem Dauermagneten

Magnetfeld: Raum, in dem magnetische Kräfte wirken

1 Eisenspäne zeigen ein Magnetfeld

Eisen, Eisenverbindungen, Nickel und Kobalt werden von Magneten angezogen und dabei selbst magnetisch. Sie verlieren bei Nachlassen des äußeren Magnetismus ihre magnetische Kraft. Werkstoffe mit diesen Eigenschaften bezeichnet man als **weichmagnetische** Werkstoffe. Dazu gehören z. B. Eisen mit geringem Kohlenstoffanteil und so genannte Elektrobleche aus einer Eisen-Siliziumlegierung. Weichmagnetische Werkstoffe werden als Eisenkerne in Elektromagneten, in Transformatoren und in Elektromotoren verwendet.

Dauermagnete (Permanentmagnete) werden aus **hartmagnetischen** Werkstoffen hergestellt, z. B. aus Kobaltstahl, Alnico (aus Al, Ni, Co, Cu, Fe), Bariumferrit oder aus Verbundwerkstoffen dieser Materialien mit Kunststoffen oder Gummi. Zur Herstellung von Dauermagneten bestreicht man hartmagnetische Werkstoffe mit einem starken Dauermagneten oder lässt auf sie einen starken Elektromagneten einwirken.

An den Enden eines stabförmigen Dauermagneten sind die magnetischen Kräfte am stärksten. Diese Stellen bezeichnet man als **Nord-** und **Südpol**. Nähert man zwei Magnete einander, so stoßen sich gleichnamige Pole ab, ungleichnamige Pole ziehen sich dagegen an.

Dauermagnete werden vielfältig verwendet, z. B. bei Lautsprechern, kleinen Elektromotoren, Messgeräten, Magnettafeln, Türverschlüssen oder Magnetschaltern.

Die Magnetkraft
– kann durch Erschütterung aufgehoben oder vertauscht werden.
– nimmt ab je weiter die Magnetpole voneinander entfernt sind.
– ist von der Temperatur abhängig: Je höher die Temperatur des Magneten, desto geringer ist seine magnetische Kraft. Wird der Magnet zu sehr erhitzt, kann er sich nicht mehr „erholen" und verliert nach Abkühlung einen Teil seiner magnetischen Kraft.
– ist materialabhängig: Je nach Drehung der Elektronen um den Atomkern ist das Material mehr oder weniger magnetisch.

Manche Objekte dürfen sich nicht im Einflussbereich von Magneten befinden, weil sonst Daten gelöscht werden oder Störungen auftreten können, z. B. bei
– Video- oder Audiobändern
– Magnetstreifen auf der Rückseite von Kreditkarten
– Festplatten
– Fernseh- oder Computerbildschirmen (der Elektronenstrahl einer Bildröhre wird durch Magnete abgelenkt – das kann zu dauerhaften Schäden führen)
– Hörgeräten oder Herzschrittmachern (sie können durch magnetische Einflüsse gestört werden).

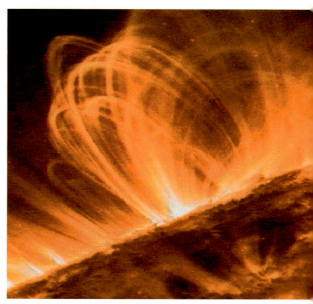

3 Magnetfeldlinien der Sonne

Werkstoffe und Bauteile

Elektrische Bauteile

Elektromagnete

5 Magnetfeldwirkung bei einem Elektromagneten

Fließt Strom durch einen Draht, so erzeugt er ein Magnetfeld. Wickelt man aus dem geraden Leiter eine Spule, so entsteht ein **Elektromagnet**.

Die Kraft eines Elektromagneten ist von folgenden Faktoren abhängig:
- Je weiter magnetisierbare Materialien von den **Magnetpolen** entfernt sind, desto schwächer ist die Magnetkraft.
- Je größer der **Strom** ist, der durch die Spule fließt, desto größer ist die Magnetkraft. Der Strom kann aber nicht beliebig vergrößert werden, da sich mit zunehmender Stromstärke der Draht erhitzt und der Lack zu schmelzen beginnt. Ein Kurzschluss wäre die Folge. Ein Kupferdraht kann in einer Spule nur bis zu einem Strom von ca. 4 A je mm^2 belastet werden.
- Je größer die **Windungszahl** des Drahts ist, desto größer ist die Magnetkraft. Beachte aber: Gegensinnig gewickelte Windungen heben sich in ihrer Kraftwirkung auf. Die Windungszahl kann nicht beliebig vergrößert werden, da der Widerstandswert mit zunehmender Länge des Drahts vergrößert wird. Dies hat aber bei gleicher Spannung eine Verringerung der Stromstärke zur Folge.
- Das **Material des Kerns**, um den die Wicklungen gewickelt werden, spielt eine entscheidende Rolle. Gegenüber Luft kann ein geeigneter Kern eine 1000fache Vergrößerung der Magnetkraft bedeuten.
- Weitere Einflussfaktoren sind die Länge und Geometrie des Spulenkörpers, Wicklungsdichte, Lage der Spule usw.

Elektromagnet

Elektromagnete kommen z. B. in Relais, Elektromotoren, Lautsprechern, Hebekränen, Transformatoren oder Türklingeln vor.

Wo der magnetische Nord- und Südpol des Spulenkerns liegt, hängt von der elektrischen Polung Plus und Minus ab.

Wird der Elektromagnet an eine Spannung angelegt, so baut sich ein Magnetfeld auf. Sobald die Spannung ausgeschaltet wird, entsteht in der Spule eine hohe Spannungsspitze, die in ihrer Polarität umgekehrt gerichtet ist wie die angelegte Spannung. Dadurch können empfindliche elektronische Bauteile, wie Transistoren, Dioden und Leuchtdioden, zerstört werden. Schaltet man eine Diode (Schutz- oder Freilaufdiode genannt) parallel und umgekehrt gepolt zum Elektromagneten, so können diese Bauteile geschützt werden.

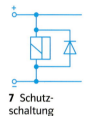

7 Schutzschaltung

Elektromagnete sind erheblich stärker als die kleinen Dauermagnete. Dies gilt besonders, wenn durch ihre Wicklung ein hoher Strom fließt. Ein Hubmagnet auf dem Schrottplatz kann so mehrere Tonnen Stahl zum Verladen anheben.

6 Hubmagnet an einem Hebekran

Werkstoffe und Bauteile **173**

Elektromotoren

Ein einfacher Elektromotor besteht aus einem drehbaren Elektromagneten im Magnetfeld eines Dauermagneten. Der feststehende Dauermagnet wird auch als **Feldmagnet** oder Stator und der drehbare Elektromagnet als Läufer, Rotor oder **Anker** bezeichnet.

Elektromotoren mit Dauermagneten als Feldmagneten sind nur für Gleichstrom geeignet. Ist der Feldmagnet ein Elektromagnet, kann der Motor sowohl für Gleichstrom als auch für Wechselstrom verwendet werden.

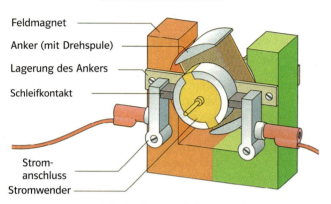

1 Zweipolmotor mit Stromwender

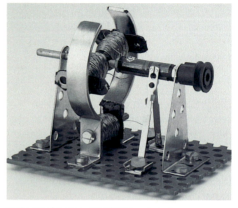

2 Zweipolmotor mit Elektromagnet

Fließt Strom durch die Ankerwicklung, wirken zwischen Anker und Feldmagnet Magnetkräfte. Der Anker dreht sich so weit, bis sich verschiedenartige Pole gegenüberstehen. Der Rotor würde nun stehen bleiben. Lässt man jetzt den Strom in der umgekehrten Richtung durch die Spule fließen, werden die Pole der Spule vertauscht. Der bisherige Nordpol wird Südpol und umgekehrt. Da sich jetzt gleichartige Pole gegenüberstehen, stoßen sie sich ab und der Anker dreht sich weiter.

Eine Vorrichtung, die den Strom in einem Anker umpolt, nennt man **Stromwender**, Polwender oder Kommutator. Der Stromwender besteht aus Schleifringabschnitten, die mit den Ankerwicklungen verbunden sind. Die Schleifringabschnitte müssen voneinander isoliert sein. Sie sind so angeordnet, dass der Strom seine Richtung ändert, kurz bevor sich Nord- und Südpol gegenüberstehen.

Über Schleifkontakte wird der Strom zum Stromwender hin- und von ihm zurückgeführt. Sie werden als **Bürsten** bezeichnet, da sie früher aus kleinen Kupferbürsten bestanden, die jedoch zu starker Funkenbildung neigten. Heute bestehen die Schleifkontakte aus Grafit.

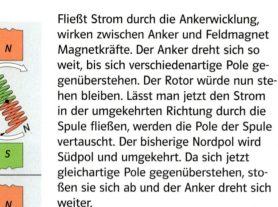

Motoren mit nur einer Spule und somit einem Stromwender aus zwei Schleifringhälften werden nur im Modellbau verwendet. Bei ihnen besteht der Nachteil, dass sie bei ungünstiger Lage des Rotors nicht selbst anlaufen. Außerdem laufen sie bei kleiner Drehzahl unrund.

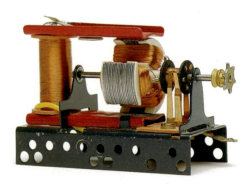

3 Dreipolmotor

Dreipolanker mit dreigeteiltem Stromwender laufen hingegen selbstständig an, da nie zwei Ankerpole gleichzeitig den Polen des Feldmagneten genau gegenüberstehen. Anker mit einer größeren Polzahl erhöhen die Leistung des Motors und sie sind laufruhiger. Man bezeichnet sie als **Trommelanker**.

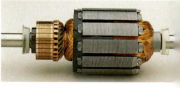

4 Trommelanker eines Elektromotors

174 Werkstoffe und Bauteile

Elektrische Bauteile

Motoren können auf sehr unterschiedliche Weise hergestellt werden. Oft werden sie als Haupt- oder Nebenschlussmotoren geschaltet.

Bei **Nebenschlussmotoren** sind Rotor und Stator parallel geschaltet.

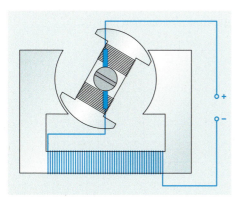

5 Hauptschlussmotor

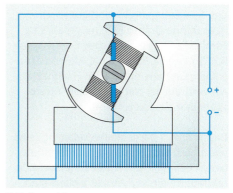

7 Nebenschlussmotor

Bei **Hauptschlussmotoren** sind die Rotor- und die Statorwicklung in Reihe geschaltet. Deshalb werden sie auch manchmal Reihenschlussmotoren genannt. Durch die Schaltungsart bedingt ergibt sich der Gesamtwiderstand beider Wicklungen aus ihrer Summe.

Die Drehzahl ist von der Belastung des Motors abhängig. Wird der Rotor belastet, dann steigt der Strom im Rotor und Stator. Nach dem ohmschen Gesetz fällt durch den höheren Strom bei gleicher Eingangsspannung der Innenwiderstand der Spule. Ein kleinerer Innenwiderstand hat aber ein kleineres Drehmoment (Drehkraft) und eine kleinere Drehzahl zur Folge.

Dadurch haben Hauptschlussmotoren ein „weiches" Anfahrverhalten, aber auch eine hohe Leerlaufdrehzahl, die nur durch die Reibung in den Lagern begrenzt ist.

Anwendung:
Sie werden überall eingesetzt, wo schwere Lasten bewegt werden müssen, die aber langsam anfahren sollen, wie z. B. bei Kränen, Anlassern von Autos und Aufzügen sowie von elektrischen Eisen- und Straßenbahnen.

Der Gesamtstrom (I_{ges}) ist durch die parallelen Spulenwicklungen größer als beim Hauptschlussmotor.

Wird der Anker mechanisch belastet, dann steigt der Strom im Anker. Da dieser zum Stator parallel geschaltet ist, hat der Stromanstieg keine Auswirkung auf den Strom oder die Spannung des Stators. Bei größeren Motoren ist die Drehzahl nahezu belastungsunabhängig und bleibt weitgehend konstant.

8 Kennlinie Nebenschlussmotor

Motoren mit Dauermagneten als Stator sind immer Motoren mit Nebenschlussschaltung, da das Magnetfeld des Stators vom Ankermagnetfeld unabhängig ist.

Anwendung:
Sie werden in nahezu allen Haushaltsmaschinen, Werkzeugmaschinen und in Modellbaumotoren eingesetzt.

Compoundmotoren sind Kombinationen von Haupt- und Nebenschlussmotoren. Der Anker bleibt unverändert. Die Spulen des Stators sind geteilt. Die eine Hälfte des Stators wird parallel, die andere Hälfte in Reihe zum Anker geschaltet. Dadurch werden die Vorteile kombiniert und man erhält die konstante Drehzahl des Nebenschlussmotors und das hohe Anlaufdrehmoment des Hauptschlussmotors.

Werkstoffe und Bauteile **175**

Relais

Elektromagnetische Relais (gesprochen: Relä) sind Schalter, die durch Elektromagnete betätigt werden. Mit Relais lassen sich starke Ströme und hohe Spannungen durch schwache Ströme und niedrige Spannungen ein- und ausschalten. Über dünne Drähte ist eine gefahrlose Fernbedienung elektrischer Geräte möglich. So kann z.B. mit einer kleinen Steuerspannung aus einer 4,5-V-Flachbatterie ein Verbraucher mit hoher 230-V-Netzspannung geschaltet werden.

Das in Abb. 1 dargestellte Relais besteht aus einem Weicheisenkern, einer Spule, einem beweglichen Anker und zwei Kontaktfedern, die vom Anker isoliert sind. Wird der links dargestellte Stromkreis geschlossen, fließt Strom durch die Relaisspule. Dadurch wird der bewegliche Anker angezogen und drückt eine Kontaktzunge weg. Bei Kontakt leuchtet die Lampe. Fließt kein Strom durch die Spule, sind die Kontaktzungen geöffnet, die Lampe leuchtet nicht. Die Kontaktzungen wirken als **Schließer**.

Den linken Stromkreis in Abb. 1 bezeichnet man als Steuerstromkreis. In ihm liegt die Relaisspule. Den rechten Stromkreis bezeichnet man als Last- oder Arbeitsstromkreis. In ihm liegen die Kontaktzungen. Zwischen beiden Stromkreisen besteht keine elektrische Verbindung. Der Fachmann spricht von einer **„galvanischen Trennung"**.

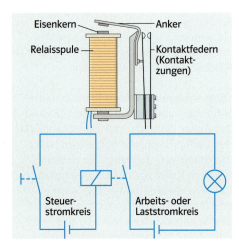

1 Schaltplan: Relais mit Schließer

Sind bei einem Relais in Ruhestellung die Kontaktzungen geschlossen, spricht man von einem **Öffner**. Wird der Steuerstromkreis in der Schaltung nach Abb. 2 geschlossen, so wird der Laststromkreis geöffnet. Die Lampe erlischt.

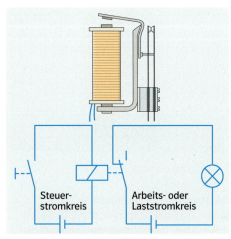

2 Schaltplan: Relais mit Öffner

Ein Relais mit **Wechsler** ist eine Kombination von Schließer und Öffner. Man kann Relais auch mit mehreren Kontaktsätzen aus Schließern, Öffnern und Wechslern kombinieren.

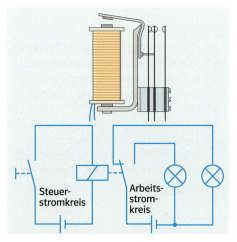

3 Schaltplan: Relais mit Wechsler

In Schaltplänen werden Relaisschaltungen wie andere Schaltungen auch im **Ruhezustand** dargestellt. Man zeichnet Relais in der Schaltstellung also so, als wäre die Spannungsquelle nicht angeschlossen.

176 Werkstoffe und Bauteile

Elektrische Bauteile

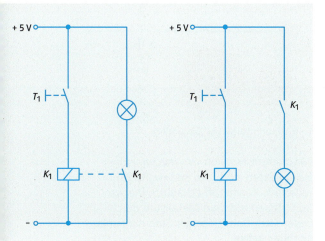

4 Relaisschaltung in zusammenhängender (links) und in aufgelöster Darstellung (rechts)

Relaisschaltungen können in unterschiedlichen Darstellungen gezeichnet werden. Die **Relaisschaltung in zusammenhängender Darstellung** wird benutzt, um alle Einzelheiten möglichst genau aufzuzeigen. Die zusammenhängende Darstellung soll veranschaulichen, dass die Schaltkontakte magnetisch und mechanisch mit der Relaisspule verbunden sind (siehe die gestrichelte Linie). Relaisspule und Schaltkontakte werden deshalb in räumlicher Nähe gezeichnet.

Die **Relaisschaltung in aufgelöster Darstellung** wird benutzt, wenn viele Bauteile (z. B. Relais) in einem Schaltplan vorhanden sind und das Zusammenwirken aller Bauteile aufgezeigt werden soll.

Werden viele Relais eingesetzt, so würden sich in der zusammenhängenden Darstellung die gestrichelten Verbindungslinien so stark überkreuzen, dass der Funktionszusammenhang nicht mehr erkennbar wäre.
Um die Übersichtlichkeit zu gewährleisten, müssen bei dieser Darstellungsart die Stromwege möglichst senkrecht und kreuzungsfrei verlaufen.
Die Schaltkontakte haben die gleiche Bezeichnung wie die Relaisspule (z. B. K_1) und sind im Schaltbild oben anzuordnen. Unten werden die Verbraucher eingezeichnet.

Anschlussbelegung (Pinbelegung) eines Relais herausfinden

Relais sind mit durchsichtigem, undurchsichtigem oder ohne Gehäuse im Handel zu kaufen. Sind die Anschlüsse nicht gekennzeichnet, dann bleibt nichts anderes übrig als sie auszumessen oder im Internet Datenblätter des Bauteils zu suchen.

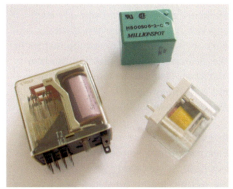

5 Relais in unterschiedlichen Bauformen

Als erstes sollten die Anschlüsse durchnummeriert werden.
Anschließend sucht man die Spulenanschlüsse. Diese sind meist von den anderen Anschlüssen räumlich abgesetzt. Leider gilt das nicht immer. Deshalb sollte der Widerstandswert mit einem Multimeter gemessen werden. Dieser Wert liegt ungefähr zwischen 50 und 2000 Ω. Die Kenndaten des Relais geben genauere Auskunft über den Spulenwiderstand.
Als nächstes müssen die Schaltkontakte gemessen werden um ihre Art und die Kontaktbelegung mithilfe der Tabelle zu bestimmen. Es ergeben sich hier nur die beiden Zustände Verbindung (nahezu 0 Ω) oder keine Verbindung (nahezu unendlich (∞) großer Widerstandswert).

Schließerkontakt

Öffnerkontakt

Wechslerkontakt

Kontakt		Ruhe	geschaltet
Schließer		∞	0
Öffner		0	∞
Wechsler	1 + 2	∞	0
	1 + 3	0	∞
	2 + 3	∞	∞

6 Tabelle der Kontaktbelegung

Werkstoffe und Bauteile **177**

Mechanische Bauteile für elektrische Antriebe

Achsen
Die stabförmigen Bauteile tragen rotierende Teile, wie Räder oder Zahnräder, ohne selbst deren Drehbewegung weiterzuleiten (Abb. 1). Anwendungsfälle sind die Vorderradachsen von Fahrrädern, die Achsen von Eisenbahnwagen und die Achsen in den Tragerollen von Flaschenzügen und von Seilbahnen.

1 Achse und Welle bei Zahnrädern

Wellen
Sie übertragen sowohl Dreh- als auch Lagerkräfte. Wellen werden deshalb, anders als Achsen, auf Torsion beansprucht. Die unterschiedliche Funktion der bauähnlichen Teile bringt dieser Merksatz gut zum Ausdruck:
Achsen tragen – Wellen übertragen.

Torsion: Verdrehung, Verwindung

Es gibt nicht nur gerade Wellen, wie bei Elektromotoren, sondern auch ausgebuchtete, so genannte gekröpfte Wellen. Sie werden häufig für den Kurbeltrieb verwendet (Abb. 2).

Für die Konstruktion von mechanischen Bauobjekten sind rote und weiße Zahnräder aus Kunststoff erhältlich. Die weißen drehen auf dem Metallstab durch (loser Sitz). Damit hat der Stab die Funktion einer **Achse**.
Die roten Zahnräder hingegen müssen zuerst einmal kräftig auf den Metallstab gepresst werden (fester Sitz, Presspassung). Weil der Stab jetzt eine Kraft von oder zu den Zahnrädern weiterleiten kann, hat er die Funktion einer **Welle**.

Lager
Sie stützen und halten Achsen und Wellen. Die wichtigsten Lagerarten sind die Gleit- und die Wälzlager.

2 Kröpfung bei der Bohrwinde

Gleitlager sind häufig als Buchsen aus Kunststoff oder Metall ausgeführt. Geschmiert sind sie selbst bei schnellem Lauf der Welle leise. Im Trockenlauf und bei großer Belastung allerdings erhöht sich die Reibung erheblich – dabei können sie heißlaufen! Hier sind Sinterlager aus Bronze (Abb. 3) im Vorteil, da sie in ihren winzigen Hohlräumen einen Ölvorrat enthalten.

Sintern: Pressen und Erhitzen bis zum Zusammenbacken von pulverförmigen Werkstoffen in einer Form

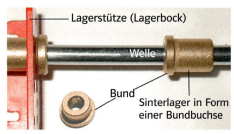

3 Gleitlager bei einer Welle

Bund: Flansch an der Laufbuchse, der für den korrekten Sitz der Buchse im Lager sorgt

Von den **Wälzlagern** sind die Kugellager aus Stahl am bekanntesten. Sie sind teurer und auch schwieriger einzubauen als Gleitlager. Doch mit Schmiermittel versehen ist ihre Lagerreibung mindestens 30-mal kleiner als die von Gleitlagern. Selbst ohne Ölfilm sind Kugellager noch einige Zeit funktionsfähig (gute Notlaufeigenschaft). Bei großer Achslast werden anstelle von Kugeln zylinderförmige Wälzkörper verwendet (siehe das rechte Lager in Abb. 4).

4 Wälzlager (aufgeschnitten)

Elektrische Bauteile

Zahnräder und Getriebe
Sie können Drehbewegungen in andere Richtungen, mit geänderter Drehzahl oder Drehkraft übertragen.

6 Zahnradpaare

Oft muss bei einem kleinen Elektromotor die schwache Drehkraft (Drehmoment) seiner Welle erhöht werden. Dazu befestigt man auf seiner Welle ein **Ritzel** mit dem Durchmesser d_1 und der Zähnezahl z_1, das auf ein größeres nachfolgendes Zahnrad mit d_2 bzw. z_2 eingreift.

Ritzel: kleines Zahnrad auf einer Welle

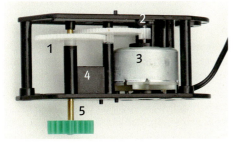

1 2-stufiges Getriebe
2 Ritzel
3 Elektromotor
4 Getriebegehäuse
5 Abtriebswelle

7 Getriebemotor mit Zahnrädern

Die Kraft an der Welle des größeren Zahnrads ist dann um $i = d_2/d_1 = z_2/z_1$ größer als an der Motorwelle. Mit dieser Übersetzung i dreht jedoch d_2 langsamer als die Motorwelle.
Bei einem 2-stufigen Getriebe beträgt die Gesamtübersetzung $i_{ges} = i_1 \cdot i_2$.

Hohe Übersetzungen erreicht man mit einem Schneckenrad. Treibt dieses ein Zahnrad mit z. B. $z = 15$ an, erhält man eine Krafterhöhung an der Zahnradwelle von 15. Wird nicht die Schnecke, sondern das Zahnrad angetrieben, sperrt das Getriebe (Selbsthemmung).
Schneckenradgetriebe laufen unter Belastung leiser als Zahnradgetriebe.

5 Schneckenradgetriebe

Riemengetriebe
Mit dieser Getriebeart lassen sich große Wellenabstände überwinden. Wie bei den Zahnrädern kann man durch eine Variation der Raddurchmesser die benötigte Übersetzung herstellen.

8 Teile eines Riemengetriebes

Flach- und Keilriemen oder gerippte Riemen (Abb. 8) können durchrutschen, da sie kraftschlüssig wirken.
Manchmal ist dies von Vorteil, beispielsweise um Maschinenteile vor Überlastung zu schützen.

9 Teile eines Zahnriemengetriebes

Zahnriemen arbeiten wie Zahnräder formschlüssig, rutschen also nicht durch. Sie sind, wie alle Riemen, auch bei hohen Drehzahlen relativ leise.
Bei Tintenstrahldruckern treiben Zahnriemen den Druckkopf punktgenau an. Riemen werden im Lauf der Jahre spröde und rissig, besonders im Freien durch Hitze und Kälte. Sie müssen dann gewechselt werden.

Kettengetriebe
Ketten aus Stahl, wie Fahrradketten, übertragen höhere Kräfte als Zahnriemen. Eine Schmierung der Kettenglieder vermindert die Reibung und das laute Kettenrasseln.

kraftschlüssig: Kraftverbindung über Reibung wie beim Reibradgetriebe des Fahrraddynamos

Teilung t: Nach dieser Strecke in mm kommt am Riemen ein neuer Zahn, in Abb. 9 alle 2,5 mm.

formschlüssig: Kraftverbindung über ineinander greifende Formteile

Werkstoffe und Bauteile **179**

Fertigungsverfahren und Fertigungsarten

Holz • Metall • Kunststoff • Bautechnik • Elektrotechnik • Fertigungsarten

Jetzt kommt es drauf an: Gespannt beobachtet der Werkzeugmacher den Bohrvorgang – die Kühlflüssigkeit läuft – die Einstellungen sind richtig. Es darf nichts mehr danebengehen, denn das Bauteil für seine Maschine ist fast fertig – nur noch diese eine Bohrung. Aber es wird wohl klappen – gelernt ist gelernt!

Auch bei euch wird wohl Spannung aufkommen, wenn ihr endlich an die Bohrmaschine dürft, wenn ihr eure selbst erarbeiteten Einzelteile zu einem Produkt zusammenfügt oder wenn ihr den Lötkolben nehmt und eure Platine bestückt. Jetzt zeigt sich bald das Ergebnis all eurer Vorbereitungen! Und sollte doch mal etwas schief gehen: Übung macht den Meister, besonders beim Umgang mit Werkzeugen und Maschinen.

Das wirst du kennen lernen:

- Wie werden die verschiedenen Werkstoffe bearbeitet?
- Welche Verfahren gibt es in der Bautechnik und Elektrotechnik?
- Welche Fertigungsarten gibt es in der Industrie?

Holz   Metall   Kunststoff

Fertigungsverfahren

Durch verschiedene Fertigungsverfahren werden Werkstoffe oder auch Werkstücke in ihren Eigenschaften bzw. in ihrer Form, Größe oder Eigenschaft verändert. Dies geschieht mithilfe von Werkzeugen und Maschinen unter Nutzung von Energie. Dabei entstehen neue Werkstücke mit speziellen technischen Merkmalen. Die Fertigungsverfahren werden in die folgenden sechs Hauptgruppen eingeteilt:

Urformen: Gießen, Pressen, Sintern, …

Beim Urformen wird ein flüssiger oder pulvriger Stoff zu einem festen Körper.

Ein neuer Zusammenhalt der Stoffteilchen wird geschaffen.

Umformen: Walzen, Ziehen, Biegen, …

Beim Umformen erhält ein fester Körper eine andere Form.

Der Zusammenhalt der Stoffteilchen wird beibehalten.

Trennen: Drehen, Bohren, Sägen, …

Beim Trennen werden größere oder kleinere Teile vom Körper abgetrennt.

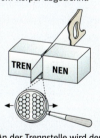

An der Trennstelle wird der Zusammenhalt aufgehoben.

Fügen: Schweißen, Kleben, Löten, …

Beim Fügen werden Körper miteinander verbunden.

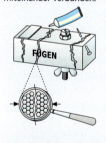

An der Fügestelle wird der Zusammenhalt vermehrt.

Beschichten: Spritzen, Emaillieren, Galvanisieren, …

Beim Beschichten erhält ein Körper eine fest haftende Schicht.

An den beschichteten Stellen wird der Zusammenhalt vermehrt.

Stoffeigenschaft ändern: Glühen, Härten, Nitrieren, …

Beim Ändern der Stoffeigenschaften wird ein Werkstoff z. B. härter oder weicher.

Teilchen werden ausgesondert, eingebracht oder umgeordnet.

Fertigungsverfahren und Fertigungsarten

Messen, Anreißen, Prüfen

Vorgang

Arbeitsmittel

Messen mit dem Glieder- oder Stahlmaßstab
Ein Gliedermaßstab wird bei größeren Werkstücken benutzt.
Beim Messen mit dem Stahlmaßstab lassen sich kleine Werkstücke präzise messen.

Oft lässt sich genauer abmessen, wenn man einen Hilfsanschlag verwendet.

Messen mit dem Messschieber
Der Messschieber kann überall dort eingesetzt werden, wo die Messgenauigkeit der Maßstäbe nicht mehr ausreicht. Besonders zum Ausmessen von Blechdicken, Drahtstärken, Lochdurchmessern und Löchertiefen ist dieses Messwerkzeug gut geeignet.

Der Messschieber hat einen festen und einen beweglichen Messschenkel. Damit können Außenmaß, Innenmaß und die Tiefe gemessen werden.

Auf dem beweglichen Schieber befindet sich ein Ablesemaßstab, der **Nonius**. Mit ihm liest man Zehntelmillimeter ab.

Der auf 1/10 mm genaue Messwert wird so abgelesen:
1. Ermitteln der ganzen Millimeter. Sie stehen auf der Hauptskala links vom Nullstrich des Nonius (hier 28 mm).
2. Nachschauen, welcher Strich des Nonius genau unter einem Strich der Hauptskala steht. Auf der Noniusskala jetzt die Zehntelmillimeter ablesen (hier 6). Das Maß beträgt hier also 28,6 mm.

Anreißen von geraden Linien
Die Reißnadel wird an einem Anschlagwinkel oder am Stahllineal entlang geführt. Auf Metall hinterlässt sie einen feinen, glänzenden Riss. Für Holz verwendet man einen Bleistift. Ein fein gezeichneter Strich lässt sich schnell wieder entfernen.

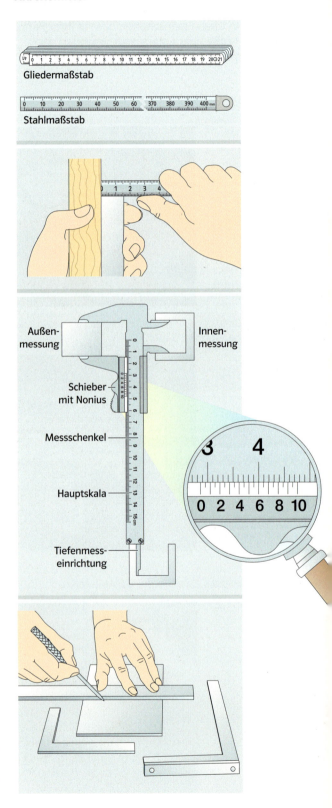

Holz   Metall   Kunststoff

Arbeitsmittel Holz

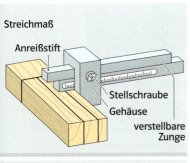

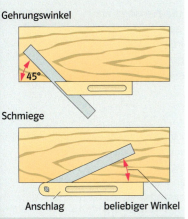

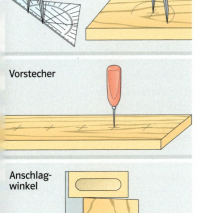

Vorgang

Paralleles Anreißen
Mit dem Streichmaß lassen sich parallel verlaufende Risse festlegen.
Mit einem Parallelreißer lassen sich gleichmäßige Risse auf längeren Werkstücken, z. B. auf Rohren, parallel zur Standfläche ziehen.

Anreißen mit Hilfsmitteln
Mit Gehrungswinkeln und Schmiegen lassen sich beliebige Winkel anlegen und abnehmen. Für das Anreißen des Kreismittelpunkts wird der Zentrierwinkel verwendet.

Anreißen von Kreisbögen
Mit dem Reißzirkel kann man Kreisbögen anreißen oder Maße direkt von der Skala eines Maßstabs abnehmen und auf das Werkstück übertragen.

Vorstechen oder Körnen
Damit Bohrer oder Reißzirkel genau angesetzt werden können, markiert man die Stelle mit einem Vorstecher (Holz) bzw. einem Körner (Metall).
Es wird im Schnittpunkt zweier Risslinien gekörnt. Beim Ansetzen zielt man mit der feinen Spitze schräg auf den Schnittpunkt, stellt den Körner senkrecht und körnt mit *einem* Hammerschlag leicht an.

Prüfen
Beim Prüfen wird ermittelt, ob ein Werkstück die geforderten Eigenschaften erfüllt oder von den festgelegten Werten abweicht. Den Unterschied zwischen dem Größtmaß und dem Kleinstmaß nennt man **Toleranz**. Messwerkzeuge, Anschlagwinkel, Flachwinkel, Schablonen und Lineale eignen sich zum Prüfen. Mit dem Lineal kann man Flächen auf Ebenheit prüfen. Im Gegenlicht zeigt ein Lichtspalt Unebenheiten an.

Arbeitsmittel Metall

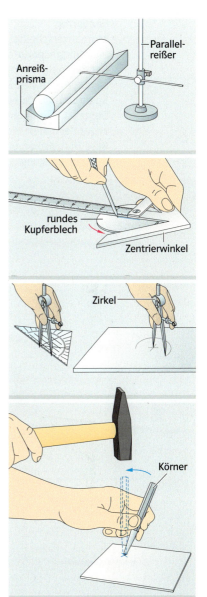

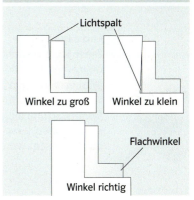

Fertigungsverfahren und Fertigungsarten

Trennen von Holz

Sägen

Sägearten
Man unterscheidet eingespannte und nicht eingespannte Sägen (Abb. 1). Bei den eingespannten Sägen (Spannsägen) erhält das Sägeblatt die nötige Spannung durch einen Bügel oder ein Gestell. Nicht eingespannte Sägen (Heftsägen) erhalten ihre Spannung durch größere Blattdicken oder durch Versteifung des Blattrückens.

3 Zähne zeigen vom Griff weg, auf Stoß arbeitend

Sägezähne
Sägezähne sind so geformt, dass sie entweder in eine Richtung oder in beide Richtungen wirken.
Der Fuchsschwanz und die Feinsäge arbeiten auf Stoß (Zähne zeigen vom Griff weg), die Laubsäge und die PUK-Säge auf Zug (Zähne zeigen zum Griff). Die Schweifsäge und spezielle Gestellsägen wirken beidseitig.

auf Stoß

beidseitig wirkend

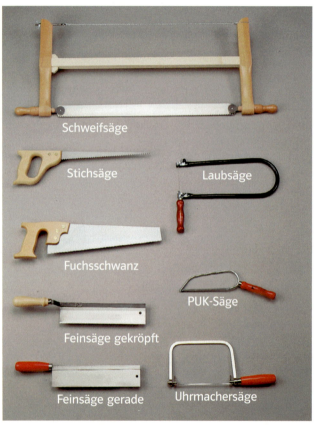

1 Sägearten

Zahngröße
Größere Zähne ergeben einen groben Schnitt. Solche Sägen werden für dickes Holz, Weichholz und Längsschnitte eingesetzt. Sägen mit vielen kleinen Zähnen arbeiten feiner. Man verwendet sie für Schnitte quer zur Faser des Holzes, für Hartholz und für dünnes Holz.

Schränkung
Schnitt und Leistung einer Säge hängen auch von ihrer Schränkung ab. Bei geschränkten Sägen sind die Zähne abwechselnd etwas nach rechts und links ausgebogen (geschränkt). Somit wird ihre Schnittbreite größer als die Blattdicke. Das Sägeblatt hat dadurch im Schnitt Bewegungsfreiheit und klemmt nicht. Den Schnitt kann man auch beim Sägen leicht korrigieren, weil die geschränkten Zähne etwas breiter sägen als das Sägeblatt dick ist. Sägen für feine Schnitte sind wenig, für grobe stärker geschränkt.

Lochsäge
Diese Säge besteht aus einem Führungsbohrer mit ringförmigen Sägen, die verschiedene Durchmesser haben. Sie wird in das Bohrfutter einer elektrischen Bohrmaschine eingespannt. Mit der Lochsäge können verschieden große und tiefe Löcher gesägt werden.

2 Lochsäge

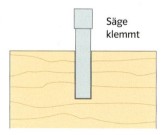

4 Sägeblatt ungeschränkt

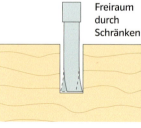

5 Sägeblatt geschränkt

Fertigungsverfahren und Fertigungsarten

Holz

Tipp:
Eine Säge gleitet besser, wenn man mit einer Kerze oder Seife einen feinen Schmierfilm auf das Blatt aufbringt.

Handhabung von Sägen
- Das Werkstück fest einspannen, damit es nicht federt.
- Ein aufgelegtes oder mit der Schraubzwinge festgespanntes Holzstück gibt dem Sägeblatt die nötige Führung (Abb. 6) und vermeidet eine Verletzung deiner Hand durch eine „springende Säge".
- Die Säge auf der abfallenden Seite so am Riss ansetzen, dass dieser nach dem Sägen noch sichtbar ist.
- Den Sägeschnitt mit einer Rückwärtsbewegung der Säge beginnen, damit sie nicht „springen" kann.
- Zügig sägen, ohne Druck nach unten.
- Kurz bevor die Säge die Unterseite erreicht, wird das abfallende Ende des Werkstücks gestützt. So reißt die Unterseite nicht aus und der Schnitt wird sauber.

6 richtiges Sägen

Stemmen
Mit dem Stechbeitel kann man eckige Vertiefungen, Zapfenlöcher oder Überblattungen (Seite 190) herstellen. Stechbeitel gibt es in verschiedenen Klingenbreiten (zwischen 4 und 40 mm). Sie werden nach den Erfordernissen der Fertigung ausgewählt.

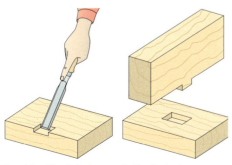

7 eckige Vertiefung   **8** Zapfenloch

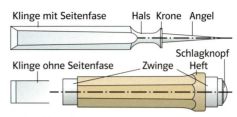

9 Stechbeitel

Arbeitssicherheit

Die Verletzungsgefahr ist beim Stemmen besonders groß.
- Trage den Stechbeitel so, dass beim Transport niemand verletzt wird.
- Spanne das Werkstück fest ein.
- Führe den Stechbeitel immer vom Körper weg!
- Halte die Hand beim Stechen nicht vor den Stechbeitel!
- Lege das Werkzeug nach dem Gebrauch geordnet auf den Tisch.

Arbeitshinweise
- Um das Heft nicht zu beschädigen, wird zum Stemmen nur ein Holzhammer benutzt.
- Die angezeichnete Linie (oder der Riss) bleibt am Werkstück.
- Stechbeitel senkrecht unmittelbar neben dem Riss in das Holz treiben. Die Fasen zeigen dabei nach außen.
- Das Holz von außen nach innen abtragen. Die Fasen zeigen dabei nach oben.
- Danach wird mit der Feile bis zur Linie nachgearbeitet.

10 Werkstück einspannen

Fertigungsverfahren und Fertigungsarten

Trennen von Holz

Raspeln und Feilen

Raspel
Mit der Raspel wird die grobe Bearbeitung von Vollholz durchgeführt. Die Raspelzähne (Hiebe) ragen aus dem Blatt. Sie reißen deshalb bei der Vorschubbewegung Holzfasern aus dem Material und hinterlassen tiefe Spuren in der Oberfläche, die man z. B. mit der Feile glätten kann.

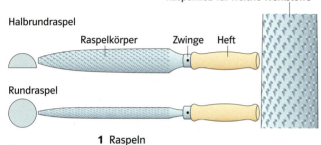

1 Raspeln

Feile
Die Feile soll zur Feinbearbeitung einer Form benutzt werden. Feilen mit schrägem Hieb sind besonders gut geeignet, weil die Späne sich nicht so schnell im Feilenblatt festsetzen.

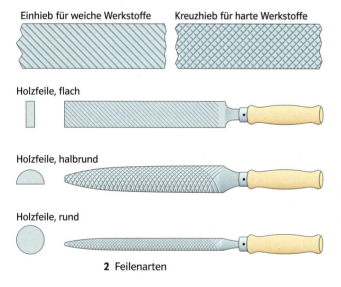

2 Feilenarten

Handhabung von Raspeln und Feilen
Beachte die richtige Handhabung der Raspel und der Feile. Damit das Werkstück beim Bearbeiten nicht federt, wird es nur mit geringem Überstand eingespannt.

Da Raspel und Feile nur „auf Stoß" wirken, wird nur während der Vorwärtsbewegung Druck ausgeübt. Um ein Absplittern oder Ausreißen zu vermeiden, geht man wie folgt vor:

▶ Feile und Raspel nach vorn und seitlich mit geringem Druck führen.
▶ Kanten vor dem Raspeln anschrägen (anfasen) oder eine Beilage verwenden.

3 richtiges Raspeln

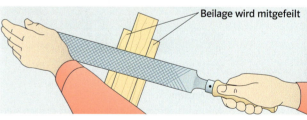

4 Raspeln mit Beilage

Ist der Hieb mit Harz, Leim oder feuchtem Holz verstopft, muss man ihn in heißem Seifenwasser „einweichen" und mit einer Feilenbürste reinigen. Die Feilenbürste nur in einer Richtung durch den Hieb ziehen!

Raspel und Feile arbeiten nur gut, wenn sie scharf sind. Deshalb sollten ihre Hiebe andere Werkzeuge aus Metall (z. B. Hammer, Säge) nicht berühren. So werden die Hiebe geschont und andere Werkzeuge nicht beschädigt.

Fertigungsverfahren und Fertigungsarten

Holz

Bohrer	Verwendung	Hinweise
Spitzbohrer – Vorstecher – für Holz und Kunststoffe	Mit ihm kann man Löcher für kleine Schrauben oder zum Ansetzen anderer Bohrer vorstechen.	Falls er nicht im Werkzeugblock aufbewahrt wird, ist die Spitze mit einem Korken zu versehen, um Verletzungen vorzubeugen! Immer mit dem Griff voraus übergeben.
Schneckenbohrer – für Holz	Er eignet sich zum genauen Bohren von Hart- und Weichholz sowie für Holzwerkstoffe. Seine Förderschnecke transportiert die Späne aus dem Bohrloch.	Nicht für den Einsatz mit der elektrischen Bohrmaschine geeignet! Nur für manuelles Bohren mit der Bohrwinde.
Spiralbohrer mit Zentrierspitze – für Holz	Dieser Bohrer kann mit der elektrischen Bohrmaschine betrieben werden. Seine Zentrierspitze verhindert das Verlaufen des Bohrers.	Kann auch mit Handbohrmaschinen betrieben werden. Nicht auf die Zentrierspitze fallen lassen. Deshalb Vorsicht beim Ausspannen aus dem Bohrfutter!
Spiralbohrer – für Metall, Kunststoff und Holz	Beide Hauptschneiden sind zu einem Spitzenwinkel von 118 – 140° angeschliffen.	Um das Verlaufen des Bohrers zu verhindern, sticht bzw. körnt man das Bohrloch vor.
Forstnerbohrer – für Holz	Grund und Wandung einer Bohrung werden sauber und glatt. Mit seiner Zentrierspitze kann man ihn genau im vorgestochenen Loch ansetzen.	Nicht auf die Zentrierspitze fallen lassen. Deshalb Vorsicht beim Ausspannen aus dem Bohrfutter!
Krauskopf – Senker – für alle Werkstoffe (wenn HSS)	Mit ihm kann man Bohrungen entgraten oder trichterförmig erweitern, um z. B. Senkkopfschrauben in den Werkstoff oberflächenbündig einzudrehen.	Unbedingt den Tiefenanschlag einstellen, damit sich der Senker nicht zu tief in die Bohrung bohrt.

Fertigungsverfahren und Fertigungsarten

Fügen von Holz

Einzelteile eines mehrteiligen Gegenstands müssen miteinander verbunden werden. Dies kann durch verschiedene Fügetechniken geschehen, z. B. durch Leimen, Nageln, Schrauben, Dübeln, Nuten, Schlitzen, Zapfen, Überblatten.

Leimen

Zum Verleimen von Holzwerkstoffen ist Weißleim geeignet. Er ist nach der Gebrauchsanweisung zu verarbeiten.

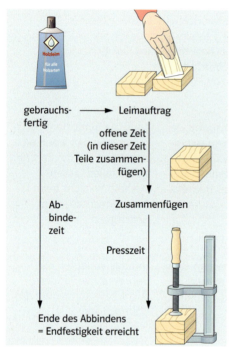

1 Arbeitsschritte beim Leimen

Nageln

Nagelverbindungen sind schnell und leicht herzustellen. Nägel gibt es in verschiedenen Längen und Kopfformen.

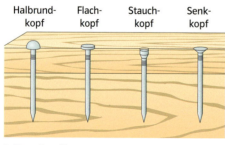

2 Nagelkopfformen

Bei einer Nagelverbindung geht man wie folgt vor:

Nagel bestimmen

Länge: Brettdicke x 3.
Dicke: 1/10 der Dicke des dünneren Bretts
Form: z. B. Flachkopf für grobe Arbeiten

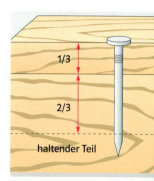

Nagellinie festlegen

► Bei rechtwinkliger Nagelung von zwei Brettern müssen die Nägel genau in die Mitte der Schmalseite eines Bretts angeordnet werden.

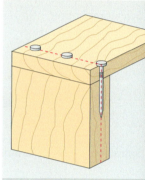

Nageln

► Hammer am Stielende festhalten.
► Nagelspitze durch leichten Hammerschlag „stauchen". Das verhindert, dass sich das Holz durch den Nagel spaltet.

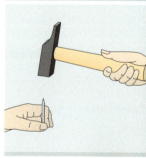

► Fixieren der beiden Bretter mit einem Nagel, die restlichen Nägel abwechselnd schräg einschlagen. Die Nagelverbindung hält dadurch besser.

Holz

Schrauben

Eine Verschraubung ist sinnvoll, wenn die Verbindung wieder gelöst werden muss oder wenn eine verleimte Verbindung zusätzlich verstärkt werden soll.
Beim Schrauben geht man folgendermaßen vor:

Schraube bestimmen

Länge: glatter Schaft so lang wie das obere Brett dick ist
Form: z. B. Senkkopfschrauben für verdeckte Schraubungen

Vorbohren

- Bohrloch mit „Kreuz" anreißen.
- Oberes Brett mit Schaftdurchmesser vorbohren.
- Unteres Brett ca. 1 mm dünner als Kerndurchmesser vorbohren.

Schrauben

- Für Senkkopfschrauben das Durchgangsloch ansenken.
- Schraubengewinde mit Wachs oder Seife bestreichen.
- Passenden Schraubendreher verwenden.
- Schraube senkrecht mit Druck eindrehen.

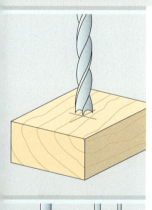

Dübeln

Dübel werden häufig dort verwendet, wo sichtbare Verbindungselemente (z. B. Schrauben, Nägel) unerwünscht sind. Sie werden aus Hartholz (Buche) hergestellt und sind in verschiedenen Dicken und Längen sowie mit und ohne Längsrillen erhältlich.
Beim Dübeln geht man wie folgt vor:

Dübel bestimmen

Durchmesser:
Bis zu einer Brettdicke von 20 mm wählt man als Dübeldurchmesser die halbe Brettdicke.

Dübelloch markieren

a) Offene Dübelung: beide Teile werden gemeinsam gebohrt.

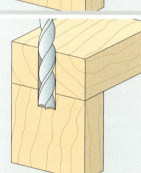

b) Verdeckte Dübelung: Bohrstellen werden mit Dübelspitzen übertragen und markiert.

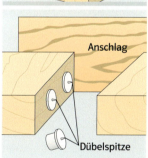

Dübeln

- Dübellöcher mit Holzspiralbohrer oder Forstnerbohrer bohren.
- Dübellöcher ansenken, um den Grat zu entfernen.
- Dübelenden anfasen.
- Dübel mit Leim versehen und mit dem Hammer einschlagen.

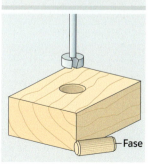

Fertigungsverfahren und Fertigungsarten

Fügen von Holz

Überblatten

Beim Überblatten werden z. B. aus zwei Latten jeweils Stücke bis zur halben Dicke herausgearbeitet („ausgeklinkt") und anschließend miteinander verleimt.
Die folgenden Abbildungen zeigen, wie man überblattet:

Verbinden mit Schlitz und Zapfen

Schlitz und Zapfen ergeben durch ihre große Leimfläche eine stark belastbare Verbindung (z. B. von Fenster- und Türrahmen). Folgende Hinweise geben Hilfen, wie man bei dieser Fügetechnik vorgeht:

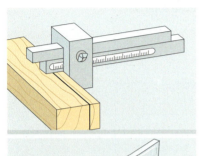

- Messen.
- Anreißen mit dem Streichmaß.

Zapfendicke bestimmen und Anreißen:
- Holzdicke x 1/3, mindestens 8 mm
- Der Riss verläuft im wegfallenden Teil.

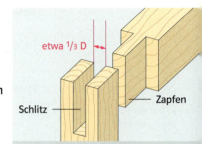

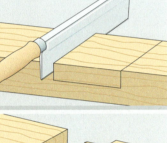

- Sägen mit der Feinsäge neben den Querrissen bis an die Längsrisse.

Sägen:
- So sägen, dass die halbe Rissbreite gerade noch sichtbar bleibt.
- Zapfen am Querriss winklig absägen.

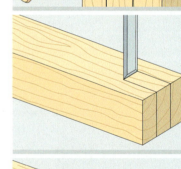

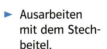

- Ausarbeiten mit dem Stechbeitel.
- Nacharbeiten mit der Feile.
- Kanten anfasen.

Stemmen des Schlitzes:
1. Stechbeitel senkrecht am Riss in das Holz treiben, Fasen zeigen nach außen.

2. Holz von außen nach innen abtragen, Fasen zeigen nach oben. Wenn notwendig, mit der Feile nacharbeiten.

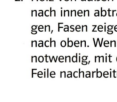

- Beide Bretter zusammenleimen.
- Mit Dübel oder Schrauben die Festigkeit erhöhen.

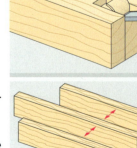

Überblattung mit Leisten ohne Stemmarbeiten:
- Leisten gleicher Dicke zusammenleimen.

Schlitz und Zapfen ohne Stemmarbeiten:
- Bei Leisten gleicher Länge ergibt sich durch Verschieben der mittleren Leiste ein Kantholz mit Schlitz und Zapfen.

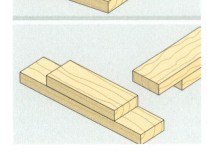

Holz

Beschichten von Holz

Überzug	Schutz/Wirkung	Arbeitsverfahren
Öl Wachs	kurzzeitiger Schutz z. B. gegen Feuchtigkeit	mit Pinsel oder Textilballen auftragen, gewachste Oberflächen polieren
Grundierung	Verbindung von Holz und nachfolgendem Überzug, muss auf diesen abgestimmt sein (Gebrauchsanweisung beachten!)	gleichmäßig dünn auftragen (in Faserrichtung und quer zu ihr), nach gründlichem Trocknen schleifen
Überzugslack	je nach Art: unterschiedlicher Schutz gegen Abrieb, Chemikalien und Witterungseinflüsse	gleichmäßig und satt in Faserrichtung auftragen, trockene Zwischenschichten schleifen
Mattierung		eventuell zuerst grundieren, mit Pinsel oder Ballen dünn auftragen
Lasur	wasserabweisend und witterungsbeständig, je nach Art wasserdampfdurchlässig	mehrmals in Faserrichtung auftragen und gleichmäßig verteilen

Die Oberfläche eines Werkstücks kann geschützt und veredelt werden.
Vor der Endbehandlung muss man Vorbereitungen treffen:
- Leimreste entfernen.
- Oberfläche schleifen.
- Zuerst grobes und dann feineres Schleifpapier benutzen.
  Kork oder Weichholz mit umwickeltem Schleifpapier verwenden.
- In Faserrichtung mit mäßigem Druck schleifen, damit die abgehobenen Späne nicht wieder in die Oberfläche eingedrückt werden.
- Die geschliffene Oberfläche wässern, denn niedergedrückte oder aufgerissene Fasern, die durch das Schleifen entstanden sind, quellen beim Auftragen von wässrigen Lacken, richten sich erneut auf und ergeben wieder eine raue Oberfläche. Dies kann man verhindern, indem man warmes, sauberes Wasser mit einem Schwamm oder Baumwolltuch aufträgt.
- Nach langsamem und gleichmäßigem Trocknen muss erneut mit einem feinkörnigen Schleifpapier nachgeschliffen und sorgfältig entstaubt werden.

Arbeitssicherheit

Überzugs-, Lösungs- und Reinigungsmittel gehören zu den gefährlichen Arbeitsstoffen. Sie sind leicht entzündlich und können explodieren. Dort, wo sie gelagert oder verarbeitet werden, ist daher offenes Feuer verboten. Beim Umgang mit diesen Stoffen entstehen gesundheitsgefährdende Gase. Der Arbeitsraum muss deshalb gut belüftet werden.
Kontakt mit der Haut kann zu Verätzungen führen. Symbole auf Tuben, Flaschen, Dosen usw. weisen auf diese Gefahren hin und müssen unbedingt beachtet werden (s. S. 84/85)!

 leicht entzündlich

 brandfördernd explosionsgefährlich

 gesundheitsschädlich

 ätzend

 giftig

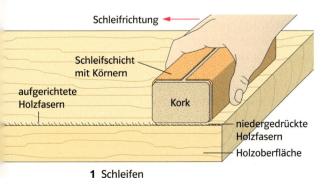

1 Schleifen

Fertigungsverfahren und Fertigungsarten **191**

Urformen von Metallen

Gießen

Beim Gießen wird ein flüssiger Werkstoff (Schmelze) in eine Form gegossen. Er nimmt beim Erstarren die Form des Hohlraums an.
Zu den Metallen, die sich gießen lassen, gehören Eisen, Kupfer, Zink, Zinn, Aluminium und Bronze.
Werkstücke werden durch Gießen hergestellt, wenn sie in großen Stückzahlen benötigt werden, komplizierte Formen oder eine hohe Fertigungsgenauigkeit besitzen müssen.
Gießverfahren werden nach der Wirkung der eingesetzten Kräfte (Schwer-, Druck- und Fliehkraft) unterschieden.

Gießen durch Schwerkraft
Beim Gießen durch Schwerkraft fließt die Schmelze in eine Sandform (verlorene Form) oder in eine Dauerform (Kokille).

Kokillengießen: Beim Kokillengießen kann man die Gießform nach dem Erstarren des Gussstücks wieder verwenden.
Sandformgießen: Beim Sandformgießen wird für jedes Werkstück eine neue Form hergestellt, da diese beim Ausformen zerstört wird.

Eine Sandgussform besteht aus einem Hohlraum in Form des zu gießenden Gegenstands, einem Eingusskanal für die Schmelze sowie einer Öffnung zum Entweichen der Luft.
Der Speiser führt an der dicksten Stelle des Werkstücks Material nach, damit sich nach dem Erkalten die Schrumpfungsstelle nicht im Werkstück, sondern im Speiser befindet.

Schrumpfen: Verringerung des Volumens bei Abkühlung

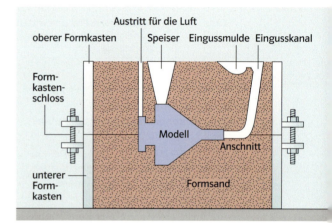

2 Sandgussform

Gießen durch Druck- und Fliehkraft
Das Gießen durch Druck- und Fliehkraft wird dort angewendet, wo die Schwerkraft nicht ausreicht, um die Form mit dem flüssigen Metall vollständig auszufüllen.
Anwendungsbeispiele für das Druckkraftgießen sind Fahrzeugteile und für das Fliehkraftgießen Rohre oder Zahnersatz.

Pressen und Sintern
Auch Pressen und Sintern ist Urformen. Dabei wird ein pulverförmiger Werkstoff in eine Form gepresst. Der Pressling wird anschließend auf eine Temperatur nahe dem Schmelzpunkt des Werkstoffs erwärmt (Sintern), sodass die Stoffteilchen dabei miteinander verbacken.

Ein durch dieses Fertigungsverfahren hergestelltes Werkstück besitzt eine gute Maßgenauigkeit und zum Teil auch eine hohe Härte. Hartmetallschneiden für Steinbohrer und Trennscheiben, die sehr verschleißfest sein müssen, werden so gefertigt.

1 Gießen der Schmelze

Metall

Umformen von Metallen

Viele Werkstücke werden durch Umformen bearbeitet, z. B. durch Biegen, Stauchen, Walzen, Ziehen, Schmieden, Verdrehen, Falzen und Tiefziehen. Nur Reinmetalle und Legierungen mit ausreichender Geschmeidigkeit eignen sich zum Umformen. Man unterscheidet **Kaltumformen** und **Warmumformen**.

Treiben
Gegenstände wie Schalen oder Becher können durch Kaltumformen aus Kupfer- oder Messingblech getrieben werden. Dabei geht man wie folgt vor:
- Als Arbeitsunterlage einen Hartholzklotz mit einer leichten Mulde verwenden.
- Die entgratete Blechronde (0,8–1 mm dick) auf dem Hartholz mit einem Kugelhammer bearbeiten und dabei vom Zentrum ausgehend Schlag um Schlag nebeneinander setzen. Das Blech bekommt eine flache Hohlform. Durch das Hämmern wird das Material in sich verschoben und verdichtet. Dabei wird es hart. Es lässt sich bald nicht mehr weiter bearbeiten.
- Das Blech über einer Gasbrennerflamme erhitzen, bis es rot glühend wird (ca. 600 °C). Die Metallteilchen ordnen sich um, das Blech wird wieder weich und formbar.
- Anschließend das Werkstück in kaltem Wasser abschrecken.
- Mit Stahlwolle den Zunder (lockere Oxidschicht) entfernen.

3 Kaltumformen von Metall

Biegen
Bleche, Rohre, Stäbe und andere Profile lassen sich durch Biegen kalt und warm umformen. Durch den Metallversuch 5 (Seite 49) kannst du ermitteln, wie sich die verschiedenen Metalle dabei verhalten.

Beim Biegen wird die äußere Schicht des Werkstoffs gedehnt und die innere gestaucht. Zwischen beiden Schichten liegt eine Faser, die spannungslos bleibt. Ihre Länge verändert sich beim Biegen nicht. Man nennt sie **neutrale Faser**.

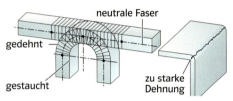

4 Biegezonen

Kleinere Blechstücke biegt man wie folgt:

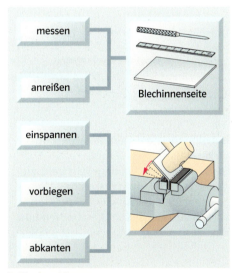

5 Bleche abkanten

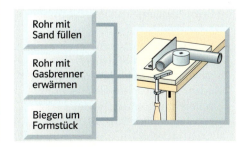

6 Warmumformen von Rohren

Fertigungsverfahren und Fertigungsarten **193**

Trennen von Metallen

Scheren

Bleche bis 0,8 mm kann man mit der Handblechschere „spanlos" zerteilen.

Handhabung
Handscheren sind zweiseitige Hebel. Die Kraft, die man aufwenden muss, ist umso geringer, je länger ihr Griff ist und je näher das Werkstück am Drehpunkt liegt. Das Scherenmaul darf nicht zu weit geöffnet sein, da sonst das Material leicht wegrutscht. Geschnitten wird am Riss auf der Abfallseite des Blechs.

Scherenarten
Feinblechschere: gerade oder gebogene Schneide für Bleche bis 0,6 mm

Durchlaufschere: für dickere Bleche

Hebelblechschere: zum Abschneiden dickerer Bleche (bis 2 mm).
Sie wird beim Schneiden nicht ganz zugedrückt, um Verformungen des Metalls zu vermeiden. Bei längeren Schnitten wird in kurzen „Bissen" geschnitten und das Blech nachgeschoben.

Arbeitssicherheit

- Beim Hantieren mit den Blechtafeln Schutzhandschuhe tragen!
- Hebel am Ende halten.
- Nur alleine an der Hebelschere arbeiten. Zureichen, Halten und Wegnehmen geschnittener Teile durch andere muss unterbleiben!
- Den Hebel nach Beendigung der Arbeit sichern!

Sägen

Zum Ablängen und Einschneiden von Metallwerkstoffen kann man verschiedene Sägen verwenden. Die Auswahl richtet sich nach Dicke und Härte des Materials sowie nach der Länge des Schnitts.

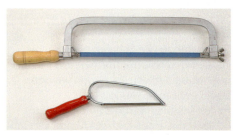

1 Metallbügelsäge, PUK-Säge

Sägeblätter
Die Sägeblätter werden in einen Bügel eingespannt. Die Zähne der Metallbügelsäge zeigen dabei vom Griff weg, sie arbeitet auf **Stoß**. Die Zähne der PUK-Säge zeigen zum Griff, sie arbeitet auf **Zug**. Die einzelnen Zähne „spanen" das Metall. Während des Schnitts nehmen die Lücken zwischen den Zähnen die Späne auf. Damit das Sägeblatt frei läuft und nicht klemmt, sind seine Zähne in einer Wellenlinie angeordnet. Dadurch wird der Sägeschnitt etwas breiter als die Sägeblattdicke.

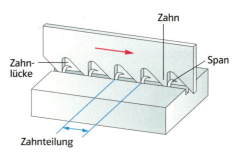

2 Wirkungsweise des Sägeblatts

Handhabung
Zum Sägen wird das Werkstück so in den Schraubstock eingespannt, dass es nicht federn oder nachgeben kann.
Das Ansetzen der Säge ist leichter, wenn man neben dem Riss eine Holzbeilage zum Anlegen des Sägeblatts befestigt oder mit einer Dreikantfeile eine kleine Vertiefung anfeilt.

Metall

Feilen

Mit Feilen kann man z. B. Oberflächen glätten, Kanten entgraten und Einzelteile, die zusammengefügt werden müssen, passgenau bearbeiten.

Aufbau der Feile

Die auf dem Feilenblatt eingehauenen oder eingefrästen Zähne nennt man **Hieb**. Damit die Späne, die beim Feilen entstehen, abgeleitet werden können, verläuft der Hieb schräg oder bogenförmig. Die meisten Feilen sind doppelhiebig. Einhiebige verwendet man für weiche Materialien, z. B. für Kupfer.
Je weicher das Material ist, desto gröber sollte die Feile sein.

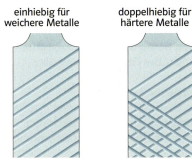

4 Hiebarten

Hiebnummer und Hiebzahl

Feilen werden in Hiebnummern eingeteilt. Diese sind abhängig von der Hiebzahl und der Feilenlänge. Feilen mit grobem Hieb haben kleine Hiebnummern (z. B. Nr. 1), Feilen mit feinem Hieb haben große Hiebnummern (z. B. Nr. 4).

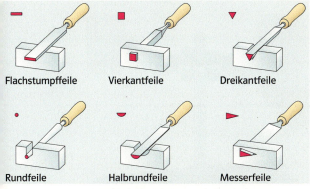

5 Auswahl der Feilen nach der Feilenart

Bohren

Beim Bohren wird das Material spanend bearbeitet. Bohrer rotieren im Uhrzeigersinn. Die Vorwärtsbewegung beim Bohren in das Material nennt man Vorschub.

Bohrwerkzeuge

Für die meisten Bohrarbeiten verwendet man wärmebeständige HSS-Bohrer (Hochleistungs-Schnellarbeitsstahl).

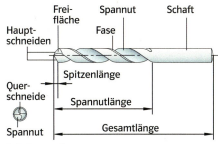

6 Bohreraufbau

Bohrvorgang

Vorbereitung

- Bohrlochmitte ankörnen.
- Werkstück in Maschinenschraubstock einspannen.
- Bleche auf Holzplatte mit Feilkloben festhalten. Große Werkstücke am Bohrtisch befestigen, mit Holzunterlagen Bohrtisch schützen.
- Umdrehungszahl mithilfe der Tabelle am Maschinengehäuse ermitteln.
- Bohrer einspannen.
- Bohrtiefe einstellen.

Durchführung

- Bohrungen über 7 mm mit kleinem Bohrer vorbohren.
- Mit Bohremulsion oder ersatzweise mit Wasser kühlen.

Arbeitssicherheit

Schutzbrille, Haarschutz und eng anliegende Kleidung tragen!

Fertigungsverfahren und Fertigungsarten **195**

Trennen von Metallen

d = Nenndurchmesser
d₃ = Kerndurchmesser
p = Steigung

1 Gewinde

Gewindeschneiden

Gewinde werden zum Verbinden von Einzelteilen oder zum Bewegen von Teilen (z. B. Schraubstock) verwendet.

Innengewinde

Diese Gewinde (metrische ISO-Gewinde) schneidet man mit einem Satz Gewindebohrer in bereits vorgebohrte Löcher, so genannte Kernlöcher.

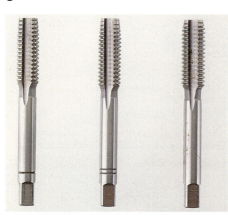

3 Gewindebohrersatz

Ein Gewindebohrersatz besteht häufig aus drei verschiedenen Bohrern:
1. Vorschneider: Er zerspant die Hälfte des Werkstoffs und trägt einen Ring als Markierung.
2. Mittelschneider: Er zerspant ein weiteres Viertel des Werkstoffs (trägt zwei Ringe).
3. Fertigschneider: Er zerspant das letzte Viertel des Werkstoffs (trägt keinen Ring oder drei Ringe).

2 Beim Gewindeschneiden mit einem Maschinenbohrer werden alle drei Arbeitsgänge auf einmal erledigt.

4 Herstellung eines Innengewindes

Herstellung eines Innengewindes
1. Kernloch bohren.
▶ Durchmesser des Bohrers festlegen (= 0,8 × Gewindedurchmesser). Beispiel für ein 4-mm-Gewinde: 0,8 × 4 mm = 3,2-mm-Bohrer.
2. Kernloch ansenken.
▶ Mit einem 90°-Kegelsenker ansenken.
3. Gewinde schneiden.
▶ Den Vorschneider im rechten Winkel zur Bohrebene ansetzen.
▶ Mit dem Windeisen im Uhrzeigersinn langsam den Vorschneider eindrehen und die entstandenen Späne durch Zurückdrehen abbrechen. Schneidöl verwenden.
▶ Nach Erreichen der Schneidtiefe den Gewindebohrer herausdrehen.
▶ Arbeitsgang mit dem Mittel- und dem Fertigschneider wiederholen.
▶ Bei Grundbohrungen nicht bis auf den Bohrgrund schneiden, sonst bricht der Gewindebohrer ab.

Außengewinde

Diese Gewinde schneidet man in einem Arbeitsgang. Im Schneideisenhalter werden die Schneideisen mit Schrauben eingespannt.

Herstellung eines Außengewindes
1. Rundstahl unter 45° anfasen.
2. Gewinde schneiden.
▶ Den Schneideisenhalter im rechten Winkel zum Rundstahl ansetzen.
▶ Im Uhrzeigersinn langsam drehen und durch Zurückdrehen die entstandenen Späne abbrechen.
▶ Schneidöl an die Schnittstelle geben.

6 Grundbohrung

7 durchgehende Bohrung

5 Herstellung eines Außengewindes

8 Fase

196 Fertigungsverfahren und Fertigungsarten

Metall

Fügen von Metallen

Fügen durch Schrauben

Durch Schrauben werden zwei Teile miteinander verbunden. Hat keines der Teile ein Gewinde, muss man die Verbindung mit Schraube und Mutter herstellen. Schraubverbindungen sind wieder lösbar.

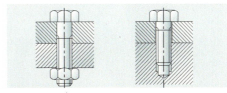

9 Schraubenverbindungen

10 M8 x 30

Schraubenart	Verwendung	Verwendung	Schraubenart
Zylinderkopfschraube	Verbindungen, bei denen der Kopf sichtbar bleibt, z. B. für Regale.	Verbindungen, bei denen der Kopf nicht sichtbar bleiben soll. Schließt bündig mit der Oberfläche des Materials ab.	 Senkkopfschraube
Rundkopfschraube	Verbindungen, bei denen der Kopf sichtbar bleibt, z. B. für Blechverbindungen mit Mutter.	Verbindungen für Bleche bis 2,5 mm Dicke. Die Schraube schneidet ihr Gewinde selbst.	Blechschraube
Sechskantschraube mit Mutter	Verbindungen mit großer Anzugskraft, bei denen der Kopf sichtbar bleibt.	Verbindungen für Bleche bis 10 mm Dicke. Die Schraube schneidet das Gewinde mit ihrer Bohrspitze selbst.	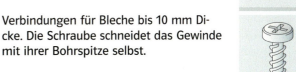 Bohrschraube
Zylinderschraube mit Innensechskant	Verbindungen mit großer Anzugskraft, bei denen der Kopf nicht aus dem Werkstück herausragen soll.	Verbindungen, die von der Kopfseite aus nicht geöffnet werden können, z. B. für Sicherheitsbeschläge an Fenstern und Türen.	Halbrundkopfschraube mit Rundansatz
Flügel- und Rändelmutter	Verbindungen, die schnell mit der Hand zu öffnen und zu schließen sind. Die Muttern sollten niemals mit Zangen gefasst werden.	Fixierung von zwei ineinander gefügten Teilen zur Kraftübertragung, z. B. für Zahnräder auf Wellen, Potiknöpfe auf Verstellwellen, Türgriffe.	Gewindestift (Madenschraube)
Stoppmutter	Stoppmuttern tragen oben einen Nylonring, der durch zähes Festsitzen am Gewinde das Lockern der Mutter verhindert.	Verbindungen, die vor Verletzungen schützen und gut aussehen sollen. Verhindern Verschmutzung oder Korrosion am Gewindeende.	Hutmutter

Fertigungsverfahren und Fertigungsarten

Fügen von Metallen

Fügen durch Kleben

Beim Kleben werden gleiche oder verschiedenartige Stoffe mithilfe eines Klebstoffs unlösbar miteinander verbunden. Dabei werden der Aufbau und die Zusammensetzung der Werkstoffe an der Klebestelle nicht verändert.
Das Metallkleben wird beim Bau von Schienenfahrzeugen, im Flugzeugbau, beim Bootsbau, im Maschinenbau und im Leichtbau angewendet.

Um eine hohe Festigkeit der Klebeverbindung zu erreichen, muss die Klebefläche möglichst groß sein (Abb. 1). Für den beabsichtigten Einsatz der Klebeverbindung muss vorher ein geeigneter Klebstoff ausgewählt werden. Klebstoffe lassen sich in drei Gruppen unterteilen:

Schmelz-klebstoff	Nass-klebstoff	Reaktions-klebstoff
erstarrt	Lösungsmittel verdunstet	härtet aus

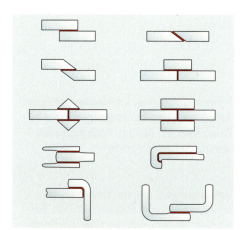

1 Konstruktive Lösungen für geklebte Verbindungen

In Abhängigkeit von der Verarbeitungstemperatur werden Klebstoffe zusätzlich noch in Warm- oder Kaltkleber unterschieden.

Für das praktische Arbeiten sind besondere Bedingungen zu beachten, damit eine saubere und fehlerfreie Klebeverbindung entsteht:
- Das Kleben sollte möglichst unter staubfreien Bedingungen bei ca. 20 °C erfolgen.
- Die Klebeflächen werden mit Schleifpapier gereinigt und angeraut. Falls erforderlich, sind die Klebeflächen mit einem Fettlöser zu entfetten.
- Der Klebstoff muss unmittelbar nach der Oberflächenreinigung mit einer Dicke von 0,1 mm bis 0,3 mm aufgetragen werden.
- Vorrichtungen zum Fixieren und Einspannen helfen beim Klebevorgang, damit die Teile nicht verrutschen.
- Erleichtert wird das Kleben und Aushärten, wenn die Klebeflächen aneinander gepresst werden.

Arbeitssicherheit

- Allgemeine Verarbeitungshinweise auf der Verpackung vor Arbeitsbeginn lesen und beachten! Das technische Merkblatt für den Klebstoff kann beim Händler oder Baumarkt eingesehen werden.
- Hautkontakt mit Klebstoffen vermeiden!
- Arbeitsräume gut durchlüften!
- Die Zusammensetzung des Klebstoffs beachten (Entzündbarkeit)!

Metall

Fügen durch Nieten

Teile, die nicht mehr gelöst werden müssen, kann man mit Nieten verbinden. Mit Blindnieten und den dazu gehörenden Spezialzangen kann man schnell und einfach arbeiten.

3 Lötkolben, Lötkolbenständer, feuerfeste Unterlage (asbestfrei), Lot und Lötfett

Nietvorgang mit Blindnieten

- Bohren eines knapp passenden Bohrlochs.
- Niet in Loch stecken. Nietschaft doppelt so lang wählen wie beide Bleche zusammen dick sind.
- Nietzange auf Nietschaft setzen und Dorn einziehen. Der Dorn bricht an seiner Sollbruchstelle ab.

2 Nieten mit Blindniet

Fügen durch Löten

Durch Löten kann man viele gleiche und unterschiedliche metallische Werkstoffe miteinander verbinden. Benötigt wird dazu ein Zusatzmetall, das Lot, das man mit einem Lötgerät schmelzen muss. Man unterscheidet Weichlöten und Hartlöten.

- **Weichlöten** mit Lötzinn (Schmelztemperatur bis 450 °C): An die Belastbarkeit der Lötstelle werden keine hohen Anforderungen gestellt. Die Verbindung soll dicht und leitfähig sein.
- **Hartlöten** mit Hartlot (Schmelztemperatur über 450 °C): An die Belastbarkeit werden hohe Anforderungen gestellt, z. B. stabile Stoßverbindung aus Kupfer, Messing, Stahl oder Silber. Um die hohe Temperatur zu erreichen, wird mit offener Flamme gelötet.

Weichlöten

Dazu verwendet man bleifreies Weichlot, z. B. L-Sn98 oder L-SnCu3. Beim Löten muss das Lot die Oberfläche „benetzen" – es muss fließen. Dabei dringen feinste Teilchen des heißen Lots in die Oberfläche des Grundwerkstoffs ein, lösen einen Teil davon an und bilden mit ihm eine hauchdünne Legierungsschicht. Zwischen den zu verlötenden Teilen muss ein schmaler Spalt sein, damit das flüssige Lot eingesaugt wird (Kapillarwirkung). Während des Abkühlens darf das Lot nicht erschüttert werden.
Lötfett oder Kolophonium sind Flussmittel. Sie fördern die Benetzung und verhindern eine Oxidation beim Lötvorgang. Bestimmte Lötdrähte sind innen hohl und mit Kolophonium gefüllt. Hier erübrigt sich die Flussmittelzugabe.

Richtige Lötung: zwischen beiden zu verbindenden Metallen ist Lötzinn eingeflossen

Arbeitsablauf beim Löten

- Teile säubern und entfetten.
- Auseinander klaffende Teile mit Draht zusammenbinden, damit das Lot erschütterungsfrei erstarren kann.
- Oxidierte Lötspitzen reinigen: Kupferspitze in kaltem Zustand mit Feile, verchromte Lötspitze mit feuchtem Schwamm.
- Flussmittel dünn auftragen.
- Metall mit der Lötspitze erwärmen und dann das Lot an den Berührungspunkt von Spitze und Metall geben. Wenn das Lot fließt, mit der Lötspitze weiterleiten.

Arbeitssicherheit

- Generell bleifreies Lot einsetzen.
- Arbeitsräume gut durchlüften!
- Vor jedem Lötvorgang die Lötspitze mit einem nassen Schwamm reinigen.
- Als Flussmittel stabilisierte und reine Harze (Typ WW) einsetzen.
- Nach dem Löten die Hände waschen.

 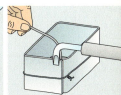

Fertigungsverfahren und Fertigungsarten

Stoffeigenschaft ändern

Härten
Härten ist eine Wärmebehandlung, die Stähle hart und verschleißfest macht. Beim Erwärmen auf Härtetemperatur wird das Kristallgefüge umgewandelt. Durch das Abschrecken erstarren die Kristalle zu einem feinkörnigen, sehr harten Gefüge.

Arbeitsablauf:
- Feuerfeste Unterlage, z. B. Schweißwagen mit Schamotteauflage, bereitstellen.
- Teil des Werkstücks, das hart werden soll, mit einem Gasbrenner auf eine Temperatur von 780–850 °C erwärmen (siehe Glühfarben). Die Temperatur richtet sich nach dem Kohlenstoffgehalt des Stahls. Stahl unter 0,2 % Kohlenstoffgehalt ist nicht härtbar.

1 Härten einer Reißnadelspitze

2 richtiges Eintauchen

- Glühfarben beachten und so die richtige Härtetemperatur ermitteln.
- Schnell und gleichmäßig in Wasser (unlegierter Stahl) oder Öl (niedrig legierter Stahl) abkühlen. Flache und runde Werkstücke werden mit der schmalen Seite voraus eingetaucht.

Anlassen
Nach dem Härten und Abschrecken ist der Stahl hart und spröde. Er würde beim Gebrauch brechen. Um das zu verhindern, muss man ihn erneut erwärmen, ihn anlassen. Durch das Anlassen wird die Härte verringert, die Festigkeit nimmt etwas ab, aber die Verformbarkeit und Zähigkeit nimmt zu. Der Stahl wird gebrauchsfähiger.

Arbeitsablauf:
- Eine Stelle der Werkstückoberfläche mit Schleifpapier blank reiben.
- Werkstück je nach Stahlart und Verwendungszweck auf ca. 230–300 °C erwärmen.
- Anlassfarben vergleichen.
- In Wasser abkühlen.

Glühfarben	Glühtemp. °C	Anlassfarben für unlegierten Werkzeugstahl	Anlasstemp. °C
Dunkelbraun	550	Weißgelb	200
Braunrot	630	Strohgelb	220
Dunkelrot	680	Goldgelb	230
Dunkelkirschrot	740	Gelbbraun	240
Kirschrot	780	Braunrot	250
Hellkirschrot	810	Rot	260
Hellrot	850	Purpurrot	270
gut Hellrot	900	Violett	280
Gelbrot	950	Dunkelblau	290
Hellgelbrot	1000	Kornblumenblau	300
Gelb	1100	Hellblau	320
Hellgelb	1200	Blaugrau	340
Gelbweiß	>1300	Grau	360

3 Glüh- und Anlassfarben von Stahl

Arbeitssicherheit
Glühen bringt Gefahren mit sich: Der Kühlwasserbehälter muss neben der Heizquelle stehen, sodass du nicht mit dem glühenden Werkstück umhergehen musst. Benutze nur sichere Schmiedezangen. Trage Schutzhandschuhe und eine Schutzbrille. Arbeite immer in gut belüfteten Räumen.

Fertigungsverfahren und Fertigungsarten

Metall

Beschichten von Metallen

Gebrauchsmetalle werden durch den Luftsauerstoff, durch Feuchtigkeit und Säuren angegriffen (zerfressen) – sie korrodieren. Wenn man Stahl berührt, kann er schon durch den Handschweiß korrodieren. Metallteile müssen deshalb mit einem geeigneten Oberflächenschutz überzogen werden.

Metallische Schutzschicht

Auf korrosionsanfällige Metalle werden durch verschiedene Verfahren Metallschichten aufgebracht, die widerstandsfähiger sind:
- Stahlblech, das z. B. der Klempner für viele Arbeiten am Haus benötigt, kann mit einem Überzug aus korrosionsfestem Zink geschützt werden. Die Stahlteile werden in ein glutflüssiges Zinkbad getaucht und damit „feuerverzinkt". Auch Autokarosserien können verzinkt werden. Die Hersteller garantieren dann viele Jahre Korrosionsschutz.
- Weißblech ist verzinntes Stahlblech. Es wird in großen Mengen als Dosenblech verwendet.

Nichtmetallische Schutzschicht

Viele Metallgegenstände, z. B. Messwerkzeuge oder Maschinenteile, müssen blank bleiben, damit sie ihren Zweck erfüllen können.
Man kann sie für längere Zeit durch Einfetten oder Einölen schützen. Vaseline ist ein Fett, das dazu verwendet werden kann. Die verwendeten Fette und Öle müssen säurefrei sein.

Schutzanstrich

Bei nicht zu stark beanspruchten Metallgegenständen kann man Zaponlack (ein transparenter Zelluloselack) einsetzen. Lackieren kann man Gehäuseteile, Blechverkleidungen oder Stahlkonstruktionsteile, z. B. den Rahmen eines Fahrradanhängers.

> **Arbeitssicherheit**
>
> Bei guter Raumdurchlüftung oder im Freien arbeiten!

4 Verzinken einer Autokarosserie

Die Haltbarkeit eines Lackanstrichs hängt von der sachgerechten Vorbehandlung des zu schützenden Gegenstands ab.

Arbeitsablauf:

▶ Oberfläche reinigen: mit Stahlbürste, Stahlwolle, Schleifpapier entrosten und mit Waschlösung fettfrei machen.
▶ Schutzanstrich auftragen: mit Pinsel Grundierlack oder verdünnten Lack auftragen oder Werkstück in Lack eintauchen.
▶ Eventuell den Vorgang wiederholen.

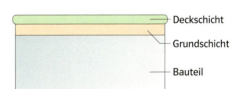

5 Aufbau eines Schutzanstrichs

Galvanisieren

Dies ist ein elektrisches Beschichtungsverfahren, mit dem man leicht korrodierbare Metalle (z. B. Stahl) mit einer Metallschicht, die korrosionsbeständiger ist, überziehen kann. Chrom ist ein solch widerstandsfähiges Metall, das man häufig auf elektrischem Weg aufbringt. Zum Galvanisieren werden Gegenstände in ein Bad aus Metallsalzen gehängt. Elektrische Spannung wird angelegt und aus dem Metallsalzbad legt sich ein feiner Metallüberzug auf den Gegenstand.

Fertigungsverfahren und Fertigungsarten

Urformen von Kunststoffen

**Extrudieren,
Extrusionsblasen,
Spritzgießen**

Extrudieren, Extrusionsblasen und Spritzgießen zählen zu den wichtigsten Verarbeitungsverfahren von Kunststoffen. Bei diesen Verfahren werden Thermoplaste bis in den plastischen Bereich erwärmt.

Beim **Extrudieren** wird Granulat über einen Einfülltrichter dem Zylinder zugeführt. Eine Schnecke fördert die Kunststoffmasse wie bei einem Fleischwolf zum Werkzeug. Die Kunststoffmasse wird erwärmt, durchgeknetet und verdichtet. Das plastifizierte Material wird durch ein Extruderwerkzeug gepresst und anschließend gekühlt. Durch die Form des Extruderwerkzeugs entstehen endlose Profile wie Tafeln, Folien, Schläuche, Rohre, Fäden oder Drahtummantelungen.

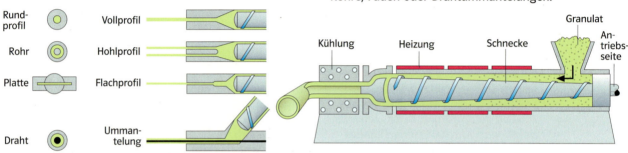

1 Schemazeichnung von Formwerkzeugen und Extruder

2 Extrusion von Stäben

3 Folienblasen

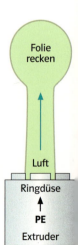

Fertigungsverfahren und Fertigungsarten

Kunststoff

 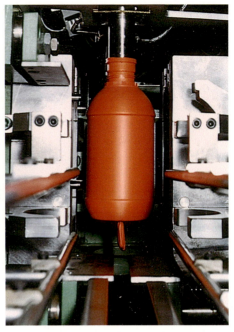 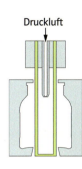

4 Extrusionsblasen von Hohlkörpern

Zur Herstellung von Flaschen, Kanistern oder anderen Hohlkörpern wird ein Schlauch extrudiert, von einem geöffneten Hohlwerkzeug erfasst und luftdicht abgequetscht. Eingeblasene Druckluft weitet den Schlauch auf und drückt ihn an die Innenwände des Hohlwerkzeugs. **Extrusionsgeblasene Hohlkörper** lassen sich zumeist an der „Längsnaht" erkennen, die durch die Schließfuge des Werkzeugs entsteht.

Beim **Spritzgießen** wird Granulat wie beim Extrudieren in einen beheizten Zylinder gefüllt. Die Schnecke ist aber zusätzlich längs verschiebbar. Sie fördert die Formmasse, plastifiziert sie und stößt sie aus.

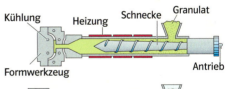

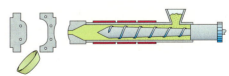

6 Schemazeichnung zum Spritzgießen

5 Spritzgießautomat

Durch **Spritzgießautomaten** können komplizierte Formteile mit großer Maßgenauigkeit, ohne Nacharbeit und in hoher Stückzahl hergestellt werden, z. B. Telefongehäuse, Modellbauteile, Zahnräder und Haushaltsartikel. Spritzgussteile sind zumeist an der Angussstelle zu erkennen.

Fertigungsverfahren und Fertigungsarten **203**

Urformen von Kunststoffen

1 Sitzmöbel mit Schaumstoffkern aus Polyurethan

Schäumen

Wie bei der Herstellung von Schlagsahne kann in weiche Kunststoffmassen **Luft eingeschlagen** werden. Luft oder ein anderes Gas können auch eingeblasen werden. Dieses Verfahren wird z. B. beim Schäumen von PVC angewandt.

PUR: Polyurethan

PUR-Schaum lässt sich durch **Zusammenmischen** von zwei flüssigen Stoffen herstellen. Beim Mischvorgang entsteht Gas, das die Stoffmischung aufschäumt.

2 PUR-Schaumstoff

Häufig wird mit **chemischen Treibmitteln** geschäumt. Beim PS-Hartschaum (z. B. Styropor) erfolgt das Schäumen in zwei Stufen: Zunächst werden aus dem Rohstoff treibmittelhaltige Polystyrol-Körnchen hergestellt. Durch Erwärmen mit heißem Wasserdampf blähen die Treibmittel die Körnchen auf. Sie vergrößern sich auf das 70fache.
Nach diesem Vorschäumen muss in die Perlen Luft einwandern. In der 2. Stufe wird ein Formwerkzeug mit den vorgeschäumten Perlen gefüllt. Die geschlossene Form wird erwärmt. Die Perlen blähen auf und drücken in der geschlossenen Form aufeinander. Sie verschweißen sich so, dass ein fester Schaumstoffkörper entsteht.

Kalandrieren

Der **Kalander** ist eine Maschine, mit der weich gemachter Kunststoff ausgewalzt wird, um Folien herzustellen.
Das Auswalzen geschieht im Prinzip wie beim Breitwalzen von Kuchenteig mit der Teigrolle. Der Kunststoff läuft zwischen heißen Walzen hindurch, bis die gewünschte Dicke erreicht ist. Durch eingravierte Muster auf kalten Walzen können auch Oberflächen geprägt werden. Mit dem Kalander werden z. B. Selbstklebefolien hergestellt oder Kunstleder, wie der PVC-Überzug eines Schreibmäppchens.

3 Folienziehen auf dem Kalander

204 Fertigungsverfahren und Fertigungsarten

Kunststoff

Umformen von Kunststoffen

Warmformen

Thermoplaste verlieren mit zunehmender Wärmezufuhr ihre Festigkeit und werden formbar. Dies nutzt man beim Warmformen aus, um z. B. Folien, Tafeln und Profile durch Biegen, Drücken oder Ziehen in die gewünschte Form zu bringen.
Nach der Formgebung wird das Teil so lange festgehalten, bis es abgekühlt und wieder fest geworden ist. Wasser oder Druckluft sorgen für schnelle Abkühlung. Durch Warmformen werden Kleinteile, wie z. B. Einlagen von Pralinenschachteln oder Klarsichtverpackungen, und Großteile wie Kühlschrankinnenteile, Bootskörper oder Badewannen hergestellt.

5 Abkanten nach Erwärmung

Biegeumformen

Das Kunststoffhalbzeug wird nur in der Zone erwärmt, in der es gebogen werden muss. Soll die Biegestelle einen kleinen Radius einnehmen und möglichst kantig sein, wird nur eine schmale Zone erwärmt. Das Halbzeug wird nur in der Erwärmungszone weich, da Thermoplaste die Wärme schlecht weiterleiten.

Vor dem Biegen von Rohren werden diese mit Sand oder Korkmehl gefüllt und an den Enden verschlossen. Dadurch lässt sich das Einknicken des Rohrs an der Biegestelle vermeiden.

Bei allen Arbeiten darf der Kunststoff nicht überhitzt werden und sich nicht zersetzen (keine Blasenbildung, Farbveränderungen oder deutliche Geruchs- und Rauchbildung!).

Abkantlinien werden mit einem Folienschreiber auf die Kunststoffplatte gezeichnet – erwärmt wird dann auf der Rückseite unter der Abkantlinie. Bei dickeren Probestücken ab ca. 4 mm Dicke wird beidseitig erwärmt.

Nach dem Umformen wird das Formteil so lange festgehalten, bis es abgekühlt ist. Mit einem feuchten Schwamm oder Lappen kann der Abkühlvorgang beschleunigt werden.

Arbeitssicherheit

Beim Arbeiten mit Wärmequellen ist besondere Vorsicht geboten:
- Wärmequellen und Vorrichtungen zum Umformen sollten in unmittelbarer Nähe zueinander aufgestellt werden.
- Die Wärmequelle darf keine brennbaren Stoffe oder elektrische Zuleitungen erhitzen.
- Vor dem Einschalten der Wärmequelle musst du kontrollieren, dass sich keine Kunststoffreste an den Heizstäben befinden.

kleiner Biegeradius
schmale Erwärmungszone
Heizstab
großer Biegeradius
breite Erwärmungszone

4 Biegeumformen

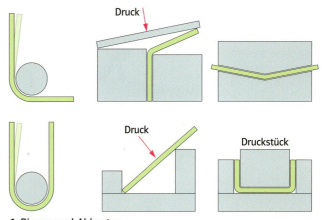

6 Biegen und Abkanten

Fertigungsverfahren und Fertigungsarten   **205**

Umformen von Kunststoffen

Tiefziehen

Beim Tiefziehen wird die umzuformende Kunststoffplatte erwärmt und im Werkzeug eingespannt. Durch Druck mit einem Stempel, Blasen mit Druckluft oder Absaugen der Luft unter der Platte kann das Material geformt werden.
Die Wanddicken des geformten Stücks sind geringer als die des Ausgangsmaterials.
Um möglichst gleichmäßige Wandstärken und große Ziehtiefen zu erreichen, werden mehrere Verfahren kombiniert, wie Vordehnen, Saugen, Einblasen von Heißluft oder Beheizen des Stempels.

Vorrichtung mit federndem Niederhalter:
Der erwärmte Tafelzuschnitt wird mit einem federnden Niederhalter nur so stark festgehalten, dass der Kunststoff während des Formens nachrutschen kann. Mit einem Stempel oder Formblock wird der Kunststoffzuschnitt durch einen Ziehring oder in ein Negativwerkzeug gedrückt.

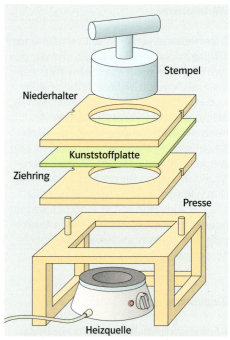

3 Tiefziehvorrichtung mit festem Niederhalter

Vorrichtung mit festem Niederhalter:
Die Platte ist so fest in den Spannrahmen einzuklemmen, dass das Material bei der Formgebung nicht nachgleiten kann.
Das erwärmte Material wird
– mit einem Stempel oder Formblock durch einen Ziehring gedrückt oder
– in eine Form gesaugt oder
– mit einem Formwerkzeug vorgestreckt und auf ein Werkzeug gesaugt.

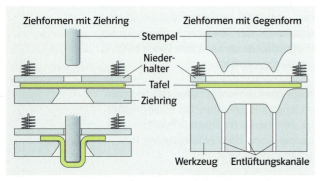

1 Vorrichtungen mit federndem Niederhalter

2 pneumatische Tiefziehvorrichtung

4 Tiefziehen mit Formblock

206 Fertigungsverfahren und Fertigungsarten

Kunststoff

Trennen von Kunststoffen

Schutzfolien auf Kunststoffplatten werden bei der mechanischen Bearbeitung nicht entfernt. Sie werden erst vor dem Umformen mit Wärme abgezogen!

Kunststoffe lassen sich im Allgemeinen mit den gleichen Werkzeugen und Maschinen bearbeiten, die für die Holz- und Metallbearbeitung verwendet werden. Bei spanabhebenden Verfahren wie Sägen, Feilen, Schleifen und Bohren ist zu beachten, dass alle Kunststoffe die entstehende Reibungswärme schlecht weiterleiten. Diese Wärme kann zu einer Überhitzung des Kunststoffs und des Werkzeugs führen. Verschmieren, Schmelzen und Zersetzen des Werkstoffs können die Folge sein.

Bei der Bearbeitung von Kunststoffen ist zu berücksichtigen, dass sich die einzelnen Kunststoffsorten je nach Dicke und Härte unterschiedlich verhalten.
An Abfallstücken werden die Trennverfahren vorsichtshalber ausprobiert.

Bohren

Falls vorhanden, wird mit speziellen Kunststoffbohrern gebohrt.
Vor dem Bohren wird an der Bohrstelle mit einem Vorstecher „angekörnt", um den Bohrer an der angezeichneten Bohrstelle genau ansetzen zu können.
Um das Splittern bei harten Materialien zu vermeiden, wird die Vorstecherspitze ohne Zuhilfenahme eines Hammers drehend in das Material hineingedrückt.

Zunächst wird mit einer niedrigen Drehzahl und geringem Vorschub gebohrt. Der Bohrer wird mehrmals beim Bohrvorgang angehoben.

Die Bohrerspitze wird ab und zu mit einem Wasserstrahl aus einer Spritzflasche gekühlt.

60–90°
Bohrer für Thermoplaste

118–140°
Metallbohrer

> **Arbeitssicherheit**
>
> Kennst du alle Sicherheitsregeln beim Umgang mit der Bohrmaschine? Kontrolliere dein Wissen mit den auf den Seiten 88 und 89 angegebenen Regeln und beachte sie!

5 Trennen mit einer Dekupiersäge

Sägen

Beim Sägen – ganz gleich ob mit Hand oder Maschine – besteht die Gefahr, dass sich das Sägeblatt durch Überhitzung in einen Thermoplast „einschmilzt". Hier hilft nur langsames Sägen und kleiner Vorschub. Eventuell muss die Sägestelle mit Wasser gekühlt werden.
Duroplaste von beschichteten Spanplatten machen Sägeblätter aus Stahl schnell stumpf.

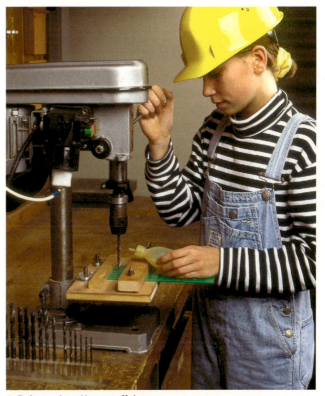

6 Bohren einer Kunststoffplatte

Fertigungsverfahren und Fertigungsarten

Trennen und Fügen von Kunststoffen

1 Trennen mit einer Hebelblechschere

Scheren

Das Trennen mit der Blech- oder Hebelblechschere kann man an dünnen Kunststoffplatten ausprobieren. Dabei wird der Hebel am Ende angefasst, um mit dem langen Hebel eine große Schnittkraft zu erreichen.

Hinweis: keine spröden Kunststoffe scheren!

Arbeitssicherheit

- An der Hebelblechschere darfst du erst arbeiten, wenn dein Lehrer oder deine Lehrerin dir die Handhabung gezeigt hat.
- Nur die arbeitende Person darf im Sicherheitsbereich der Hebelblechschere stehen.
- Nach der Arbeit ist die Hebelblechschere wieder mit ihrem Sperrbolzen zu sichern!

Abziehen mit der Ziehklinge

Kanten werden mit der Ziehklinge bearbeitet. Die Ziehklinge wird schabend über die Kanten gezogen. Benutze die Ziehklinge mit einem Neigungswinkel von ca. 45 – 60° und ziehe sie zum Körper hin (Abb. 3).

Vorsicht, Verletzungsgefahr durch die scharfen Kanten der Ziehklinge!

Ritzbrechen

Zunächst zeichnet man mit einem wasserfesten Filzstift die Trennlinie auf die Kunststoffplatte. Dann legt man die Platte mit dieser Trennlinie auf eine glatte und gerade Tischkante. Ein an die Trennlinie bündig darüber eingespanntes Brett ergibt eine gerade Führung für das Schneidmesser (Abb. 2). Nach mehrmaligem Ritzen der Platte (ca. halbe Plattendicke) kann man den überstehenden Teil abbrechen.

Arbeitssicherheit

- Trage Schutzhandschuhe und eine Schutzbrille beim Brechen der Platte.
- Decke das Material mit einem Tuch ab, um ein „Wegspritzen" von Materialteilen zu vermeiden.

2 Ritzen einer Kunststoffplatte

3 Abziehen mit der Ziehklinge

208 Fertigungsverfahren und Fertigungsarten

Kunststoff

Polieren

Kunststoffoberflächen sollten möglichst schonend behandelt werden, da eine zerkratzte Oberfläche nur schwer zu glätten ist. Durch Polieren werden Schleifspuren und Kratzer beseitigt. Auf einen Leinenlappen wird Polierpaste oder Autopolitur aufgetragen und damit die zu polierende Fläche gerieben.

Nach Anleitung kann auch maschinelles Polieren ausprobiert werden. Hierzu eignet sich ein Akkuschrauber mit Rutschkupplung. Die Rutschkupplung des Schraubers begrenzt die Drehwirkung und verhindert dadurch eine mögliche Verdrehung des Handgelenks.

In das Bohrfutter des Akkuschraubers wird eine Filz- oder Gewebescheibe (Schwabbelscheibe) gespannt, auf die das Poliermittel aufgetragen wird. Beim maschinellen Polieren von Thermoplasten darf nur mit geringer Drehzahl gearbeitet werden, damit die Kunststoffoberfläche nicht anschmilzt und verschmiert.

Kleben und Kaltverschweißen von Thermoplasten

Thermoplastische Kunststoffe lassen sich mit speziellen Lösungsmitteln verkleben oder mit Lösungsmittelklebern chemisch verschweißen.
Durch Auftrag des Klebers oder Lösungsmittels auf beide Teile der Klebestelle werden die Werkstoffoberflächen angelöst und quellen auf. Die Teile werden nach dem Auftrag des Klebemittels rasch zusammengedrückt und festgehalten.

Hinweis: Hartschaum und Acrylglas benötigen Spezialklebstoffe.

Arbeitssicherheit

- Lies die Gebrauchsanleitung und Sicherheitshinweise auf dem Kleber gründlich durch und beachte sie!
- Arbeite in einem gut durchlüfteten Raum oder im Freien!
- Reinige nach dem Kleben gründlich deine Hände!

4 Trennen mit Heizdrahtgerät

Trennen durch Schmelzen

Durch Schmelzen mit einem Heizdrahtgerät (Thermosäge) können Hartschaumplatten aus Polystyrol getrennt werden. Die Spannung am Netzgerät muss so eingestellt werden, dass der heiße Draht noch leicht gespannt ist. Bei starkem Rauch während des Trennens ist die Spannung etwas niedriger einzustellen.

Heizdraht: z. B. Konstantan, 0,3 mm dick

Arbeitssicherheit

- Das Heizdrahtgerät darf nur an Kleinspannung bis höchstens 24 Volt angeschlossen werden.
- Berühre nicht den heißen Draht!
- Arbeite in Fensternähe oder in einem gut durchlüfteten Raum!

5 Kleben von Kunststoffteilen

Fertigungsverfahren und Fertigungsarten **209**

Flächennutzungsplan und Bebauungsplan

1 Ausschnitt aus einem Flächennutzungsplan

Bedeutung der Farben in Abb. 1:

- Wohnbaugebiet
- Gewerbegebiet
- Mischgebiet
- Flächen für Gemeinbedarf
- Flächen für Versorgungsanlagen
- Grünflächen
- Wasserflächen
- Flächen für Landwirtschaft
- Flächen für Forstwirtschaft

Die Anforderungen an ein Bauwerk sind so vielfältig, dass viele Fachleute an der Planung und Ausführung beteiligt werden müssen. Der Auftraggeber oder „Bauherr" muss ein Baugrundstück besitzen oder erwerben, bevor mit der Bauplanung begonnen werden kann.

Die Planung wird von Ingenieuren oder Architekten durchgeführt. Grundlage für die Planung sind z. B.
- Wünsche des Bauherrn (Auftraggeber),
- finanzielle Möglichkeiten des Auftraggebers,
- Lage und Größe des Grundstücks,
- Vorschriften der Landesbauordnung,
- Bauleitpläne: Flächennutzungs- und Bebauungsplan,
- Wahl der Bauweise und der Baustoffe,
- Anforderungen an umweltgerechtes Bauen.

Der **Flächennutzungsplan** einer Gemeinde (vorbereitender Bauleitplan) enthält für das gesamte Gemeindegebiet Angaben über den gegenwärtigen Bestand und die beabsichtigte Art der Bodennutzung, z. B. Nutzung als Wohnflächen, Gewerbeflächen, Stromversorgung, Wasser- und Abwassereinrichtungen, Grünflächen, Verkehrsflächen, öffentliche Einrichtungen. In einem ergänzenden Bericht wird die Begründung der Planung für die voraussehbaren Bedürfnisse erläutert.

Der **Bebauungsplan** (verbindlicher Bauleitplan) wird von der Gemeinde als Satzung (schriftlich niedergelegte Rechtsvorschrift) beschlossen. In ihm werden Art und Maß der baulichen Nutzung verbindlich festgelegt, z. B. ökologische Ausgleichsmaßnahmen, überbaubare Fläche eines Grundstücks, erlaubte Wohnfläche, Höhe des Gebäudes, Stellflächen für Kraftfahrzeuge und Dachneigung.

Für die Darstellung der Flächennutzung und Bebauung werden festgelegte Planzeichen verwendet. Das Maß der baulichen Nutzung wird üblicherweise durch die **Grundflächenzahl** (GRZ) und die **Geschossflächenzahl** (GFZ) angegeben.

Kennzeichnung des Baugebiets, z. B. mit Buchstaben	
Art der Nutzung	Zahl der Vollgeschosse
Grundflächenzahl	Geschossflächenzahl
Dachform	Bauweise

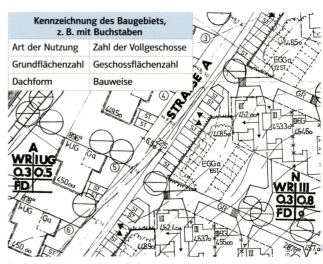

2 Ausschnitt aus einem Bebauungsplan

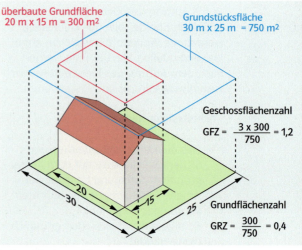

3 Grundflächenzahl und Geschossflächenzahl

210 Fertigungsverfahren und Fertigungsarten

Bautechnik

Umweltgerechtes Bauen

Umweltgerechtes Bauen

Jede Baumaßnahme stellt einen Eingriff in die Natur dar. Umweltschonendes Bauen schränkt den Lebensraum von Pflanzen und Tieren nicht unnötig ein.
Es ist sinnvoll, Baumbestände möglichst zu schonen, als Ausgleichsmaßnahme ein Biotop anzulegen und den Bodenaushub im gleichen Baugebiet zu belassen, um große Transportwege zu vermeiden.

Werden Baugebiete an öffentliche Verkehrsmittel angebunden, ist die tägliche Benutzung des Autos nicht erforderlich. Dies führt zur Reduzierung der Luftverschmutzung. Regenwasser sollte nicht in die Kanalisation gelangen, sondern aufgefangen und genutzt werden oder es sollte im Boden versickern können.

Da auch Häuser nicht „ewig" halten, dürfen sie beim Abriss keinen giftigen Bauschutt hinterlassen. Die Baustoffe sollten wieder verwertbar sein, wie z. B. Ziegel und Holz.

Energie sparendes Bauen

Ältere Häuser sind „Energiefresser". An die Wärmedämmung bei Dach, Boden, Außenwänden, Fenstern und Wandflächen müssen deshalb hohe Anforderungen gestellt werden. Je besser die Wärmedämmung ist, desto geringer ist der erforderliche Heizenergiebedarf. Geringere Heizenergie bedeutet auch immer eine geringere Abgasbelastung der Luft.

Passivhaus: Energiesparhaus mit besonders wenig Heizenergiebedarf

Seit 2002 sind deshalb Neubauten nur noch bis zu 70 kWh/m^{2}a genehmigungsfähig. **Passivhäuser** benötigen sogar weniger als 15 kWh Heizenergie pro m^2 Wohnfläche im Jahr.
Eine Dach- und Fassadenbegrünung erhöht die Wärmedämmung. Sie verbessert außerdem das Wohn- und Stadtklima, da Temperaturschwankungen ausgeglichen und Schmutzpartikel aus der Luft gefiltert werden.

Je kleiner die Oberfläche eines Gebäudes ist (keine Erker, verwinkelte Bauweise oder Ausbuchtungen), desto geringer sind die Wärmeverluste.

Freistehende Häuser verlieren sehr viel Energie durch Luftbewegung. Reihenhäuser und Geschossbauten sind aus Wärmeschutzgründen besser. Außerdem „verbrauchen" sie nicht so viel Bauland. Sonnenenergie wird genutzt, wenn die Wohnräume nach Süden ausgerichtet sind, die Südfassade große Glasflächen aufweist (Flächenanteil bis 40 %) und die Nordfassade nur wenige Fensterflächen hat.

Die Baustoffe selbst sollten mit möglichst geringem Energieaufwand hergestellt und verarbeitet werden. Beton erfordert z. B. einen sehr hohen Energieaufwand, Holz erheblich weniger.

Gesunde Baustoffe

Die Herstellung und Nutzung von Gebäuden sollte dem Wohlbefinden und der Gesundheit des Menschen dienen. Baustoffe dürfen, wenn überhaupt, nur sehr geringe Mengen giftiger Gase abgeben. Spanplatten im Innenausbau dürfen wegen des Entweichens giftiger Gase aus dem Leim höchstens die Emissionsklasse E1 haben.

Holzbauweise bietet ideale Voraussetzungen für gesundes Wohnen. Soweit es überhaupt erforderlich ist, sollten nur gesundheitsschonende Holzbehandlungsmittel benutzt werden. Zur Oberflächenbehandlung in Innenräumen eignen sich natürliche Stoffe, wie z. B. Pflanzenfarben oder Bienenwachs.

4 Passivhaus

Fertigungsverfahren und Fertigungsarten **211**

Lasten und Kräfte an Bauwerken

Auf Bauteile wirken verschiedene äußere Belastungen ein, z. B. das Gewicht von Personen, Verkehrsmitteln, Möbeln, Schneelasten oder Windkräfte. Diese Belastungen bezeichnet man als **Verkehrslasten** eines Gebäudes. Aber auch die Bauteile selbst stellen durch ihr Eigengewicht Lasten dar. Man bezeichnet sie als **Eigenlasten**.

Alle Lasten eines Bauwerks werden zu den Fundamenten abgeleitet. Die Fundamente drücken auf den Baugrund, sie üben Druckkräfte aus. Der Baugrund muss diesen Lasten oder Druckkräften gleich große Kräfte entgegensetzen. Es muss ein **Kräftegleichgewicht** bestehen. Ist das nicht der Fall, so sinkt das Bauwerk so weit in den Boden ein, bis gleich große Gegenkräfte entstehen.

Kräfte werden in **Newton (N)** angegeben. Die Gewichtskraft eines Massestücks mit 100 g beträgt ungefähr 1 N.
Größere Kräfte misst man in Kilonewton (1 kN = 1000 N) und in Meganewton (1 MN = 1000 kN).

Kräfte werden mit Pfeilen dargestellt. Die Pfeillänge gibt die Größe der Kraft an, wenn ein **Kräftemaßstab** zugrunde gelegt wird, z. B. 1 cm ≙ 5 N. Die Pfeilspitze zeigt die Richtung der Kraft an. Wird eine Gerade durch einen Kraftpfeil gelegt, bezeichnet man diese als **Wirkungslinie**. Wird der Kraftangriffspunkt auf der Wirkungslinie verschoben, ändert dies nichts an der Kraftwirkung.

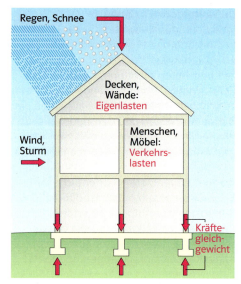

2 Belastungen und Kräftegleichgewicht

Resultierende suchen

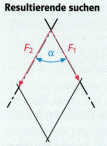 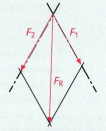

Ziehe Parallelen zu den Wirkungslinien durch die Pfeilspitzen. Es entsteht ein Parallelogramm.

Zeichne vom Angriffspunkt der Kräfte eine Diagonale zum Schnittpunkt der Parallelen. Die Diagonale des Parallelogramms ist die Resultierende. Zeichne den Kraftpfeil.

Teilkräfte suchen

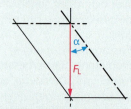 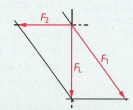

Ziehe Parallelen zu den Wirkungslinien der Streben durch die Spitze des Kraftpfeils.
Es entsteht ein Parallelogramm.

Die Längen der Strecken vom Kraftangriffspunkt zu den Schnittpunkten der Parallelen mit den Wirkungslinien stellen die Teilkräfte F_1 und F_2 dar. Zeichne die Pfeile ein.

1 Kraftmesser

3 Kräfte zusammensetzen und zerlegen

Bautechnik

Zug- und Druckbelastung

kleine Spannung

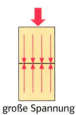
große Spannung

σ (Sigma): griechischer Buchstabe s zur Kennzeichnung der mechanischen Spannung

Wirkt eine Kraft auf ein Bauteil, so kann es auf Druck oder Zug, auf Biegung oder Knickung oder auf Schub oder Abscherung beansprucht werden.
Die senkrecht auf eine Fläche A des Bauteils einwirkende Kraft F nennt man **mechanische Spannung**:
$\sigma = F/A$ (in N/mm²)
Der innere Gegenspieler zur Spannung im Bauteil ist die **Festigkeit**. Der maximale Wert dieses Widerstands gegen eine Verformung oder gar Zerstörung heißt Bruchfestigkeit und wird ebenfalls in N/mm² angegeben.

Die Druckfestigkeit einer Säule aus Beton kann z. B. 40 N/mm² betragen, die Zugfestigkeit des spröden Materials hingegen nur 8 N/mm². Ganz anders beim elastischen Holz: Hier kann parallel zur Faserung die Zugfestigkeit 5-mal höher sein als die Druckfestigkeit.

Zugbelastung
Seile sind nicht formstabil und können nur in Zugrichtung belastet werden. Werden Seile oder Ketten an zwei Enden aufgehängt, hängen sie durch. Man nennt diese Kurve auch Kettenlinie. Je mehr man ein Seil anspannt, desto höher wird die Zugbelastung. Zur Sicherheit wählt man ein Seil mit einer 3- bis 10-mal größeren Bruchfestigkeit als die Zugbelastung im Betrieb.

Das Durchhängen eines Seils ist wegen seines Eigengewichts nicht zu vermeiden. Versucht man ein Seil so anzuspannen, dass es nicht durchhängt, würde es reißen. Hochspannungsleitungen, Trageseile von Hängebrücken und Seile von Schwebebahnen hängen daher durch.

Druckbelastung
Die Gewichtslast von Bauwerken übt Druck auf die Unterlage aus. Um den Druck zu verteilen, benötigen schwere Bauwerke ein breitflächiges Fundament. Beim Einzelhaus ist dies oft die betonierte Bodenplatte.
Der relativ dünne Stängel eines Fernsehturms würde durch seine hohe Druckbelastung mit der Zeit im Boden einsinken, wenn er nicht ein großes Fundament hätte. Dessen Gewicht ist oft so groß wie das Gewicht des sichtbaren Turms selbst.

Bei **Mauerwerken** versucht man durch eine versetzte Anordnung der Steine ebenfalls den Druck einer Last auf eine größere Untergrundfläche zu verteilen.

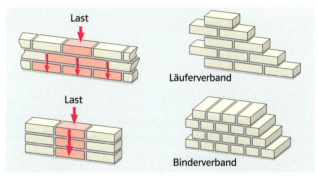

5 Steinverbände

Schon die Römer konnten behauene Steine bei Brücken und Gewölbebauten so geschickt anordnen, dass sie großen Belastungen auch ohne Zugabe von Bindemitteln wie Lehm oder Mörtel standhielten. So leitet der eingekeilte Schlussstein eines Steinbogens die Traglast und das Eigengewicht des Bogens über die Rundsteine an die Widerlager ab.

4 Kettenlinie an einer Hängebrücke

6 Steinbogenbrücke

Fertigungsverfahren und Fertigungsarten

Biegebelastung

Wird ein Träger an den Enden aufgelegt und belastet, so biegt er sich durch. Dabei wird das Material oben zusammengedrückt und unten auseinander gezogen. Die größte Druckbelastung tritt in der obersten Faserschicht, die größte Zugbelastung in der untersten Faserschicht auf. Die Beanspruchung der Faserschichten nimmt zur mittleren Faserschicht hin ab. Diese wird weder auf Zug noch auf Druck beansprucht. Man bezeichnet sie als **neutrale Zone**.

Wenn dagegen ein Träger einseitig eingespannt wird (z. B. Balkone), treten die Zugbelastungen oben und die Druckbelastungen unten auf. Wird ein Balken beidseitig eingespannt und von oben belastet (z. B. Geschossdecken), ergibt sich längs des Trägers ein Wechsel von Druck- und Zugzonen.

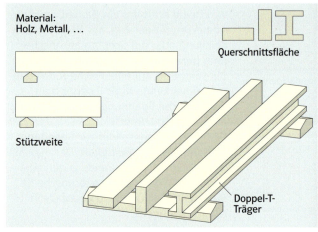

2 Einflussgrößen auf die Biegefestigkeit

Durch günstige Profilbildung kann ein Balken also tragfähiger gemacht werden. Da in der neutralen Zone weder Druck- noch Zugbelastungen auftreten, kann hier unnötiges Material eingespart werden, wie z. B. beim Doppel-T-Träger.

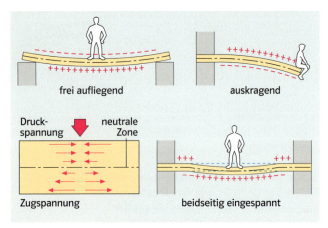

1 Biegebelastung beim Balken

Mit einem einfachen Versuch kann man feststellen, dass die Biegefestigkeit eines Trägers nicht nur vom Material und von der Größe der Querschnittsfläche abhängt, sondern auch von der Stützweite (Abstand der Auflager) und von der Form der Querschnittsfläche.
Ein Träger mit rechteckigem Querschnitt trägt z. B. hochkant erheblich mehr, als wenn er flach aufgelegt wird. Je weiter die Randzonen des Materials von der neutralen Faserzone eines Trägers entfernt liegen, desto mehr wird es beansprucht. Man spricht von der Lagewertigkeit des Materials.

Auch Fachwerkträger kann man als wandgroße Balken begreifen, die dünn wie eine Scheibe sind und bei denen möglichst viel unnötiges Material aus der Scheibe herausgeschnitten wird.

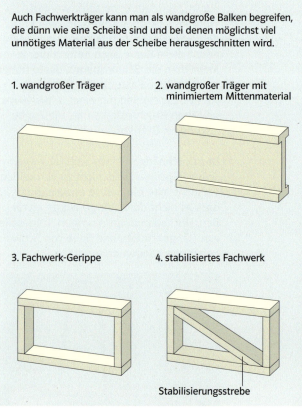

3 Minimierung und Stabilisierung von Material

214   Fertigungsverfahren und Fertigungsarten

Bautechnik

Knick-, Scher- und Schubbelastung

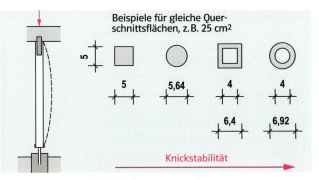

4 Knickbelastung

Knickbelastung

Stäbe werden als Stützen oder Streben vorwiegend in ihrer Längsrichtung beansprucht. Sie ermöglichen große Öffnungen in einer Tragkonstruktion. Fachwerkkonstruktionen bestehen aus einer Kombination von Stäben, die auf Druck oder Zug beansprucht werden.
Bei zu großem Druck können Stäbe nach der Seite ausweichen. Je schlanker sie sind, desto eher knicken sie.

Wie bei der Belastung eines Balkens auf Biegung ist auch bei Stäben die Lage des Materials für die Knickfestigkeit maßgebend. So hat z. B. eine Hohlstütze im Vergleich zu einer Vollstütze mit gleicher Querschnittsfläche eine wesentlich höhere Knickfestigkeit.

Scher- und Schubbelastung

Verbindungsmittel wie Schrauben, Bolzen oder Dübel werden quer zur Längsachse auf Scherung beansprucht.

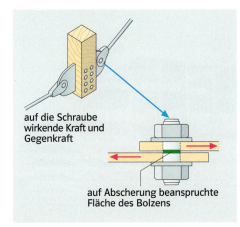

5 Scherbelastung

Wenn ein Balken auf Biegung beansprucht wird, entstehen außer Biegespannungen zusätzlich Schubspannungen in Längsrichtung des Trägers.
Dies lässt sich in einem einfachen Versuch zeigen: Legt man dünne Kartonstreifen aufeinander und belastet sie, stellt man fest, dass sie sich bei Belastung verschieben.
Träger aus Brettschichthölzern sind an den Breitflächen miteinander verleimt. An den Leimfugen entstehen bei Belastung Schubspannungen.

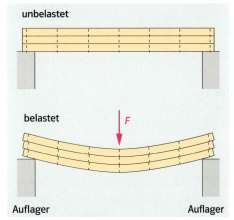

6 Versuch: Schubspannung durch Biegebelastung

7 Schubspannung (Scherspannung) durch Druckbelastung

Infolge von Druckkräften in Streben können Balken in Längsrichtung auf Schub beansprucht werden.

8 Brettschichtholz (BS-Holz)

Fertigungsverfahren und Fertigungsarten **215**

Fachwerkkonstruktionen

Werden drei Stäbe an den Enden miteinander verbunden, entstehen Dreiecke. Die Verbindungsstellen der Stäbe nennt man **Knoten**. Dreiecke sind auch dann stabil, d.h. nicht beweglich, wenn die Stäbe an den Verbindungsstellen bewegliche Gelenke haben. Man bezeichnet solche Dreiecke als **statische Dreiecke**. Werden vier Stäbe gelenkig miteinander verbunden, so entsteht ein beweglicher **Rahmen**.

Rahmenkonstruktionen können durch **Verspannen** mit Seilen, durch **Verstreben** mit Stäben oder durch **Ausfachen** mit dünnen Scheiben stabilisiert werden. Die Stabilisierung kann auch durch Versteifen der Ecken erreicht werden.

Aus der flächigen Aneinanderreihung von Dreiecken entsteht ein **Fachwerk**. Die räumliche Zusammensetzung bezeichnet man als **Skelett**. Hochspannungsmasten, Brückenkonstruktionen, Tragkonstruktionen von Gebäuden oder Hochregallager können Fachwerk- bzw. Skelettkonstruktionen sein.

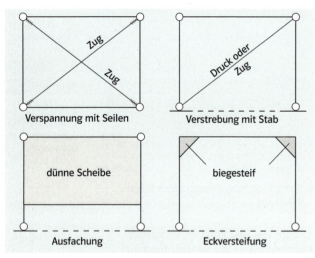

1 Stabilisierung von Rahmen

3 Hochspannungsmast

2 Falthauskonstruktion

216   Fertigungsverfahren und Fertigungsarten

Bautechnik

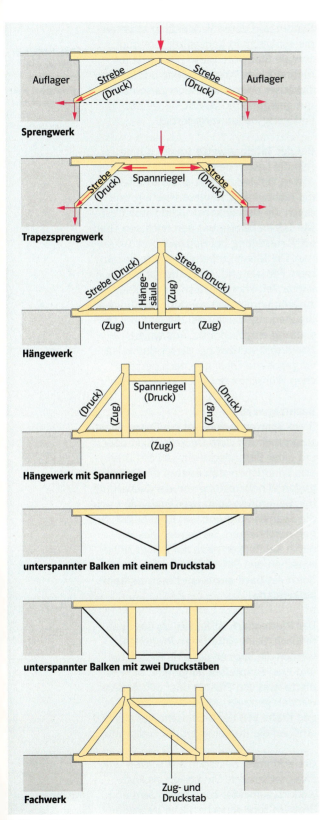

4 Überbrückungen

Reicht ein einfacher Balken für eine Überbrückung nicht mehr aus, kann der Balken durch druck- oder zugbeanspruchte Stäbe ergänzt und stabilisiert werden. Bei einem **Sprengwerk** wird der Balken durch schräg gestellte Stäbe gegen Durchbiegen gestützt. Größere Spannweiten können erreicht werden, wenn das einfache Sprengwerk zu einem **Trapezsprengwerk** erweitert wird.

Sitzen die Streben über dem waagrechten Balken, bezeichnet man die Tragkonstruktionen als **Hängewerk**. Die Hängesäule wird auf Zug, die Streben werden auf Druck beansprucht. Ein Hängewerk mit zwei Hängesäulen und einem Spannriegel stellt eine Erweiterung des einfachen Hängewerks dar.

Aus einem nach unten geklappten Hängewerk entsteht ein **unterspannter Balken** in Dreieck- oder Trapezform.

Werden Diagonalstreben in das mittlere Feld eines Hängewerks eingesetzt, entsteht wieder ein **Fachwerk**. Es besteht aus einer Aneinanderreihung statischer Dreiecke, wobei in allen Knoten die Stäbe gelenkig miteinander verbunden sind.

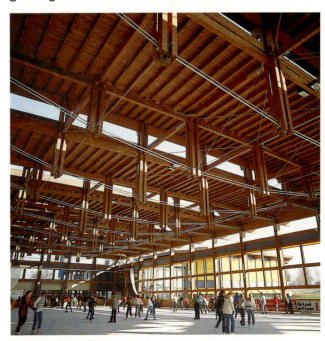

5 unterspannte Träger

Fertigungsverfahren und Fertigungsarten **217**

Holzbauweise

Holz hat als Baustoff hervorragende Eigenschaften:
- Holz ist mit relativ geringem Energieaufwand gut zu bearbeiten.
- Holz kann bei giftstofffreier Behandlung im Vergleich zu anderen Baustoffen problemlos in den Naturkreislauf zurückgeführt werden.
- Holz hat hohe Festigkeitswerte bei geringem Eigengewicht.
- Holz hat gute Wärmedämmeigenschaften.
- Holz ist ein nachwachsender Rohstoff.

Nachteile wie Schimmel-, Pilz- und Insektenbefall, ungleichmäßige Festigkeit sowie Formveränderung bei Wasseraufnahme und Wasserabgabe können durch giftfreie Holzschutzmittel und konstruktive Maßnahmen gelöst werden, z. B. durch große Dachüberstände, Be- und Hinterlüftung, Verleimen von Brettern zu Stützen, Trägern und Bogenformen.

Moderne Holzverbindungen werden mit **Verbindungsmitteln** wie Schrauben, Bolzen, Dübeln, Klammern, Laschen oder mit speziell geformten Verbindungsmitteln, z. B. mit Balkenschuhen, hergestellt.

Balkenschuh

Früher wurden die Wände überwiegend in Block-, Fachwerk- oder Ständerbauweise errichtet. Heute zählen die Skelett-, die Rahmen- und die Tafelbauweise zu den zeitgemäßen Holzbausystemen.

Bei der **Skelettbauweise** kennt man drei verschiedene Verbindungsmöglichkeiten: Stützen mit Doppelträger, Träger zwischen Doppelstützen und einteilige Träger an oder auf Stützen. Der Skelettbau lässt eine sehr flexible Raumplanung zu, da die Raumaufteilung weitgehend unabhängig vom Tragsystem ist. Das Tragsystem aus Stützen und Balken ist fast immer sichtbar. Außen kann es durch eine Holzverschalung überdeckt oder ausgefacht sein.

Bei der **Rahmenbauweise** wird die Tragkonstruktion durch ein stabförmiges Gerippe aus Kanthölzern gebildet, das die senkrechten Lasten nach unten abführt. Durch Aufschrauben oder Aufnageln von Platten und deren Verkleidung erhalten die senkrechten Kanthölzer ihre horizontale Stabilität. Diese Bauart ist für mehrstöckige Wohngebäude und für Passivhäuser oder andere Energiesparhäuser gut geeignet. Die Wandteile werden in Fertigungshallen vorgefertigt.

Bei der **Tafelbauweise** tragen dünne Tafeln die Lasten des Bauwerks. Sie werden erst in Verbindung mit anderen Tafeln, die rechtwinklig zu diesen stehen, und durch die Deckenkonstruktion standfest. Die Tafelbauweise hat den höchsten Grad an Vorfertigung bei Holzbaukonstruktionen. Die Tafeln enthalten bereits Türrahmen, Fenster und Installationsrohre. In kurzer Zeit können sie so an der Baustelle zusammenmontiert werden. Allerdings ist die Planungsfreiheit bei der Grundrissgestaltung eingeschränkt. Aus typisierten Entwürfen werden bei dieser Bauweise vorgegebene Lösungen nach persönlichen Wünschen nur noch abgeändert.

Dachtragwerke

Beim **Sparrendach** bildet ein Sparrenpaar zusammen mit dem Deckenbalken oder mit einer Betondecke ein stabiles Dreieck. Windrispen stabilisieren die Dreiecke gegen Windbelastung von der Giebelseite her. Bei großen Spannweiten würden sich die Sparren aufgrund von Knickbelastungen durchbiegen. Sie werden deshalb durch Kehlbalken etwa auf halber Höhe zwischen den Sparrenpaaren ausgesteift. Solch ein Dach bezeichnet man als **Kehlbalkendach**.

Das **Pfettendach** ist flacher als das Sparrendach. Beim einfachsten Pfettendach werden die Sparren auf eine Firstpfette und zwei Fußpfetten aufgereiht. Die Firstpfette wird von Pfosten oder den Außenwänden getragen. Kopfbänder steifen gegen Kräfte von der Giebelseite her aus und erhöhen die Tragfähigkeit der Firstpfette.

Dreieckbinder bestehen aus Gurten und Zwischenstreben. Sie stellen als Fachwerk-Nagelbinder aus Kanthölzern und Brettern sehr wirtschaftliche Dachkonstruktionen für große Spannweiten dar.

Passivhäuser: Häuser mit besonders geringem Heizenergiebedarf

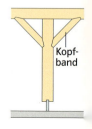
Kopfband

Bautechnik

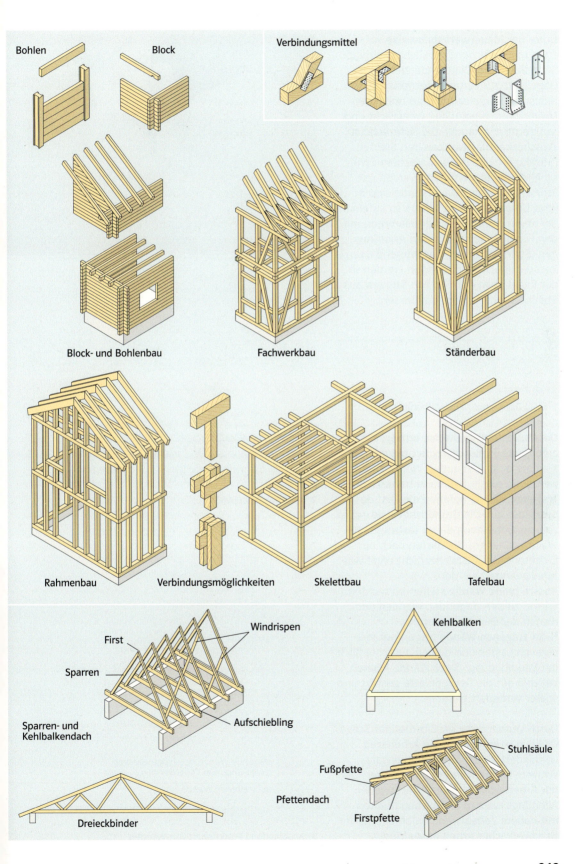

Fertigungsverfahren und Fertigungsarten

Mauerwerksbauweise

Unter der **Mauerwerksbauweise** versteht man eine handwerkliche Stein-auf-Stein-Bauweise. Die Wände werden im Gegensatz zur Fertigteilbauweise nicht industriell vorgefertigt. Man reiht die Mauersteine regelmäßig waagrecht und senkrecht aneinander. Die senkrechten Zwischenräume zwischen den Steinen (Stoßfugen) und die waagrechten Zwischenräume (Lagerfugen) werden mit Mörtel ausgefüllt. Mauersteine sind in ihrer Länge, Breite und Höhe so aufeinander abgestimmt, dass sie zusammen mit den Fugen in verschiedenen Anordnungen (Steinverbänden) zusammenpassen. Rechteckige Wandöffnungen werden in der Regel oben mithilfe von **Stürzen** aus Stahlbetonträgern abgeschlossen.

1 Sturz über einer Maueröffnung

Die Mauerwerksbauweise ermöglicht eine große Planungsfreiheit bei der Gestaltung eines Gebäudes. Wohnbauten werden in dieser Bauweise hergestellt.
Tragende Wände nehmen die Last des Gebäudes auf. Die Grundrissgestaltung ist von der Anordnung dieser lasttragenden Wände abhängig. Sie dürfen nach der Errichtung des Bauwerks nicht ohne weiteres geändert werden.
Aussteifende Wände stehen im rechten Winkel zu den tragenden Wänden und dienen der Querstabilisierung.
Nicht tragende Wände tragen nur ihre eigenen Lasten und dienen ausschließlich der Raumbildung. Diese Wände können beliebig auf die Deckenplatte gesetzt und später verändert werden.

Durch Verwendung großformatiger Steine kann beim Rohbau die Arbeitszeit vermindert, durch Maschineneinsatz schwere körperliche Arbeit verringert und der Arbeitsablauf rationalisiert werden. Allerdings werden die Ausbauarbeiten mit hohem Zeitaufwand in lohnintensiver handwerklicher Arbeit ausgeführt.

Ausbau: Wasser-, Abwasser-, Elektroinstallation

2 Mauerwerksbauweise

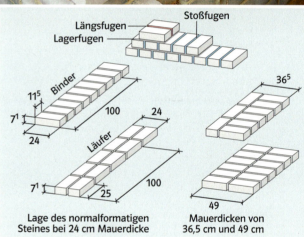

3 verschiedene Funktionen von Wänden

Fertigungsverfahren und Fertigungsarten

Bautechnik

Betonbauweise

Baustoff Beton

Beton besteht aus Zement als Bindemittel, Wasser und hauptsächlich aus den Zuschlagstoffen Sand und Kies. Beton kann vielfältig verwendet werden, besonders wenn er mit Stahl „armiert" wird (Stahlbeton), z.B. für Mauern, Brücken, Hallendächer oder Fernsehtürme.

Portlandzement ist der gebräuchlichste Zement. Er wird vorwiegend aus tonhaltigem Kalkstein (Mergel) oder aus einer Mischung aus drei Teilen Kalkstein und einem Teil Ton hergestellt.

Die im Tagebau gewonnenen Rohstoffe werden gemahlen und anschließend bei ca. 1450 °C gebrannt. Hierbei schmelzen die Stoffe an und verbinden sich. Sie verbacken zu steinhartem Material, das zu feinem Zementpulver gemahlen wird. Die Herstellung ist energieintensiv und führt zur Schadstoffbelastung der Luft.

Je feiner das Zementmehl gemahlen wird, desto höher wird seine Druckfestigkeit nach dem Verarbeiten und damit die **Festigkeitsklasse** des Zements. Die Festigkeitsklassen (z.B. Z 25, Z 35, Z 45) geben an, wie hoch die Druckfestigkeit in Newton pro Quadratmillimeter nach einem festgelegten Mischungs- und Prüfverfahren sein muss.

Eine Kornzusammensetzung, bei der die Hohlräume der größten Kieskörner jeweils durch kleinere Kies- und Sandkörner ausgefüllt werden, ergibt ein gutes **Zuschlaggemisch**.

Sand- und Kiesgemische mit verschiedenen Korngrößen werden im Kieswerk nach Rezepten in genau festgelegten Mengenverhältnissen hergestellt.

Die Zuschlaggemische werden mit dem kleinsten und größten Korndurchmesser angegeben, z.B. bedeutet 0/16 ein Gemisch vom feinsten Sandkorn bis zum gröbsten Stein mit 16 mm Durchmesser.

Um eine gewünschte Betongüte zu erhalten, können Zement und Zuschlagstoffe unter Zuhilfenahme eines **Betonrezepts** abgemessen werden. Auch die Wassermenge wird beim Betonrezept angegeben, denn die Druckfestigkeit von Beton wird durch den Mengenanteil des Anmachwassers beeinflusst.

Überschüssiges Wasser macht den Beton besser verarbeitbar. Beton mit zu hohem Wasseranteil hat aber negative Folgen: Je höher der Wasseranteil ist, desto stärker schwindet der Beton beim Trocknen und bekommt Hohlräume. Diese setzen die Festigkeit herab und machen den Beton saugfähiger und wasserdurchlässiger.

Baustoff	Druckfestigkeit in N/mm²
Beton	5 bis 55
Mauerziegel	5 bis 35
Leichtbetonstein	2,5 bis 15
Naturstein	30 bis 400

4 Druckfestigkeit mineralischer Baustoffe

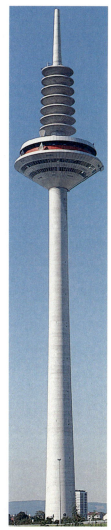

5 Bauwerk aus Stahlbeton

Verwendungszweck Beispiele	Festigkeitsklasse des Betons	Wasser in kg	Zement Z 35 in kg	Zuschlag 0/16 in kg
Streifenfundamente, im Hausbau	B 5	0,64	1	9,65
Stützmauern, einfache Bauteile	B 10	0,51	1	7,36
Tragende Wände, Stahlbeton	B 15	0,40	1	5,43
Stahlbetonfertigteile	B 25	0,36	1	4,68

6 Mischungsverhältnisse von Beton

Fertigungsverfahren und Fertigungsarten

Betonbauweise

Beton erhärtet steinartig sowohl an der Luft als auch unter Wasser und wird wasserbeständig. Nach 28 Tagen ist die Aushärtung nahezu vollständig beendet. Nach der Druckfestigkeit wird Beton in Festigkeitsklassen B 5, B 10, B 15, B 20, ... B 55 eingeteilt. Die Betonfestigkeit bedeutet die Mindestdruckfestigkeit in Newton pro Quadratmillimeter nach der Aushärtezeit von 28 Tagen.

Beton kann hohe Druck-, aber nur geringe Zugspannungen aufnehmen. Im **Stahlbeton** werden die Zugspannungen deshalb von Stahlstäben aufgenommen. Man bezeichnet diese Stähle auch als Betonstähle, Stahlarmierung, Stahlbewehrung oder Moniereisen. Die Bewehrung wird dem Verlauf der Zugspannungen angepasst. Betonstahl und Beton haften gut aneinander und erfahren bei gleicher Temperaturänderung annähernd die gleiche Längenänderung. Wäre dies nicht so, käme es zu Rissbildungen.
Betonstähle dürfen beim Betonieren durchaus eine angerostete Oberfläche haben. Die Betonumhüllung (Mindeststärke 2,5 cm) schützt vor weiterer Korrosion.

Wird außer der üblichen Bewehrung von Beton mit Betonstahl zusätzlich noch ein hochfester Spannstahl einbetoniert, kann ein Stahlbetonteil wesentlich höher als üblich beansprucht werden. Der Spannstahl bewirkt eine Druckspannung in der Zone, in der unter Belastung Zugspannungen auftreten können. Wird das Bauteil belastet, werden dort die vorhandenen Druckspannungen verringert. Stahlbeton mit Spannstählen bezeichnet man als **Spannbeton**.

Schalungen geben dem Beton die gewünschte Form. Sie werden in der Regel aus Brettern, Holzplatten und bei häufigem Einsatz aus Metall hergestellt.

Während des Betonierens werden die Hohlräume durch **Verdichten** des Betons ausgetrieben. Dies geschieht von Hand durch Stampfen, Stochern, Klopfen an die Schalung oder maschinell mit einer Rüttelflasche oder einem Schalungsrüttler.

1 Herstellung einer Stahlarmierung

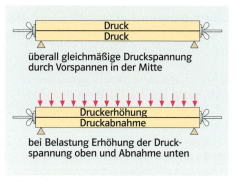

2 Spannbeton

3 Herstellung einer Schalung

Bautechnik

Fertigteile aus Beton können so hergestellt werden, dass sie nach dem Baukastenprinzip zusammenpassen, z. B. Stützen, Wände, Raumzellen oder Treppen. Die Herstellung kann in einer Fabrikhalle unabhängig von der Witterung und mit dem Vorteil gleich bleibender Qualität ablaufen.

Bei der **Skelettbauweise** werden die Lasten von Trägern und Stützen aus Stahlbeton getragen. Durch das Zusammenwirken mit Deckenplatte und Wandtafeln wird das Raumgerippe stabilisiert. Die Grundrissgestaltung ist völlig frei (siehe Holz-Skelettbau Seiten 218 und 219). Die raumbildenden Wände tragen keine Lasten.

Bei der **Tafelbauweise** (Plattenbauweise) tragen dünne Tafeln die Lasten wie die tragenden Wände beim Mauerwerksbau. Sie sind als einzelne Tafeln aber nicht standfest, sondern nur in Verbindung mit anderen Tafeln. Der Grundriss ist von der Anordnung der tragenden Tafeln abhängig. In den Tafeln sind in der Regel bereits Installationsrohre vorgesehen.

Eine noch größere Vorfertigung ist mit der **Raumzellenbauweise** zu erreichen. Die einzelnen vorgefertigten Räume werden an der Baustelle übereinander gestapelt oder in ein Tragsystem gehängt.

4 Fertigteil

6 Tafel- bzw. Plattenbauweise

5 Skelettbauweise

7 Raumzellenbauweise

Fertigungsverfahren und Fertigungsarten

Lesen von Schaltplänen

Das Lesen von Schaltplänen bedarf einiger Übung. Dazu muss man allerdings die Schaltzeichen kennen. Sie sind auf Seite 258 abgebildet.

Am Beispiel einer Relaisschaltung (Abb. 1) wird hier gezeigt, wie man durch Anwendung der einfachen aber wirkungsvollen **Wenn-Dann-Methode** einen Schaltplan lesen kann.

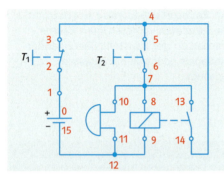

1 Relaisschaltung mit Selbsthaltekontakt

Dabei gibt es 2 Möglichkeiten der Vorgehensweise, und zwar
a) **von der Wirkung zur Ursache**, also vom Ausgang zum Eingang, oder
b) **von der Ursache zur Wirkung**, also vom Eingang zum Ausgang.

In den meisten Fällen empfiehlt es sich, beim Ausgang zu beginnen, also beim Ausgabebauteil. Bei der Relaisschaltung von Abb. 1 ist das die Klingel. Durch Anwendung der Wenn-Dann-Methode geht man nun Schritt für Schritt zum Eingabebauteil zurück – hier also zum Schließer T_2 und zum Öffner T_1. Bei der Vorgehensweise vom Eingang zum Ausgang geht man genau umgekehrt vor.

- Wenn die Klingel ertönen soll, dann muss Strom durch sie fließen.
- Wenn Strom durch die Klingel fließen soll, dann muss der Tastschalter T_2 geschlossen sein.
- Wenn der Schließer T_2 geschlossen ist, dann fließt auch Strom durch die Relaisspule.
- Wenn Strom durch die Relaisspule fließt, dann schließt der Relaiskontakt (Punkte 13 und 14).
- Wenn der Relaiskontakt geschlossen ist, dann verzweigt sich der Relaisstrom am Punkt 4. Ein Teilstrom fließt über den geschlossenen Schließer T_2, ein anderer Teilstrom über den geschlossenen Relaiskontakt 13/14.
- Wenn der geschlossene Tastschalter T_2 wieder geöffnet wird, dann fließt der gesamte Relaisstrom über den geschlossenen Relaiskontakt. Der Stromkreis bleibt somit geschlossen und die Klingel ertönt weiter.
- Wenn die Klingel verstummen soll, dann muss der Stromkreis unterbrochen werden.
- Wenn der Stromkreis unterbrochen werden soll, dann muss der Öffner T_1 betätigt werden.
- Wenn der Öffner T_1 geöffnet wird, dann fließt weder Strom durch die Klingel noch durch die Relaisspule.
- Wenn kein Strom durch die Relaisspule fließt, dann öffnet der Relaiskontakt 13/14.

Ergebnis:
Beim Schließen des Tastschalters T_2 ertönt die Klingel. Nach dem Öffnen von T_2 klingelt sie aber weiter. Ursache dafür ist der Relaiskontakt 13/14, denn er ist zum Tastschalter T_2 parallel geschaltet. Ausschalten kann man die Klingel erst wieder durch Öffnen des Tastschalters T_1.

Zum Üben solltest du das Lesen von Schaltplänen jetzt auch noch vom Eingang Schließer T_2 zum Ausgang Klingel durchführen. Wende die Methode auch bei weiteren Schaltplänen an, z. B. bei der Polwendeschaltung (Abb. 2).

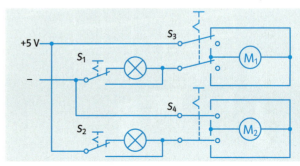

2 Polwendeschaltung

Elektrotechnik

Messen elektrischer Größen

3 Analog- und Digitalmessgerät

Zum Messen elektrischer Größen wie Spannung, Stromstärke und Widerstand werden **Vielfachmessgeräte** (Multimeter) am häufigsten verwendet. Bei ihnen lassen sich verschiedene Messbereiche einstellen.

Man kann Messgeräte mit **analoger** oder **digitaler** Anzeige verwenden. Bei der analogen Anzeige bewegt sich ein Zeiger über eine Skala. Analogmessgeräte zeigen gut den Verlauf von Veränderungen der Messwerte an. Sie lassen sich daher bei Schwankungen von Messwerten gut anwenden. Bei digitalen Messgeräten wird der Messwert in Ziffern angezeigt. Sie sind genauer und die Messwerte lassen sich besser ablesen.

Bei der **Spannungsmessung** wird das Messgerät parallel zur Spannungsquelle bzw. zum Verbraucher gelegt. Der Innenwiderstand des Messgeräts ist bei der Spannungsmessung sehr hoch.

Vorsicht:
Bei Parallelschaltung kann das Messgerät zerstört werden!

Bei der **Stromstärkemessung** wird das Messgerät in den Stromkreis geschaltet. Es liegt in Reihe zum Verbraucher. Bei der Stromstärkemessung ist der Innenwiderstand gering.

Bei der **Widerstandsmessung** darf keine Spannung von außen am Messgerät anliegen! Sind mehrere Bauteile verbunden, so muss der zu messende Widerstand mindestens an einer Seite ausgebaut und dann erst gemessen werden. Bei Analoggeräten muss zu Beginn der Messung das Zeigerinstrument auf den Nullpunkt der Skala eingestellt werden. Dazu bringt man die beiden Messschnüre in Kontakt zueinander und stellt den Vollausschlag (0 Ohm) ein. Die Widerstandsskala läuft umgekehrt zu den anderen Skalen.

Wichtige **Regeln beim Messen** mit einem Vielfachmessgerät:
1. Messgröße (Stromstärke, Spannung, Widerstand) wählen und größten Messbereich einstellen.
2. Mit den Spitzen der Messschnüre die Messpunkte kurz antippen und vorsichtig herunterschalten.
3. Bei Analogmessgeräten Messbereich so wählen, dass die Spannung oder die Stromstärke im oberen Drittel der Skala abgelesen werden kann, bei Widerstandsmessungen etwa auf der Hälfte.
4. Bei Stromstärkemessungen das Gerät nie parallel zu einer Spannungsquelle schalten!
5. Bei Gleichspannung und Gleichstrom die Polung beachten.
6. Messschnüre immer zuerst an das Messgerät und dann an die Messpunkte anschließen.

Abkürzungen:

ACV: Wechselspannung

DCV: Gleichspannung

ACA: Wechselstromstärke

DCA: Gleichstromstärke

R, Ω, Ohm: Widerstand

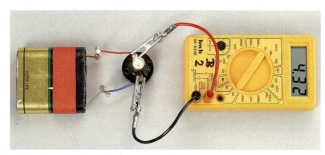

4 Messen von Spannungen

5 Messen von Stromstärken

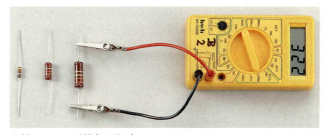

6 Messen von Widerständen

Fertigungsverfahren und Fertigungsarten

Berechnen elektrischer Größen

Ohmsches Gesetz:
$R = \dfrac{U}{I}$

Verbraucher wie Lampen, elektrische Motoren, elektrische Heizquellen usw. haben die Eigenschaft, den elektrischen Strom zu hemmen. Das nennt man den **elektrischen Widerstand**. Der Widerstand (R) kann aus dem Quotienten der angelegten Spannung (U) und der Stromstärke (I) berechnet werden.

Bei einer **Reihenschaltung** von Verbrauchern ist die Stromstärke im Stromkreis überall gleich groß. Der Gesamtwiderstand (R_{ges}) ist gleich der Summe der Einzelwiderstände. Die zur Verfügung stehende Betriebsspannung (U_{ges}) teilt sich auf die angeschlossenen Verbraucher auf. Zum Beispiel wird bei einer Partylichterkette die Netzspannung von 230 V auf 16 Lampen mit der Nennspannung von ca. 14 V aufgeteilt.

Man kann einen Verbraucher mit einer niedrigeren Nennspannung als der Betriebsspannung betreiben, wenn ein **Schutzwiderstand** (Vorwiderstand) in Reihe geschaltet wird.

Berechnungsbeispiel:
Eine Leuchtdiode (1,6 V/20 mA) soll mit 9 V Spannung betrieben werden. Um die Zerstörung der LED zu verhindern, muss am Schutzwiderstand die Spannung U_V von 9 V – 1,6 V = 7,4 V „abfallen". Bei 1,6 V Spannung an der LED fließt ein Strom mit 0,02 A durch die LED und durch den Widerstand. Der Widerstandswert R_V beträgt dann:

$R_V = \dfrac{U_V}{I} = \dfrac{9\,V - 1,6\,V}{0,02\,A} = 370\,\dfrac{V}{A} = 370\,\Omega$

Man wählt den nächst höheren Wert der Normreihe, z. B. 390 Ω.

Verbraucher werden in der Regel parallel geschaltet. Sie können dadurch unabhängig voneinander eingeschaltet werden und erhalten die gleiche Betriebsspannung. Bei einer **Parallelschaltung** ist der Gesamtstrom gleich der Summe der Ströme in den Leitungszweigen. Für die Spannungen und Widerstände gelten die rechts stehenden Formeln.

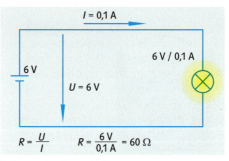

1 Lampe im Stromkreis

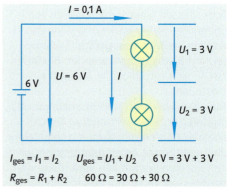

2 Reihenschaltung von Lampen

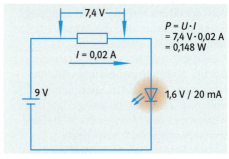

3 Schutzwiderstand

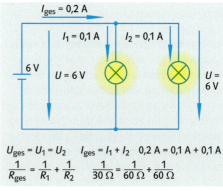

4 Parallelschaltung von Lampen

Elektrotechnik

Aufbauen von Schaltungen

Brettschaltung
Als Grundplatte wird ein Brettchen verwendet. Werden die Bauelemente wie beim Stromlaufplan angeordnet, ist der Schaltungsaufbau nicht schwierig. Zur Verbindung von Schalt- und Anschlussdrähten sind Buchsenklemmen (Lüsterklemmen) oder Lötstützpunkte mit vermessingten Nägeln, Reißnägeln oder Aderendhülsen geeignet.
Schaltdrähte werden mit dem Seitenschneider oder der Printzange abgeschnitten und mit der Abisolierzange abisoliert. Die Abisolierzange muss so eingestellt sein, dass nur die Isolation und nicht der Leiter eingekerbt wird. Der Schaltungsaufbau wird übersichtlich, wenn die Schaltdrähte parallel zu den Rändern der Montageplatte angeordnet und rechtwinklig gebogen werden. Farblich unterschiedliche Drähte erleichtern das Überprüfen der Schaltung.

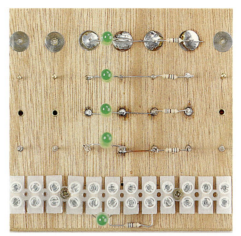

5 Brettschaltung

Lochrasterplatine
Die Schaltdrähte werden wie bei einer Brettschaltung geführt. An den Verbindungspunkten werden Leitungsenden und Anschlussdrähte an Steckern verschraubt oder an Lötpunktringen verlötet. An Lötpunktringen soll möglichst nur kurzzeitig gelötet werden, da sie sich sonst von der Grundplatte lösen können.

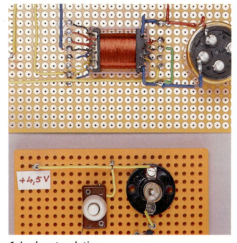

6 Lochrasterplatine

Lötleisten
Die Bauteile lassen sich ohne Beeinträchtigung der Lötstellen an den Lötfahnen beliebig oft an- und auslöten.

Platine
Die Kupferfläche wird mit Selbstklebefolie ganz abgeklebt. Trennungsstreifen werden mit einem Folienschreiber auf die Folie aufgezeichnet und die Ränder mit einem scharfen Messer ausgeschnitten. Anschließend werden die Folienstreifen abgezogen, damit die Kupferschicht an den Trennungsstreifen freigelegt ist. Die Platine kann jetzt in ein Ätzbad gelegt werden. Nach dem Abätzen der Streifen wird die Platine mit Wasser gespült und die restliche Folie abgezogen. Anschließend wird an den Stellen gebohrt, an denen die Bauteile eingelötet werden.

7 Lötleisten

8 geätzte Kupferfläche

Vorsicht: Nur unter Anleitung deines Lehrers oder deiner Lehrerin ätzen.

Fertigungsverfahren und Fertigungsarten **227**

Fügen durch Löten

Lötverbindungen sind elektrisch gut leitende und feste Verbindungen, die nicht aufwendig sind. Für Lötverbindungen eignet sich ein Lötdraht aus einer Zinn-Legierung (L-Sn98), deren Schmelzpunkt bei ca. 230 °C liegt. Im Inneren des Lötdrahts befindet sich ein Flussmittel. Es verhindert die Oxidation, entfettet und benetzt die Lötstelle.

Beim **Lötvorgang** müssen die zu verbindenden Teile völlig fettfrei, oxidfrei und so fixiert sein, dass sie sich beim Berühren mit dem Lötkolben nicht bewegen können. Der Abstand der Teile sollte möglichst gering sein. Manchmal ist es hilfreich, vorher beide Teile einzeln zu verzinnen. Die zu verbindenden Metallteile müssen immer so stark erwärmt werden, dass das Lot darauf fließen kann (den Lötkolben etwa 2 Sekunden aufsetzen). Perlt das Lot, ist die Lötstelle zu kalt oder nicht sauber. Man lässt die Lötkolbenspitze aber nur so lange an der Lötstelle, bis sich das Lot gut verteilt hat. Bei einer guten Lötverbindung glänzt die Oberfläche unmittelbar nach dem Lötvorgang, ist glatt und hat einen glatten Rand.

1 Lötkolben

Arbeitssicherheit

- Generell bleifreies Lot einsetzen.
- Fenster öffnen.
- Als Flussmittel stabilisierte und reine Harze (Typ WW) einsetzen, nicht Lötwasser, Lötpaste oder Lötfett.
- Nach dem Unterricht die Hände waschen.

2 gute und schlechte Lötspitze

Die Spitze des elektrischen Lötkolbens wird durch ein Heizelement erwärmt. Die Lötspitze darf nicht oxidiert sein, damit sie die Wärme gut an die Lötstelle weiterleitet. Dazu wird der vordere Teil im warmen Zustand mit einem Leinenlappen gereinigt und dann verzinnt.
Hierzu tippt man den Lötdraht an die Lötspitze. Diese wird durch das Flussmittel gereinigt, das Lot schmilzt und bildet einen Tropfen. Mit dem Lappen wird kurz über die Lötspitze gewischt und dieser Vorgang so lange wiederholt, bis der vordere Teil rundum mit einem Lotüberzug versehen ist.

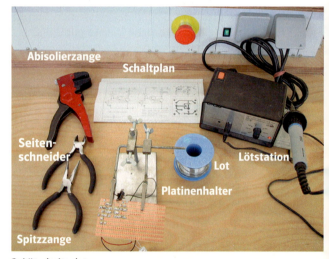

3 Lötarbeitsplatz

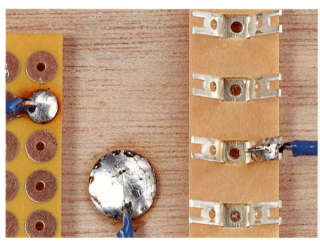

4 gute Lötstellen

228   Fertigungsverfahren und Fertigungsarten

Elektrotechnik

Fehler systematisch suchen

Falls deine Schaltung nicht funktioniert, musst du die Ursache dafür suchen. Gehe bei der Fehlersuche folgendermaßen vor:

1. Spannungsquelle und Bauteile überprüfen
- Überprüfe ob die Spannungsquelle (Netzgerät, Batterie) die nötige Betriebsspannung liefert.
- Sind alle Bauteile richtig befestigt oder eingeschraubt, z. B. die Glühlampe?
- Funktionieren alle Bauteile einwandfrei, lässt sich z. B. die Motorwelle leicht drehen oder ertönt der Summer, wenn man Spannung an ihn anlegt?
- Sind alle Bauteile richtig miteinander verbunden, sind also z. B. Dioden und Summer polungsrichtig angeschlossen und die Anschlüsse von Potis und Relais richtig miteinander verbunden?

2. Sichtkontrolle durchführen
Untersuche deine Schaltung auf
- nicht vorhandene Verbindungen wie unterbrochene Leiterdrähte oder Leiterbahnen bei Platinen,
- Kurzschlüsse.

3. Messungen durchführen
Überprüfe an den einzelnen Stellen der Schaltung mit einem Multimeter,
- ob überall die erforderliche Spannung anliegt,
- ob nicht vorhandene oder schlechte (so genannte kalte) Lötstellen vorhanden sind,
- ob alle Widerstandswerte stimmen.

5 Fehlersuche bei einer Relaisschaltung

Beispiel: Defekte Relaisschaltung

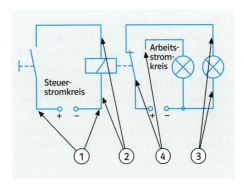

Hat deine Schaltung einen Steuer- und einen Arbeitsstromkreis, dann beginne beim Steuerstromkreis.

① Reagiert keiner der Verbraucher deiner Schaltung, überprüfe als erstes, ob Spannung an deinem Netzgerät anliegt. Vielleicht ist die Sicherung oder die Zuleitung defekt.
② Ist die Spannungsquelle in Ordnung, dann müsste bei Betätigung des Tasters an der Spule des Relais Spannung zu messen sein. Ist dies nicht der Fall, ist der Taster defekt oder nicht richtig angeschlossen worden.
③ Leuchtet die rechte Lampe bei unbetätigtem Taster nicht, ist sie entweder defekt oder erhält keinen Strom, z. B. wegen einer unterbrochenen Leiterbahn. Dies kannst du mit einem Multimeter überprüfen.
④ Leuchtet die linke Lampe bei betätigtem Taster nicht, ist entweder die Lampe defekt oder sie erhält über den Schaltkontakt des Relais keinen Strom. Auch dies kann mit einem Multimeter festgestellt werden.

Hinweis: Ob eine Lampe defekt ist, kannst du mit dem Widerstandsmessgerät feststellen. Dazu sollte sie aus der Fassung herausgeschraubt werden.

Eine funktionstüchtige Lampe hat einen kleinen Widerstandswert (z. B. 6 Ω), eine defekte Lampe einen unendlich großen.

Fertigungsverfahren und Fertigungsarten

Einteilung der Fertigungsarten

Produktion von Gütern
Fast alle Produkte auf dem Markt und fast alle Gegenstände des täglichen Gebrauchs sind in großen Mengen hergestellt worden. Die Ansprüche der Menschen der Industriestaaten könnte man ohne Produktion in großen Stückzahlen nicht befriedigen. Weder genügend Kleidung noch ausreichende Nahrung oder andere grundlegende Dinge des Lebens ließen sich ohne maschinelle Großfertigung bereitstellen.

1 Verkaufsraum für modische Serienartikel

Es ist für uns beispielsweise selbstverständlich geworden, dass Kleidung in allen Größen und in vielfältigen modischen Richtungen bereitsteht. Die Herstellung dieser Menge Kleiderstoffe in Einzelfertigung an handbetriebenen Webstühlen wäre undenkbar. Die Fertigung würde Millionen von einzelnen Schneidereien erfordern!

Die heutige weltweite Mehrfachfertigung erfordert ganz andere Fertigungsarten als früher: Brot wird z. B. in Betrieben hergestellt, in denen nur wenige Beschäftigte täglich viele tausend Laibe produzieren. In Großmolkereien wird Milch vollautomatisch und unberührt von Menschenhand zu Millionen Packungen von Butter verarbeitet. Autos werden mittlerweile durch vollautomatisierte Fertigungsstraßen produziert.

Für die Produktion von Artikeln, die in großer Stückzahl gefertigt werden, sind Handarbeit und Einzelfertigung längst viel zu langsam und daher zu teuer. Lediglich individuelle Produkte wie z. B. Schmuck, Portraitaufnahmen beim Fotografen, Zahnersatz oder Rennwagen werden noch in Einzelfertigung hergestellt.

Bei den technischen Vorgängen der Herstellung von Gütern und Waren aller Art unterteilt man die Arten der Fertigung in Einzel- und Mehrfachfertigung.

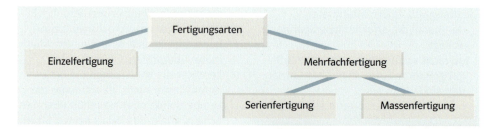

Einzelfertigung
Steinbildhauer, Orthopädiemechaniker, Zahntechniker, Modellbauer oder Bootsbauer sind z. B. Berufe, bei denen zumeist Einzelstücke in Einzelfertigung auf Bestellung hergestellt werden. Die wechselnden Maße und Formen, die unterschiedlichen Wünsche und Anforderungen lassen eine zeitsparende Mehrfachfertigung nicht zu. Jedes hergestellte Stück wird durch den Zeitaufwand für die Herstellung und die hohen Lohnkosten für qualifizierte Fachkräfte sehr teuer.

2 Bootsbauer bei der Einzelfertigung

Fertigungsverfahren und Fertigungsarten

Fertigungsarten

Mehrfachfertigung

Die Mehrfachfertigung wird in Serienfertigung und Massenfertigung unterteilt.

Serienfertigung

Serienprodukte werden besonders von der Zulieferindustrie gefertigt, z. B. eine Serie Autofelgen, einige tausend Fahrradlenker oder einige zigtausend Schokoladehasen. Ist die Serie fertig, werden die Maschinen für den nächsten Auftrag umgestellt. Es wird also immer nur eine **begrenzte Stückzahl** gefertigt. Serienfertigung verlangt schnelle Umrüstbarkeit der Maschinen und Flexibilität der Beschäftigten.

Massenfertigung

Massenprodukte, wie Papier, Schrauben und Streichhölzer, werden in **unbegrenzter Stückzahl** hergestellt. Die Produktion ist meist vollautomatisiert und wird nur überwacht. Ein Umrüsten der Maschinen ist nicht erforderlich.

4 Arbeiterinnen bei der Serienfertigung

3 Produkte aus der industriellen Massenfertigung

Geschichtlicher Rückblick

Die arbeitsteilige Herstellung von Gegenständen in großen Mengen ist keineswegs eine Erfindung unseres Industriezeitalters. Man hat sehr ähnliche Steinwerkzeuge in weit auseinander liegenden Gegenden gefunden.

Daraus wird geschlossen, dass schon in der Frühzeit an den Orten mit geeignetem Steinmaterial richtige Serien von Steinhämmern und Steinäxten produziert worden sind, die in weit entfernte Gegenden gebracht wurden.

Historische Beispiele für Mehrfachfertigung

– Papierherstellung aus Papyrus, ca. 3000 Jahre v. Chr. in Ägypten
– Massenherstellung von Ziegelsteinen im Römischen Reich, 2. Jahrh. n. Chr
– Übergang der Textilproduktion von Handarbeit in arbeitsteilige maschinelle Produktion in Florenz, 1336
– Beginn des Industriezeitalters mit Fabrikarbeitern in Stahlwalzwerken, um 1800
– Beginn der Serienfertigung von Fahrrädern und Nähmaschinen in den USA, um 1880
– Beginn der Rationalisierung, um 1880

5 mehrfach gefertigte historische Werkzeuge

Fertigungsverfahren und Fertigungsarten

Organisationsformen der Fertigung

Die Verteilung der Arbeit richtet sich nach zwei grundlegenden Faktoren: einerseits welche Arbeiten die Beschäftigten verrichten müssen, und andererseits, wie die Arbeitsstellen zueinander angeordnet sind. Beides wirkt sich stark auf Arbeitsklima, Belastung und Qualifikationsanforderung der Arbeitenden aus.

Das folgende Schema zeigt unterschiedliche Organisationsformen der Fertigung (Ablauforganisation) in der Industrie.

1 Übersicht über Organisationsformen der Fertigung

Werkbankfertigung
Alle anfallenden Arbeiten werden an Werkbänken in einem oder mehreren Räumen durchgeführt, wie z. B. in der Schreinerei, Klempnerei, Schlosserei.

Vorteile: individuelle Fertigung, schnelle Abänderung des Produkts möglich

Nachteile: lange Transportwege, hohe Lagerkosten, qualifizierte Arbeitnehmer notwendig

Werkstattfertigung
Gleichartige Arbeiten werden in eigenen Werkstätten durchgeführt, z. B. in der Dreherei, Schweißwerkstatt oder Lackiererei.

Vorteile: schnelle Umstellung auf neue Produkte, bei Maschinenausfall kein Abbruch des gesamten Arbeitsablaufs

Nachteile: lange Transportwege, hohe Lagerkosten für die halbfertigen Produkte, qualifizierte Arbeitnehmer notwendig

2 Werkstattfertigung

Fertigungsarten

Fertigung nach dem Flussprinzip

Unterscheidungsmerkmal für Reihen- und Fließfertigung ist die Dauer der Bearbeitung.

Reihenfertigung
Die **Zeittakte** der einzelnen Arbeiten sind **nicht gleich**. Ein automatischer Materialtransport ist deshalb nicht möglich. Es werden Zwischenlager (Puffer) benötigt.

Zwei Verfahren sind möglich:
a) Jeder Arbeiter verrichtet immer die gleiche Arbeit (z. B. nur Bohren oder Montieren) und arbeitet dabei alleine – **Einzelarbeit**.
b) Eine Gruppe von Arbeitern erledigt eine Vielzahl verschiedener Arbeiten im Team. Diese Art der Arbeitsorganisation nennt man **Gruppenarbeit**.

3 Beispiel einer Reihenfertigung

Vorteile: Teamwork möglich, wenig einseitige Belastung und Eintönigkeit, Bezug des Arbeitenden zum Werkstück, mehr Flexibilität	**Nachteile:** zum Teil teurere Produktion, und höhere Arbeiterzahl, Schwankungen im Zeitplan möglich, Zwischenlager erforderlich, höhere Lagerkosten, qualifizierte Arbeiter notwendig

Fließfertigung
Für alle Arbeiten steht der **gleiche Zeittakt** zur Verfügung. Die zu bearbeitenden Werkstücke werden automatisch von Arbeitsplatz zu Arbeitsplatz transportiert. Zwischenlager sind nicht erforderlich. Beispiele: Herstellung und Montage von Autoteilen, Möbeln, Haushaltsgeräten und Handys.

4 Fließfertigung

Baustellenfertigung
Im Gegensatz zu den anderen Organisationsformen der Fertigung werden bei der Baustellenfertigung alle Arbeitskräfte, Maschinen, Werkstoffe und Betriebsmittel zu dem anzufertigenden Produkt gebracht. Je nach Umfang des Auftrags wird in Einzel- oder in Gruppenarbeit produziert.
Diese Fertigungsform ist, wie die Werkbankfertigung, anspruchsvoll, da es sich bei den auszuführenden Arbeiten meist um individuelle Anfertigungen (z. B. Haus oder Brücke) handelt.

Vorteile: höhere Produktion bei gleicher Arbeiterzahl und Zeit, exakter Zeitplan, geringe Lagerkosten, möglicher Einsatz von angelernten Arbeitern	**Nachteile:** Ausfall der gesamten Fertigung bei Störungen, zeitaufwendige und teure Umstellung auf andere Produkte, eintönige Arbeit, einseitige Bewegungen, häufig Schichtarbeit

Auswirkungen des Maschineneinsatzes

Maschine – Mensch – Umwelt
Ohne Maschinen ist unsere Zivilisation nicht denkbar. Ihr Einsatz trägt wesentlich zur Ernährung, zur Bekleidung und zur Lebensqualität bei.
Man könnte sagen, wir leben im Maschinen- und Computerzeitalter, also in einer Zeit, in der eine neue Art Maschine – der Computer als Automatisierungsmaschine – eingesetzt wird. Automatisch arbeitende Maschinen verrichten heute Arbeiten, die für den Menschen gesundheitsgefährdend oder gefährlich sind, z. B. wegen giftiger Dämpfe, Lärm, Hitze oder einseitiger Körperbelastung.

Auch im Haushalt sind maschinelle Hilfen wie Bohrmaschine, Wasch-, Bügel- oder Spülmaschine selbstverständlich geworden. Der mühevolle Waschtag früherer Zeiten – eine Schwerarbeit mit Schrubben, Wringen, schwerem Tragen, Hantieren in kaltem Wasser – wird heute durch Maschinenwäsche ersetzt.

Den positiven Auswirkungen des Maschineneinsatzes, z. B. die Erleichterung der körperlichen menschlichen Arbeit, stehen aber auch negative Seiten gegenüber:

Der Einsatz von Maschinen – besonders von programmierten, automatisch arbeitenden Maschinen – ersetzt zunehmend menschliche Arbeitskraft. Qualifizierte Arbeiter werden dadurch von ihrem Arbeitsplatz und aus ihrem erlernten Beruf gedrängt. Sie werden arbeitslos oder müssen sich für ein anderes Arbeitsgebiet umschulen lassen.

Maschineneinsatz bedeutet immer auch Energieeinsatz: Arbeitsmaschinen – und hier besonders Transportmaschinen wie Autos und Flugzeuge – setzen weltweit riesige Energiemengen um, teils als mechanische Energie aus der Verbrennung von Kraftstoffen, teils als elektrische Energie, gewonnen z. B. aus der Verbrennung von Kohle oder aus Kernenergie.
Die entstehenden Verbrennungsgase gelangen in die Atmosphäre und schädigen unser Ökosystem, also Pflanzen, Tiere und Menschen.

1 Fließbandfertigung in der Industrie

Fossile Energieträger stehen auf Dauer nicht in ausreichender Menge zur Verfügung. Dennoch wird die Energiebereitstellung für Maschinenarbeit auf lange Sicht noch mit den Problemen der Luftverschmutzung, weiterer Klimaveränderung durch Anreicherung von CO_2 in der Lufthülle der Erde und der Lagerung radioaktiver Abfallstoffe aus Kernkraftwerken verknüpft sein.

fossile Energieträger:
Öl, Gas, Kohle

Historisches zur Maschinenarbeit
Maschinen wurden seit dem Beginn des Industriezeitalters für die Serien- und Massenproduktion in Fabriken eingesetzt. Für die Arbeiter bedeutete die Maschine nur bedingt eine Erleichterung. Um 1800 dauerte der durchschnittliche Arbeitstag eines Industriearbeiters 15 Stunden. Sein Verdienst reichte jedoch meist nicht aus um seine Familie zu ernähren. So wurden in allen Zweigen der Industrie Kinder zum Arbeiten eingesetzt. 1849 arbeiteten in Preußen 32 000 Kinder unter 14 Jahren täglich vierzehn bis sechzehn Stunden im Bergbau, in Walzwerken, Glashütten, Spinnereien und Webereien.

2 Kinderarbeit im 19. Jahrhundert

Fertigungsarten

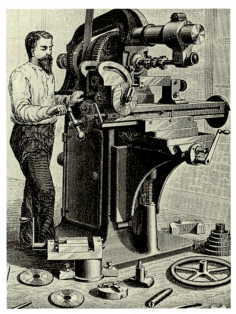

3 Arbeiter an einer ungeschützten Maschine

Die Sicherheit der Arbeiter in den Fabriken war gänzlich ungenügend. Für Unfälle an den ungeschützten Maschinen war allein der Arbeitende verantwortlich. Fabrikbesitzer hafteten nicht für die Folgen eines Unfalls.

> Ein Beobachter berichtet über ein altes Fabrikgebäude bei Düsseldorf um 1880: Ein fünfstöckiges Haus mit niedrigen Sälen, engen Fenstern, früher dicht gedrängten Maschinen; das Mühlwerk so eng, dass selbst der schlankste Jüngling nur mit äußerster Vorsicht zwischen der Wand und dem umgehenden Rade passieren kann; erst in meiner Gegenwart, also nach bald hundert Jahren, ordnete der Fabrikinspektor eine Schutzvorrichtung an ...

Bis zum Jahre 1900 wurde in Amerika kein einziges Patent für Schutzeinrichtungen an Maschinen angemeldet! Erst unter dem Druck der Unfallversicherungen wurden entsprechende Gesetze und Vorschriften für Schutzeinrichtungen erlassen.

Henry Ford führte im Jahre 1914 die erste Serienfertigung als Fließbandfertigung von Automobilen ein. Der Typ T4, die „Tin Lizzy", lief bis 1927 genau 15 007 033-mal vom Band und konnte in Amerika sehr preisgünstig verkauft werden. In Deutschland stellte man zu dieser Zeit Autos noch in Einzelfertigung her. Nur wenige reiche Leute konnten sich die Fahrzeuge leisten. Die in diesen Jahren einsetzende Serienfertigung zog tausende Menschen vom Land in die Städte, wo sie in Fabriken einen höheren Lohn bekamen als auf dem Land.

> Henry Ford erinnert sich 1925:
> Ist die Zeit des Menschen, sagen wir fünfzig Cents die Stunde wert, so bedeutet eine zehnprozentige Zeitersparnis einen Mehrverdienst von fünf Cents
> ... Man erspare 12 000 Angestellten täglich zehn Schritte und man hat eine Weg- und Kraftersparnis von fünfzig Meilen erreicht.
> Dies waren die Regeln, nach denen die Produktion meines Unternehmens eingerichtet wurde.
> ... Die früher von nur einem Arbeiter verrichtete Zusammensetzung des Motors zerfällt heute in 48 Einzelverrichtungen und die betreffenden Arbeiter leisten das Dreifache von dem, was früher geleistet wurde ...

4 T4-Montage bei Ford

Fertigungsverfahren und Fertigungsarten **235**

Menschengerechte Arbeitsplatzgestaltung

Industrielle Arbeit darf nicht nur unter dem Gesichtspunkt der rationellen Arbeitssteigerung, also der „Produktivität", gesehen werden, sondern auch unter dem Aspekt der Arbeitsbedingungen, denn: im Mittelpunkt muss trotz allem immer der Mensch stehen! Auf Dauer kann jede Person nur an einem Arbeitsplatz arbeiten, an dem sie sich wohl fühlt, sonst stellen sich körperliche und seelische Beschwerden ein. Unzufriedene, mürrische Mitarbeiter beeinträchtigen das Arbeitsklima und damit auch die Wirtschaftlichkeit des Betriebs. Geschäftsleitungen schätzen eine zufriedene, mitdenkende Mitarbeiterschaft, weil sie am besten den wirtschaftlichen Erfolg der Firma sichert.

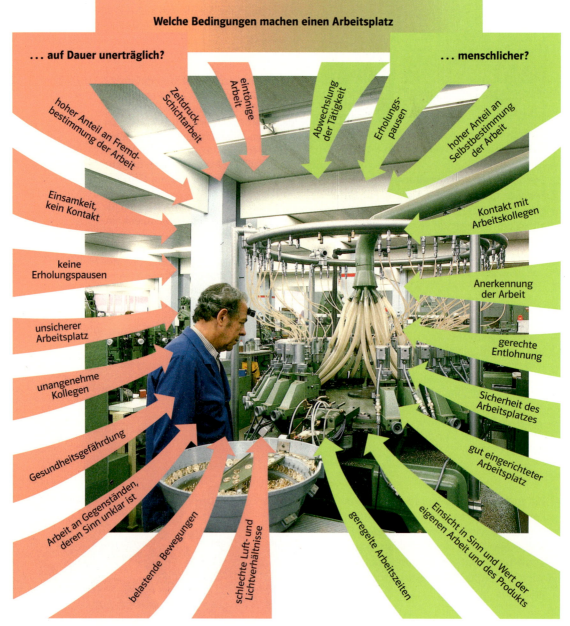

1 Bedingungen am Arbeitsplatz

Fertigungsverfahren und Fertigungsarten

Fertigungsarten

Ergonomie

Viele Gebrauchsgegenstände sind bewusst so geformt oder eingerichtet, dass sie den menschlichen Körpermaßen, den körperlichen Belastungsgrenzen und Kräften angepasst sind. Man sagt, sie sind „ergonomisch" gut gestaltet.
Ein Fahrradsattel, auf dem man lange Zeit bequem sitzt, ist ergonomisch gut geformt; ein Schutzhelm, der gut sitzt und im Falle eines Falles wirklich den Kopf schützt, ist ergonomisch richtig hergestellt.

Ein Lenkergriff, bei dem nach kurzer Zeit die Hände schmerzen, ist dagegen ergonomisch schlecht konstruiert.

Für die Einrichtung von Arbeitsplätzen gibt es festgelegte, allgemein gültige Richtlinien. So sollten Sitzhöhe, Arbeitstischhöhe, Beleuchtung, Greifraum für die Hände usw. unter ergonomischen Gesichtspunkten eingerichtet sein. Dadurch wird stressfreies Arbeiten möglich und gesundheitliche Dauerschäden werden vermieden.

2 ergonomisch ungünstig eingerichteter Arbeitsplatz

4 ergonomisch günstig eingerichteter Arbeitsplatz

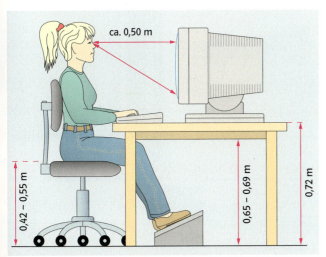

3 Bildschirmarbeitsplatz mit optimalen Maßen

Fragen zu Arbeitsplätzen
- Ist die Größe des Arbeitstisches ausreichend und die Höhe veränderbar?
- Haben Computer oder Werkzeuge genügend Platz auf dem Tisch?
- Ermöglichen die Stühle die Einnahme einer korrekten Schreib- und Arbeitshaltung und sind sie auch in der Höhe verstellbar?
- Ist das Raumklima angenehm?
- Ist die Beleuchtung ausreichend und individuell anpassbar?
- Lässt der Geräuschpegel im Raum auch noch normale Gespräche zu?
- Betragen die Abstände zwischen den Tischreihen mindestens 120 cm?

Fertigungsverfahren und Fertigungsarten

Computervernetzung in der industriellen Entwicklung, Konstruktion und Fertigung – CAE (Computer Aided Engineering)

PPS – Production Planning System

- Terminplanung
- Materialplanung
- Maschinenbelegung

CAO – Computer Aided Organisation

- Marktforschung
- Produktplanung
- Investitionen
- Kalkulation
- Werbung
- Vertrieb
- Personal

CAS – Computer Aided Selling

- Logistik
- Transport
- Verkauf

CAQ – Computer Aided Quality Assurance

- Qualitätssicherung

Zentraler Server

Fertigungsarten

CAD – Computer Aided Design

- Normteile
- Bauteile
- Konstruktionsrichtlinien

CAP – Computer Aided Planning

- Arbeitsvorbereitung
- NC-Programmierung
- Qualitätsplanung
- NC-Programme

CAM – Computer Aided Manufacturing

- Fertigung
- Montage
- Betriebsdatenerfassung
- Kontrolle

Fertigungsverfahren und Fertigungsarten

Berufe erkunden
Berufe

Ob ein technischer Beruf dich reizt, wirst du sicher bald herausfinden – falls du es nicht sowieso schon weißt. Aber auch kaufmännische Berufe und soziale Berufe haben heutzutage mit Technik zu tun, sei es bei der Arbeit mit dem Computer oder beim Bedienen von Geräten.

Das wirst du brauchen:

- die Broschüre „Beruf aktuell"
- die Internetadresse der Bundesagentur für Arbeit, z. B. www.berufenet.de. – hier gibt's auch Fotos
- oder die Adresse www.bibb.de des Bundesinstituts für Berufsbildung
- einige „Berufskundliche Kurzbeschreibungen" aus dem BIZ – wenn der Berufswunsch schon klarer ist

Berufe

Technische Berufe im Überblick

Es gibt mehr als 300 anerkannte Ausbildungsberufe. Die meisten von ihnen erlernt man in 3 oder 3 ½ Jahren in einem Ausbildungsbetrieb. Obwohl für viele dieser Ausbildungsberufe der Realschulabschluss nicht zwingend verlangt ist, ist er jedoch wünschenswert.

Mit dem Realschulabschluss kann man z. B. auch eine 2-jährige Ausbildung für Assistenten bzw. Assistentinnen verschiedener Fachrichtungen an Berufsfachschulen oder Berufskollegs absolvieren. Neben der Berufsausbildung kann hier zum Teil in einem weiteren Jahr auch die Hochschulreife erworben werden.
Die folgenden Zusammenstellungen geben einen Überblick vor allem über einige Ausbildungsberufe des so genannten **dualen Systems**. Dabei ist die Ausbildungsfirma für die praktischen und die Berufsschule für die theoretischen Ausbildungsinhalte zuständig.

Bei einem Besuch im **BIZ** (Berufsinformationszentrum) kannst du persönliche Beratung bekommen. In der Broschüre „Beruf aktuell" und im Internet findest du auch viele nützliche Informationen zur dualen und schulischen Aus- und Weiterbildung.

Produktion, Verarbeitung, Bau

Bereich	Einsatzmöglichkeiten	Beispielberuf
Holz → Seite 242	Bearbeiten/Verarbeiten Holz – Restaurieren Musikinstrumentenbau	Holzbearbeitungsmechaniker/in Tischler/in Restaurierungsarbeiten Geigenbauer/in
Metall → Seite 243	Fahrzeuge: Bauen/Reparieren/Warten Maschinen: Bauen/Produzieren Instandhalten/Warten/Bedienen/Planen Erzeugen/Formen Gestalten/Veredeln/Restaurieren Produzieren/Fertigen/Schweißen Musikinstrumente: Bauen/Restaurieren	Fluggerätemechaniker/in Industriemechaniker/in Zweiradmechaniker/in Gießereimechaniker/in Metallbildner/in Fräser/in Metallblasinstrumentenmacher/in
Kunststoff → Seite 244	Bearbeiten/Verarbeiten Produzieren/Herstellen	Leichtflugzeugbauer/in Verfahrensmechaniker/in
Bautechnik → Seite 245	Hochbau Tiefbau Ausbau Architektur/Zeichnen/Bauleitung Baumaschinenführung Bausanierung/Renovierung	Betonfertigbauer/in Brunnenbauer/in Trockenbaumonteur/in Vermessungstechniker/in Baugeräteführer/in Bauwerksmechaniker/in
Elektrotechnik → Seite 246	Forschen/Entwerfen Herstellen/Produzieren Installieren Service/Warten Verkaufen/Beraten	Mikrotechnologe/technologin Elektroanlagenmonteur/in Mechatroniker/in Elektroniker/in Hörgeräteakustiker/in
Technisches Zeichnen → Seite 247	Holztechnik, Stahl- und Metallbautechnik, Maschinen- und Anlagentechnik, Heizungs-/Klima-/Sanitärtechnik Architektur, Ingenieurbau, Tief-, Straßen- und Landschaftsbau	Technische/r Zeichner/in Bauzeichner/in

Berufe erkunden **241**

Holzberufe

1 Tischlerin

Tischler/Tischlerin
Sie entwerfen, fertigen, reparieren und restaurieren Möbel und Bauteile nach den Wünschen und Bedürfnissen der Kunden. Dazu beraten sie, stellen Skizzen und Zeichnungen her, bedienen, warten und pflegen Maschinen. Sie be- und verarbeiten Holz und Holzwerkstoffe mit einer Vielzahl unterschiedlicher Techniken. Auch Kunststoffe, Glas und Metalle werden verarbeitet. Das Einsetzen von Treppen, Türen und Fenstern auf Baustellen gehört ebenso zu den Aufgaben wie Materialeinkauf und -lagerung.

2 Zimmerer

Zimmerer/Zimmerin
Die Aufgabe der Zimmerleute ist die Herstellung von Holzkonstruktionen und Holzbauten aller Art. Die Errichtung von Dachstühlen, der Einbau von Treppen sowie Bau und Montage von Holzfertighäusern gehören zu ihrem Arbeitsbereich. Benötigtes Material wird berechnet, zusammengestellt und bearbeitet.
Sie führen auch Sanierungs- und Reparaturarbeiten in Altbauten aus. Dazu errichten sie Schalungen, isolieren Fassaden und Dächer. Meist werden die Holzteile in der Werkstatt zimmermannsgerecht vorgefertigt.
Auch die finanzielle Abwicklung von Aufträgen, wie z. B. die Kalkulation und Rechnungsstellung, müssen sie beherrschen.

3 Holzmechaniker

Holzmechaniker/Holzmechanikerin
Holzmechaniker/innen stellen mit oftmals computergesteuerten Maschinen Holzgegenstände in hoher Stückzahl her. Sie sind besonders in der industriellen Möbelfertigung beschäftigt. Zu ihren Aufgaben zählt das Einstellen, Bedienen und Instandhalten von Holzbearbeitungsmaschinen. Neben der Einzelfertigung gehört die Montage der vorgefertigten Teile zu Möbeln, Türen, Treppen usw. zu ihren Tätigkeiten.
Außer Holz und Holzwerkstoffen verarbeiten sie auch Kunststoffe, Leichtmetalle und Gläser.

Berufe

Metallberufe

Feinwerkmechaniker/Feinwerkmechanikerin

Feinmechaniker/innen stellen Bauteile für sehr genau arbeitende Maschinen oder Messgeräte her.
Diese so genannten Präzisionsobjekte enthalten häufig auch elektronische Mess- und Regeleinheiten. Zu den Aufgaben gehört auch das Montieren mechanischer und elektronischer Komponenten. Bei allen Arbeiten ist eine hohe Genauigkeit erforderlich, z. B. beim Bohren, Schleifen, Drehen, Fräsen und Verdrahten. Deshalb werden viele dieser Tätigkeiten an computergesteuerten Maschinen durchgeführt.

4 Feinwerkmechaniker

Metallbauer/Metallbauerin

Dieser Beruf wird in verschiedenen Fachrichtungen ausgebildet. Bei der Fachrichtung Metallgestaltung werden Kunst und Technik vereint. Künstlerisch gestaltete Gitter, Geländer, Leuchten und andere Gebrauchsgegenstände werden nach Kundenwunsch oder eigenen Entwürfen hergestellt. Manchmal werden sogar kunsthistorische Gegenstände restauriert. Dabei sind viele verschiedene Fertigungsverfahren wie z. B. Schmieden, Härten, Nieten, Treiben, Schweißen oder Löten erforderlich. Da Kunstobjekte oft der Witterung ausgesetzt sind, ist es erforderlich, dass sie vor Korrosion geschützt werden.

5 Metallbauer

Kraftfahrzeugmechatroniker/Kraftfahrzeugmechatronikerin

Sie sind nicht nur mit der Reparatur von Kraftfahrzeugen beschäftigt, sondern pflegen sie und halten sie auch instand. Neben der Fehlersuche bei mechanischen Bauteilen (z. B. Getriebe) muss immer mehr auch nach Fehlern von elektrischen und elektronischen Bauteilen gesucht werden. Für die Fehleranalyse stehen computergesteuerte Mess- und Prüfgeräte zur Verfügung.
Zum Aufgabengebiet gehören auch Abgasuntersuchungen und Überprüfungen der Fahrzeuge auf Einhaltung der gesetzlichen Vorschriften für Straßenfahrzeuge.

6 Kfz-Mechatroniker in der Ausbildung

Berufe erkunden

Kunststoffberufe

1 Chemikantin

Chemikant/Chemikantin
Sie steuern und überwachen Produktionsvorgänge zur Herstellung von Formmassen aus Kunststoff wie Granulate, Harze, Pasten und Pulver.
Der Beruf erfordert einen Sekundar-I-Abschluss (Realschulabschluss bzw. Mittlere Reife). Es werden naturwissenschaftliche und technische Kenntnisse erwartet. Zunehmend werden Computerkenntnisse verlangt, da die Produktion zum Teil mit computergesteuerten Maschinen erfolgt.

Den Beruf nicht mit Chemielaborant/in verwechseln!

2 Verfahrensmechaniker

Verfahrensmechaniker/ Verfahrensmechanikerin für Kunststoff- und Kautschuktechnik
Sie stellen mit speziellen Vorrichtungen oder Maschinen Halbzeuge wie Rohre, Stäbe und Tafeln aus Formmassen her. Dazu bohren, drehen, biegen, blasen, schweißen und kleben sie Kunststoffteile oder sie richten Maschinen ein und kontrollieren sie. Ebenso stellen sie Gummi- und Kautschukteile wie spezielle Kleider, Schuhe und Handschuhe her.

Der Beruf wird in folgenden Schwerpunkten ausgebildet: Formteile, Halbzeuge, Mehrschicht-Kautschukteile oder Bauteile.

3 Techniker

Techniker/Technikerin – Kunststoff- und Kautschuktechnik
Sie entwerfen zusammen mit Ingenieur/innen Werkzeuge und Vorrichtungen für Maschinen, die Kunststoff verarbeiten. Sie kontrollieren und überwachen den Produktionsablauf und prüfen die Fertigerzeugnisse bzw. die erzeugten Kunststoff-Formmassen.

Die Ausbildung dauert in Fachschulen bei Vollzeitunterricht 2 Jahre, bei Teilzeitunterricht 4 Jahre. Vorausgesetzt wird eine abgeschlossene einschlägige Berufsausbildung und eine entsprechende Berufstätigkeit von mindestens einem Jahr.

Berufe erkunden

Berufe

Bauberufe

Dachdecker/Dachdeckerin
Sie stellen Dachabdichtungen mit Dachziegeln, Wellplatten, Kunststoffplanen, Blechen und anderen Materialien her. Auch Unterkonstruktionen für Solaranlagen, Wandabdichtungen, Dachfenster und Blitzschutzanlagen werden von ihnen errichtet.
Die 3-jährige Ausbildung des Handwerksberufs überschneidet sich zum Teil mit der der Bauwerksabdichter/in, Zimmerer/in und Gerüstbauer/in. Der Beruf ist krisensicher, da nicht nur Dächer bei Neubauten zu erstellen sind, sondern zunehmend auch alte Dächer einer Renovierung (Isolierung und Neubedeckung) bedürfen.

4 Dachdecker Dach-, Wand- und Abdichtungstechnik

Rollladen- und Sonnenschutzmechatroniker/
Rollladen- und Sonnenschutzmechatronikerin
Dieser Beruf beschäftigt sich mit Planung, Montage und Wartung von Behängungen und Ladenflügeln von Fenstern und Türen. Da diese zunehmend motorisiert und automatisiert gesteuert sind, kommt zum mechanischen Schwerpunkt noch der Elektrotechnik-, Energietechnik- und Computerbereich hinzu.

Der Beruf dürfte große Zukunftschancen haben, da Rollläden nicht nur als Sonnenschutz, sondern auch als Wärmeschutz und Einbruchschutz sehr gefragt sind.

5 Sonnenschutzmechatroniker

Verfahrensmechaniker/
Verfahrensmechanikerin
in der Steine- und Erdenindustrie
Sie befassen sich mit so unterschiedlichen Objekten wie Gips- und Faserplatten, Kalksteinen, Beton und anderen Baustoffen. Ihre Arbeitsorte sind sowohl Produktionshallen – auch solche mit Maschinen, für die sie Computerprogramme erstellen müssen – als auch Prüflabore.

Da auf Baustellen immer häufiger vorgefertigte Bauprodukte verwendet werden, ist das ein zukunftsträchtiger Beruf.

6 Verfahrensmechaniker Gips- und Faserplatten

Berufe erkunden **245**

Elektroberufe

1 Elektromotorenbauer

Elektromotorenbauer/ Elektromotorenbauerin

Sie bauen, reparieren und warten Motoren, Generatoren und Transformatoren. Dazu gehört, dass Spulen gewickelt, isoliert und auf Kurzschlussfestigkeit überprüft werden. Bei Motoren und Generatoren werden verschlissene Bauelemente, wie Bürsten oder Lager, ausgetauscht. Zur Pflege der elektrischen Maschinen gehört auch das Schmieren der Lager und die Reinigung von Kohlestaub und anderen Schmutzpartikeln.

2 Elektroniker

Elektroniker/Elektronikerin – Energie- und Gebäudetechnik

Für Häuser, Wohnungen und Industrieanlagen planen und installieren diese Fachleute nicht nur Schalter, Steckdosen, Sicherungskästen, Lampen, Herde, Klima- und Solaranlagen, sondern auch Daten- und Kommunikationsnetze.
Zu den Grundfertigkeiten gehört das Lesen von Schaltplänen. Außerdem zählt das Überprüfen von Anlagen auf Sicherheit und das Beachten der VDE-Bestimmungen mit zu den verantwortungsvollen Tätigkeiten.
Sie ermitteln Fehlerursachen und führen Reparaturen aus. Bei neuen Anlagen weisen sie den Kunden in die Bedienung ein.

3 Mechatroniker bei der Montage eines Roboters

Mechatroniker/Mechatronikerin

Mechatroniker/innen erstellen hauptsächlich in Industriebetrieben Maschinen, Industrieroboter, komplette Fertigungsstraßen und andere hoch technisierte Objekte mit integrierten mechanischen und elektronischen Bauteilen und Baugruppen.
Deshalb benötigen sie Kenntnisse und Fertigkeiten aus den Bereichen Metallbearbeitung, Elektrotechnik, Elektronik und Digitaltechnik.
Sie messen, prüfen und programmieren diese Maschinen und Anlagen. Sie arbeiten mit elektromagnetischen und elektronischen Schaltungen sowie mit speicherprogrammierbaren Steuerungen (SPS), die sie selbstständig verdrahten.

Berufe

Technischer Zeichner/Technische Zeichnerin

Die Ausbildung
Es handelt sich um einen anerkannten Ausbildungsberuf, der stark computergeprägt ist. Die Berufsausbildung wird im Ausbildungsbetrieb und in der Berufsschule durchgeführt. Die Ausbildung ist in fünf Fachrichtungen möglich:
- Holztechnik
- Stahl- und Metallbautechnik
- Elektrotechnik
- Heizungs-, Klima- und Sanitärtechnik
- Maschinen- und Anlagentechnik

Berufliche Schwerpunkte
Je nach Arbeitsgebiet und betrieblichen Erfordernissen gibt es verschiedene Schwerpunkte und Einsatzmöglichkeiten. In der Eigenverantwortung des Technischen Zeichners liegt z. B. die Vollständigkeit und Übersichtlichkeit sowie die norm-, funktions- und fertigungsgerechte Ausführung technischer Zeichnungen.

Anforderungen und Voraussetzungen
Die Beanspruchung der Mitarbeiter liegt hauptsächlich in der Verbindung des geistigen Bereichs mit manuellem Geschick und der Arbeit im Team.
Die Fähigkeit Lösungsvorschläge auszuarbeiten, Liebe zum Detail, technisches Verständnis, aber auch ein ausgeprägter Sinn für Büroarbeiten sind Voraussetzungen für diesen Beruf.

Aufgabenfelder in den Fachrichtungen
Technische Zeichner erstellen selbstständig technische Unterlagen auf der Grundlage der Entwicklungen der Konstrukteure und Ingenieure. Sie vervollständigen u.a. die technischen Zeichnungen und Stücklisten nach den betrieblichen Vorgaben und nach den geltenden Normen.

Computer und Beruf
Bei diesem Arbeitsfeld geht es vorwiegend um den Umgang mit dem Computer und die Anwendung der betriebsspezifischen Software. Technische Zeichner sind dafür verantwortlich, dass die von ihnen erstellten Daten in der Produktion weiterverarbeitet werden können. Die effektive Bedienung der Hard- und Software ist daher ihr Hauptaufgabengebiet.

Stichwortverzeichnis

Abgaben 98
Abisolierzange 228
Abkanten 193, 205
Ablauforganisation 232–233
Ableseübungen beim Messschieber 46
ABS 162
Abschrägung 136
Abscherung 213, 215
Abwicklung 68, 122
Abziehen 208
ACA 225
Achse 178
Acryl-Butadien-Styrol 162
Acrylglas 160–162, 209
ACV 225
Ahorn 149
Akku-Bohrschrauber 37
Akkus 93, 166
Aktor 23
Al 157
Alarmanlage 73
Allgemeine Betriebskosten 98
Aluminium 154, 156–157, 192
Analog 225
Analogie 107
Analogiemethode anwenden 20, 23, 107
Analogmessgerät 225
Analysieren 14, 24, 35, 37, 57, 63–65, 72, 92, 104–105, 107–109, 116, 118, 136–138, 224, 229, 236–237
Anfasen 186, 196
Anforderungsliste aufstellen 18, 21, 110
Angebot 137
Angel 86, 185, 195
Anker 174
Ankerwicklung 174
Anlassen 91, 200
Anlassfarben 200
Anode 171
Anregungen
  – für Holzprodukte 38
  – für Kunststoffprodukte 50
  – für Metallprodukte 44
  – zu Bautechnik 56
  – zu Elektrotechnik 62
Anreißen 182–183
Ansätze 136
Anschlagwinkel 183
Anschlussbelegung von Relais 177
Arbeit und Produktion 10
Arbeiten mit
  – Holz und Holzwerkstoffen 82
  – Kunststoff 83
  – Metall 82
Arbeiten von Holz 147
Arbeitsablauf organisieren 19, 30, 96–97
Arbeitsablaufdarstellung 96–97
Arbeitsbedingungen 234–237

Arbeitsergebnisse präsentieren 19, 34, 116–121
Arbeitsorganisation 19, 30, 95–97
Arbeitsplan ausarbeiten 19, 28, 95
Arbeitsplatz einrichten 31
Arbeitsplatzanordnung 96–97, 232–233
Arbeitsplatzgestaltung 236
Arbeitsschritte 18–19, 28
Arbeitssicherheit 31, 39, 43, 51, 54, 55, 81–93, 165, 166, 167, 185, 191, 194–195, 198–201, 205, 207–209, 228, 235
Arbeitsstromkreis 176
Arbeitsteilige Herstellung 30, 96–97, 231
Armierung 221–222
Assoziativ 143
Aufbereitung von Eisenerz 155
Aufgaben bearbeiten 37–41, 45–47, 51–53, 57–59, 63–65, 68–78
Auflager 215, 217
Aufschiebling 219
Aufzug 62
Ausbau 220
Ausbildungsberufe 241
Ausfachen 216
Ausführungsplan 68
Ausführungszeichnung 137
Ausgabegeräte 140
Ausgleichsmaßnahmen 211
Ausrundung 136
Ausschnitt 136
Außengewinde 129, 196
Außenmessung 182
Aussparungen 131, 136
Aussteifende Wand 220
Ausstellung vorbereiten 34, 120
Auswahlfenster 141
Auswahlkriterien 21, 108–109, 112–115, 148–149, 156–157, 162–163, 175, 232–233
Auswerten von Texten 116
Auswirkungen des Maschineneinsatzes 234–239
Automatisch wirkende Schalter 169
Automatisierungsmaschine 234

B 5–B 25 221–222
Balancierobjekt 44
Balkendiagramm 96–97
Balkenschuh 218–219
Bast 146
Bastlerglas 52
Batterie 93, 167
Bauberufe 241, 245
Bauen und Wohnen 10
Bauleitplan 210
Bauliche Nutzung 210
Baum 145–146
Baustahl 156

Baustellenfertigung 232–233
Baustoff 145–165, 218, 220–222
Bautechnik-Symbole 259
Bauteile und Werkstoffe 144–179
Bauweise 218–223
Bauxit 154
Bauzeichnungen 137
Bearbeitungsformen 136
Bebauungsplan 57, 72, 210
Bedeutung des Waldes 145
Befragung durchführen 24, 105
Begrenzte Stückzahl 231
Belastbarkeit von Profilträgern 214
Belastungen an Bauwerken 212
Bemaßen 127, 131–132, 135, 137, 141, 143, 158
Bemaßen von
  – Bohrungen 128–129
  – Rundungen 128
  – schiefwinkligen Kanten 127
Benutzer von Technik 12
Berechnen elektrischer Größen 226
Beruf aktuell 240–241
Berufe erkunden
  – Bautechnik 59, 241, 245
  – Elektrotechnik 65, 241, 246
  – Holz 41, 241, 242
  – Kunststoff 53, 241, 244
  – Metall 47, 241, 243
  – Technisches Zeichnen 241, 247
Beruflicher Bereich 9, 240–247
Beschichten 181
  – von Holz 191
  – von Metall 201
Beschriftung 124
Besonderheiten von Bauzeichnungen 137
Beton 221–223
Betonbauweise 221–223
Betonfestigkeit 221–222
Betonrezept 221
Betonstahl 221–222
Betonumhüllung 222
Betriebserkundung 47, 53, 59, 105
Betroffener von Technik 12
Beurteilen 14, 19, 21, 33, 110, 111, 114, 119
Beurteilungsbogen 27, 111
Beurteilungskriterien 19, 27, 110–111, 114
Bewehrung 221–222
Bewerten 12, 14, 17, 19, 21, 33, 35, 114–115
Bewerter von Technik 12
Bewertungsaspekte 114
Bewertungskriterien 114
Bewertungsmaßstab 33
Bewertungsmethode 23, 108, 114–115
Biegebelastung 102, 193, 214–215, 220
Biegen 102, 193, 214–215, 220
Biegespannung 102, 193, 214–215, 220
Biegeumformen 205

248

Stichwortverzeichnis

Biegezonen 193, 214–215
Bildschirmarbeitsplatz 140, 237–239
Bimetallschalter 169
Binderverband, 213, 220
Bionik 107
BIZ 53, 241
Blatteinteilung 131
Blauer Engel 43, 85
Bleche 82, 158, 194
Blechschraube 197
Bleistift 124
Bleistiftspitzer 44
Blindfurnier 150
Blindniet 199
Blisterkupfer 154
Block 219
Blockbauweise 219
Blumenkübel 56
Bogen zur Nachbetrachtung 35
Bohlen 150, 219
Bohlenbauweise 219
Bohren 82–83, 88–89, 189, 195, 207
Bohrer 51, 187, 195, 207
Bohrmaschine 37, 88
Bohrmaschinenteile 88
Bohrschraube 197
Bohrungen bemaßen 128
Bohrwinde 178
Bolzen 136
Borke 146
BR 137
Brainstorming 20, 23, 106
Brainwriting 20, 23, 106
Brenner 90
Brennofen 90, 91
Bretter 147, 150
Brettschaltung 227
Brettschichtholz 215
Bronze 178, 192
Bruchfestigkeit 213
Brücken 213, 217
Brückengleichrichter 171
Brüstungshöhe 137
BS-Holz 215
Buche 149
Buchstütze 38, 112, 132
Bund 136, 178
Bürsten 174

C 110 W1 156
CAD
 – Anweisungen 143
 – Arbeitsplatz 140, 239
 – Befehle 75, 141–143
 – Begriffskennzeichnung 25, 239
 – Bemaßen 143
 – Ebenentechnik 142
 – Element-Erzeugnisfunktion 143

 – Funktionsbefehle 141
 – Makrofunktion 142
 – Programm 140–143
 – Raster 142
 – Software 140–143
 – Symboltechnik 142
 – Systeme 140
 – Zeichnung 25, 74–76, 140–143
 – Zusatzfunktionen 141
CAE 238–239
CAM 76–78, 238–239
CAO 238–239
CAP 238–239
CAQ 238–239
CAS 238–239
CE-Zeichen 92
Checkliste 139
Chemikant/in 244
Codieren 10
Compoundmotor 175
Computervernetzung 238–239
Cu 157
CuZn37 157

Dachdecker/in 245
Dachstuhlmodell 56
Dachtragwerke 218–219
Darstellungsmaßstab 124–125, 137
Daten erfassen 32, 101, 143
Datenbankfeld 143
Dauermagnet 172, 174–175
DCA 225
DCV 225
Deckfurnier 150
Decodieren 10
Dekupiersäge 37, 87, 207
Demontage durchführen 104
Demontagezeichnung 104
Diagramm 12, 55, 97, 101, 103, 122, 164,
  166, 171, 175
Dichte 55, 156–157
Digital 225
Digitalmessgerät 225
Dimetrische Projektion 133, 135
DIN 122
DIN-A4-Format 124
DIN-geprüft-Zeichen 92
Diode 64–65, 67, 171
Dokumentation zusammenstellen 11, 34,
  121
Doppelhiebige Feilen 195
Draht 136
Draufsicht 69, 130–132
Drehkraft 179
Drehmoment 179
Drehzahltabelle 37, 88
Dreidimensionale Darstellung 140
Dreieckbinder 218–219

Dreieckprisma 136
Dreipolanker 174
Dreipolmotor 174
Dreischichtplatte 153
Dreitafelbild 69, 130–132
Dreitafelprojektion 130
Dritte Hand 44, 91, 222
Druckbelastung 212–223
Druckfestigkeit 213, 221–222
Druckwächter 169
Dualbewertung 114
Duales System 241
Dübeln 189
Durchbruch 136
Durchlassrichtung 171
Durchlaufschere 194
Durchmesser bemaßen 128
Duroplaste 161, 163

E1 151, 211
E12 170
Ebenentechnik 142
Edelstahl 156
Eiche 149
Eigenbeurteilung 27, 33, 111
Eigenlasten 212
Eigenschaften ändern 181, 200
Eigenschaften von
 – Holz und Holzwerkstoffen 145–153
 – Metallen 154–157
 – Kunststoffen 161–163
Einflussbereiche der Technik 9
Eingabegeräte 140
Einhiebige Feilen 195
Eintafelbild 126
Einzelarbeit 232–233
Einzelfertigung 230
Einzelteil 25, 132
Einzelzellen 166–167
Eisen 155
Eisengewinnung 155
Eisenschwamm 155
Eisenwerkstoffe 156
Elastomere 52, 161, 163
Elektrische Bauteile 166–179
Elektrische Widerstände 170, 177, 225,
  226
Elektrisches Ventil 171
Elektroauto 50
Elektrobaukasten 22–24
Elektroberufe 241, 246
Elektrobleche 172
Elektrohubkolbenmotor 62
Elektrolyse 154
Elektrolytkondensator 93
Elektromagnet 173–177
Elektromotor 116, 174–175
Elektromotorenbauer/in 246

249

Elektroniker/in 246
Elektrotechnik-Symbole 258
Element-Erzeugnisfunktion 143
Elko 93
Energetisches Recycling 165
Energie sparendes Bauen 211
Energiekosten 98
Energiesparhaus 211, 218
Energieträger 234
Entscheidungen treffen 18, 21
Entsorgung 85, 93, 159, 164–165
Entwicklung von Ideen 22–23
Entwurfsskizze 25–26, 68, 71, 73, 112, 122–123, 137
Entwurfszeichnung 25–26, 68, 71, 73, 112, 122–123, 137
Erdanker mit Pfostenschuh 57
Ergonomie 237
Erholungsfunktion 145
Erkundung durchführen 24, 47, 53, 59, 65, 105
Erosion 145
Ethen 160
Ethylen 160
Experimentierspannung 93, 166
Experten befragen 24, 105
Explosionszeichnung 68
Extrudieren 202
Extrusionsblasen 202

Fachwerkkonstruktion 214, 216–219
Falthauskonstruktion 216
Fang 142
Farbring-Code 170
Fase 196
Faserwerkstoffe 151, 153
Federzwinge 82
Fehlersuche 229
Feilen 83, 86, 186, 195
Feilenarten 186, 195
Feilenbürste 86, 186
Feilenheft befestigen 86
Feilenhieb 186, 195
Feilkloben 82, 89, 195
Feinblechschere 194
Feinminenstift 124
Feinsäge 184
Feinwerkmechaniker/in 243
Feldmagnet 174
Fertigteile aus Beton 221, 223
Fertigung nach dem Flussprinzip 232–233
Fertigungsarten 230–239
Fertigungskosten 99
Fertigungsprinzipien 232–233
Fertigungsskizze 25, 71, 123
Fertigungsstraßen 230
Fertigungsverfahren 181

Fertigungsverfahren und Fertigungsarten 180–239
Fertigungszeichnung 25, 68, 71, 75, 122, 123, 127–129, 131–132, 135, 137
Fertigungszeit 30, 99
Festigkeit 213, 221
Festigkeitsklasse 221–222
Festwiderstand 170
Feuerverzinken 201
Fichte 148
First 219
Firstpfette 218–219
FI-Schutzschalter 92
Flachwinkel 183
Flächennutzungsplan 210
Flansch 178
Flaschenöffner 38
Fließbandarbeit 232–235
Fließfertigung 232–233, 235
Flügelmutter 197
Fluoreszierend 52
Flussdiagramm 96–97
Flussmittel 199, 228
Folienblasen 202
Folienziehen 204
Formen erkennen 136
Formmasse 160
Formmerkmale 108
Formschlüssig 179
Formstäbe 136, 158
Forstnerbohrer 187, 189
Fotosynthese 145
Fotowiderstand 170
Fossile Energieträger 234
Fragebogen zur Nachbetrachtung 35
Freilaufdiode 173
Fremdbeurteilung 27, 33, 111
Frequenz 166
Frischen 155
Frühholz 146
Fuchsschwanz 184
Fügen 181
– von Holz 188–190
– von Metall 197–199
– von Kunststoff 228
– durch Löten 228
Fundament 213
Funktion 22–23, 107, 142, 145, 220, 229
Funktionelle Merkmale 108
Funktion von Wänden 220
Furnier 150
Furnierherstellung 150
Furnierplatte 152
Furniersperrholz 152
Fußpfette 218–219

Galvanische Trennung 176
Galvanisieren 201

Garderobe 38
Gasflaschen 85
Geätzte Platine 227
Gebotszeichen 39, 81–85, 89
Gebühren 98
Gefahrensymbole 81, 83–84, 91, 191
Gefahrstoffe 84–85
Gefahrstoffkennzeichnung 84
Gegenstand entwerfen 18, 22–23
Gegenstand herstellen 19, 31, 38–39, 44–45, 50–52, 56–59, 62–64, 77–78, 80–143, 180–209
Gehrungswinkel 183
Geometrische Grundformen 136
Gerbstoff 146
Gesamtübersetzung 179
Gesamtwiderstand 226
Gesamtzeichnung 25, 132
Geschossflächenzahl 210
Gestufte Bewertung 114
Gesunde Baustoffe 211
Getriebe 179
Gewichtungsfaktor 27, 111
Gewindeauslauf 129
Gewindebohrer 196
Gewindelänge 196
Gewindestift 197
Gewinde zeichnen 129
Gewindebemaßung 129
Gewindedarstellung 129
Gewindeschneiden 196
Gewinn- und Verlustrechnung 99
GFZ 210
Gießen 91, 192
Giftzentrale-Notruf 85
Gleichspannung 166
Gleichstrom 166
Gleichstrommotor 116, 174
Gleitlager 178
Gliedermaßstab 182
Gliedern 118–119
Gliederung einer Präsentation 34, 118–119
Glühfarben 200
Graetzschaltung 171
Grafiktablett 140
Granulat 160
Grundflächenzahl 210
Grundformen 136
Grundierung 191
Grundriss 72, 137
Gruppenarbeit 232–233
GRZ 210
GS-Zeichen 92
Güterproduktion 230

Halbfertigerzeugnisse 150
Halbzeuge 150, 158, 160
Halogenlampe 62

250

Stichwortverzeichnis

Handelsformen von
- Holz und Holzwerkstoffen 150–153
- Kunststoffen 160, 202
- Metallen 158

Handlungs- und Problemfelder 10–11
Handskizzen 112
Handyhalter 38
Hängewerk 217
Harte Faserplatte 153
Härten 91, 200
Hartlöten 199
Hartmagnetische Werkstoffe 172
Hartschaum 209
Hauptschlussmotor 175
Hauptskala 182
HDF-Platte 153
Hebelblechschere 194, 208
Heft 86, 186
Heftsägen 184
Heißklebepistole 37
Heißleiter 170
Heißluftpistole 37
Heizdrahtgerät 90, 209
Heizenergiebedarf 211
Hersteller von Technik 12
Herstellungsmerkmale 108
Hertz 166
Hieb 186, 195
Hochleistungs-Schnellarbeitsstahl 156, 195
Hochofen 155
Hochspannungsmast 216
Hohlkörper 203
Holz 145–153, 184–191, 218
Holzbauweise 218–219
Holzberufe 241, 242
Holzfehler 147, 151
Holzmechaniker/in 242
Holzpuzzle 38, 78
Holzspielzeug 99
Holzspiralbohrer 187
Holzstaub 82
Holztrocknung 150
Holzwerkstoffe 150–153
Homepage 120
Homogen 151
HSS 156
Hüllform zeichnen 126, 131
Hubmagnet 173
Hutmutter 197
Hypothesen bilden 42–43, 48–49, 54–55, 60–61, 66–67, 102, 104

Icon 141–143
Ideen entwickeln 22–23
Ideen und Vorschläge sammeln 18, 20, 106, 110, 112
Ideenskizze 25–26, 68, 71, 73, 112, 122–123, 137

Information und Kommunikation 10–11
Informationen beschaffen 18, 24, 100–105
Informationsquellen 24, 100–105
Informationsträger 122
Innengewinde 129, 196
Innenmessung 182
Instandhaltungskosten 98
Internet-Recherche 24, 100
IP-Schutzarten 92
IP-Schutzklasse 92
ISO 122, 196
ISO-Gewinde 196
Isometrische Projektion 71, 133
Istzeit 28, 95

Jahresringe 146

Kabinettprojektion 132–134
Kalandrieren 204
Kalkulation durchführen 19, 29, 98–99
Kaltleiter 170
Kaltschweißen 209
Kaltumformen 193
Kambium 146
Kanten 83
Kantholz 150
Kapillarwirkung 199
Kapitalkosten 98
Katalysator 159
Kathode 171
KB 5 92
Kegel 136
Kegelsenker 187, 196
Kehlbalkendach 218–219
Keilriemen 179
Kerbe 136
Kern-⌀ 129, 196
Kernholz 146
Kernlochbohrung 129, 196
Kettengetriebe 179
Kettenlinie 213
Kiefer 148
Kleben 83, 91, 198, 209
Klebstoffe 198
Kleinspannung 93, 166
Knickbelastung 215, 218
Knickfestigkeit 215
Knickung 213
Knoten 216
Kohleschicht-Widerstand 170
Kohlenstoffdioxidneutral 145
Kohlenstoffgehalt Roheisen 155
Kohlenstoffgehalt Stahl 155–156
Kokillengießen 192
Kolophonium 199, 228
Kombinationsmethode anwenden 23, 109
Kommunikationsmittel 122
Kommutator 174

Konstruieren 18, 22–23, 25, 51, 75, 78, 108–109, 123, 140–143
Konstruktionslinien 131
Kontaktfeder 176, 224
Kontaktzunge 176, 224
Kontrolle durchführen 19, 27, 32
Konverter 154–155
Kopf 136
Kopfband 218
Körnen 89, 183
Kork 191
Korrosion 45, 48, 201
Kostenarten 57, 98–99
Kosten ermitteln 29, 98–99
Kostenkalkulation 29, 64, 98–99
Kostenstellen 98–99
Kostenvoranschlag 137
Kräfte an Bauwerken 212
Kräfte zerlegen und zusammensetzen 212
Kräftegleichgewicht 212
Kräftemaßstab 212
Kraftangriffspunkt 212
Krafterhöhung 179
Kraftfahrzeugmechatroniker/in 243
Kraftmesser 212
Kraftschlüssig 179
Krauskopf 187
Kriterien 27, 110–111, 114
Kriteriengewichtung 27, 108–109, 110
Kugellager 178
Kunststoff
- Abfall 164
- Berufe 241, 244
- chemische Bezeichnungen 160–163
- Deponielagerung 165
- Eigenschaften 161–163
- Erzeugung 160
- Fertigprodukte 160–163
- Formmassen 160
- Gesundheitsschädigung 165
- Handelsnamen 160–162
- Recycling 164–165
- Rohstoffe 160
- Sorten 160–163
- Verarbeitung 160
- Verbrennung 165
- Verpackung 164–165
- Verwendung 162–164

Kunststoffbearbeitungsverfahren 202–209
Kupfer 154, 156–157, 192–193
Kupfererz 154
Kurbeltrieb 178
Kurzzeitbetrieb 92

Lagewertigkeit des Materials 214
Lagenwerkstoffe 151–152
Lageplan 137

251

Lager 178
Lagerfuge 220
Lagewertigkeit 214
Langloch 136
Längenausdehnungszahl 156–157
Längsfuge 220
Lärche 148
Lasten an Bauwerken 212–223
Laststromkreis 176
Lasur 191
Laubholz 149
Laubsäge 184
Läufer 174
Layer 142–143
LDF-Platte 153
LDR 169, 170
LD-Verfahren 155
Leasingkosten 98
Lebensbereiche 9
Lebensweg eines Gegenstands 17
LED 171
Legieren 155, 199
Legierungsschicht 199
Leichte Holzfaserplatte 153
Leichtmetalle 156–157
Leimen 188
Leimholzplatte 153
Leisten 136, 150
Leuchtdiode 171
Linienarten 124
Linz-Donawitz-Verfahren 155
Literaturangaben 118
Lochblech 158
Lochrasterplatine 227
Lochsäge 184
Lohnkosten 98–99
Lohnnebenkosten 98-99
Lösung optimieren 19, 32
Lösungskombinationen 109
Lösungsmöglichkeiten 109
Lot 199, 228
Lötarbeitsplatz 228
Löten 199, 228
Lötfett 199
Lötkolben 37, 87, 199, 228
Lötleisten 227–228
Lötstation 228
Lötstellen 228–229
Lötverbindung 228
Lötvorgang 199, 228
Lötzinn 199
L-Sn 98 199, 228
L-Sn Cu3 199
Lüsterklemmen 227

Madenschraube 45, 197
Magnetische Werkstoffe 172
Magnetisches Feld 172–175

Magnetkraft 172–175
Magnetpol 172–175
Magnetspule 173–177
Makrofunktion 142
Maschinen 37, 234–235
Maschinen benutzen 37, 76–78, 82–83,
    87–89, 202–209, 231–247
Maschinenführerschein 87
Maserung 148–149
Masse 167
Massenfertigung 230–231, 234
Maßbezugskanten 127
Maßbezugslinien 127
Maßhilfslinien 127
Maßlinien 127
Maßlinienbegrenzung 127
Maßpfeil 127
Maßstab 124–125, 137
Maßzahl 127
Materialflussdarstellung 96–97
Materialkosten 99
Materielle Merkmale 108
Mattierung 191
Mauerdicke 220
Mauerwerk 213
Mauerwerksbauweise 213, 220
MDF-Platte 153
Mechanische Bauteile 178–179
Mechanische Spannung 213
Mechatroniker/in 246
Mehrfachfertigung 230–231
Mehrteilige Werkstücke 25, 132
Melaminformaldehyd 163
Memory-Effekt 161
Menü 141
Mergel 221
Merkmale 108
Messen
    – elektrischer Größen 66–67, 225
    – Regeln 225
    – Spannung 225
    – Strom 225
    – Längen 182
    – Widerstand 225
Messing 157, 193
Messschieber 46, 182
Messwerte darstellen 101
Metallbauer/in 243
Metallberufe 241, 243
Metallbügelsäge 194
Metalle 154–159
Metallische Schutzschicht 201
Methoden 6, 20–24, 27–30, 32, 34, 94–143,
    224–227, 229
Metrisches ISO-Gewinde 196
MF 163
Mietkosten 98
Mindmap 24, 117, 121

Mischungsverhältnis von Beton 221
Mitteldichte Faserplatte 153
Mittellinie 124, 127–129, 142
Möbelsymbole 259
Modellauto 62
Modellbrücke 58
Modellhaus 58
Modellschiff 50, 51
Moniereisen 222
Montagezeichnungen 68, 122
Morsegerät 62
Motorkennlinien 175
Motorschaltung 64
Ms 157
Multimeter 225
Multiplexplatte 152

Nachbetrachtung durchführen 19, 35
Nachbetrachtungsbogen 35
Nachhaltigkeit 145
Nachziehkrokodil 110
Nadelholz 148
Nagelkopfformen 188
Nageln 188
Natürlicher Maßstab 125
Nenn-⌀ 129, 196
NC-Programm 77
Nebenschlussmotor 175
Nennspannung 167
Nettopreis 99
Netzspannung 167
Neutrale Faser 193, 214
Neutrale Zone 193, 214
Newton 212–213, 221–222
Ni 157
Nicht tragende Wand 220
Nichteisen-Metalle 154, 156–157
Nichtmetallische Schutzschicht 201
Nickel 157
Nieten 199
Nockenschalter 169
Nonius 182
Nordpol 172, 174
Normreihe E12 170,
Normschrift 124
Not-Aus-Schalter 88, 93
Notruf 85
NTC 169–170
Nussknacker 44
Nut 136
Nut- und Federbretter 150
Nutzfunktion 145

Oberflächenbehandlung von Holz
    84, 85, 191, 211
Objekte analysieren 24, 104
Öffentlicher Bereich 9
Öffner 168, 176–177, 224

252

Stichwortverzeichnis

Öffnerkontakt 168, 177
Ohmsches Gesetz 175, 226
Ordnung im Technikraum 81
Organisationsformen der Fertigung 232–233
Organisationsplan aufstellen 19, 30, 96–97
OSB-Platte 151
Oxidieren 155

PA 162
Paketierung 159
Parallelreißer 183
Parallelschaltung 66, 167–168, 226
Passivhaus 59, 211, 218
PC 162
PE 162
Pedalo 38
Permanentmagnet 172, 174
Perspektivische Darstellung 25–26, 68–69, 71, 74, 112, 122, 132–136, 219–220
PF 163
Pfeiler 136
Pfettendach 218
Phenol-Formaldehyd 163
Physikalische Signale 10
Pinbelegung 177
Platine 227
Platinenhalter 44, 91, 228
Platte 136
Plattenbauweise 223
Plexiglas 160–162, 209
Plotter 140
PMMA 161–162
Polieren 83, 209
Polwender 174
Polwendeschaltung 168, 224
Polyamid 160, 162
Polycarbonat 162
Polyethen 160, 162
Polypropen 160, 165
Polystyrol 52, 160, 162, 204
Polytetrafluorethen 162
Polyurethan 163, 204
Polyvinylchlorid 160, 162
Polzahl 174
Portlandzement 221
Potenziometer 170
Poti 170
PPS 238–239
Präsentation 34, 118, 120
Pressen 192
Prisma 136
Privater Bereich 9
Pro- und Kontra-Argumente sammeln 21, 112–113
Pro- und Kontra-Liste 21, 112
Problem- und Handlungsfelder 10–11
Produkte herstellen 16–35

Produktion von Gütern 230
Produktivität 236
Profilstäbe 150, 158
Projektion 130
Propen 160
Propylen 160
Prototyp 31
Prüfen 182–183
PS 162
PS-Hartschaum 204
PTC 169–170
PTFE 162
Puffer 232–233
PUK-Säge 184, 194
Punktbewertung 115
Punktemethode 113
PUR 163, 204
Puzzle 38, 78, 99
PVC 162

Quellen von Holz 147
Quellenangaben 118

Raffinerie 160
Rahmen 216
Rahmenbauweise 218–219
Rändelmutter 197
Raspeln 186
Raster 142
Räumliche Darstellung 25–26, 68–69, 71, 74, 112, 122, 132–136, 219–220
Raumecke 130
Raumzellenbauweise 223
Rechtwinklige Parallelprojektion 130
Recycling 159, 164–165
 – energetisch 165
 – rohstofflich 165
 – Symbol 165
 – werkstofflich 164
Reduzieren 155
Reedkontakt-Schalter 169
Referat halten 11, 34, 118–119
Reifholz 146
Reihenfertigung 232–233
Reihenschaltung 167–168, 224, 226
Reihenschlussmotor 175
Relais 176–177
Relaisschaltung 63, 73, 138–139, 169, 176–177, 224, 229
Relaisspule 176–177
Relaiswiderstand 177
Remontage durchführen 104
Rettungshilfen 81
Rettungswegzeichen 81
Resultierende 212
Riemengetriebe 179
Riffelblech 158
Rille 136

Ringfarbe 170
Ritzbrechen 208
Ritzel 179
Rohbenzin 160
Roheisenerzeugung 155
Rohre 158
Rohstoff 160, 221
Rohstoffliches Recycling 165
Rollen des Menschen 12, 17
Rollladen- und Sonnenschutz-mechatroniker/in 245
Rotor 174–175
R-Sätze 84
Rufanlage 73, 138–139
Ruhezustand 176
Rundbogen 56
Rundtischfertigung 232
Rundungen bemaßen 128
Rüttelflasche 222

S 235 JR 156
Sägearten 184, 194, 207, 209
Sägeblätter 184–185, 194
Sägen 82, 184–185, 194, 207, 209
Sandformgießen 192
Säule 136
Sauerstoffproduktion von Buchen 145
Schachfiguren 56
Schalter 117, 168–169, 171, 176–177
Schaltplan 68, 122, 138, 176–177, 224, 229
Schaltplan lesen 224
Schaltung, Arten 67, 167–168, 226–227
Schaltung aufbauen 227
Schaltung berechnen 226
Schaltungssymbole 138, 258
Schaltzeichen 138, 170–171, 258
Schalung 222
Schalungsrüttler 222
Schäumen 204
Scherbelastung 215
Scheren 194, 208
Scherenarten 194
Scherfestigkeit 215
Scherspannung 215
Scherung 213
Schichtholz 153
Schiefwinklige Kanten bemaßen 127
Schiene 136
Schild 50
Schleifen 191
Schleifkontakt 174
Schleifring 174
Schließer 168, 176, 224
Schließerkontakt 168, 177
Schlitz 136, 190
Schmelzflusselektrolyse 154
Schmiege 50, 183
Schneckenbohrer 187

253

Schneckenradgetriebe 179
Schneideisenhalter 196
Schnittdarstellung 68, 72, 129, 137
Schnittfläche 129
Schnittholz 147, 150
Schnittzeichnung eines Hauses 72
Schränkung 184
Schrauben 189, 197
Schraubstock 44
Schraubzwinge 82, 89
Schredder 159
Schreibtischschatulle 38
Schriftfeld 25, 124, 132, 143
Schriftliche Anweisung 143
Schrumpfen 192
Schub 213
Schubbelastung 102, 215
Schubfestigkeit 102, 215
Schubspannung 102, 215
Schutzanstrich 191, 201
Schutzdiode 173
Schutzfunktion 145, 173
Schutzisolierungszeichen 92
Schutzmaßnahmen 83, 88–89
Schutzschaltung 173
Schutzschicht 191, 201
Schutzwiderstand 226
Schutzzeichen 81–85, 89, 91, 92, 191
Schwabbelscheibe 209
Schweifsäge 184
Schwellenspannung 171
Schwermetalle 154–157
Schwinden von Holz 147
Schwingschleifer 37
Seitenansicht 69, 130–132
Seitenschneider 228
Selbsthalteschaltung 224
Selbsthemmung 179
Selbstkosten 99
Senker 187, 189, 196
Sensor 23, 170
Serienfertigung 230–231
SI 163
Sicher arbeiten mit
 – Bohrmaschinen 88–89
 – Elektrizität 92–93
 – Gefahrstoffen 84–85
 – Maschinen 87–89
 – Wärmequellen 90–91
 – Werkstoffen 82–83
 – Werkzeugen 86
Sicherheit im Technikraum 80–93
Sicherheitsschaltung 63
Sicherheitsvorkehrungen 28
Sicherheitszeichen 81–85, 89, 91–92, 191
Siebdruckplatte 152
Signale 10
Silikon 161, 163

Sinterlager 178
Sintern 178, 192
Skelettbauweise 216, 218–219, 223
Skizze 22–23, 25–26, 68, 71, 73, 104, 112, 122–123
Sn 98 199, 228
Sn Cu3 199
Soforthilfe 85
Solarzelle 167
Sollzeit 28–29, 95
Sortierung 159
Spanarten 49
Spannbeton 222
Spannsäge 184, 194, 207, 209
Spannstahl 222
Spannungsabfall 226
Spannungsmessung 66, 225
Spannungsquelle 93, 166–167, 229
Spanplatte 151
Spanwerkstoffe 151
Sparrendach 218–219
Spätholz 146
Speicherung eines Alarmsignals 138
Spezifischer Widerstand 156–157
Spiegelungsachse 130–131
Spiel 50
Spiralbohrer 187, 195
Spitzbohrer 187
Spitze 136
Spitzzange 228
Splintholz 146
Sprengwerk 217
Spritzgießen 202
Spule 173–177
Spulenwiderstand von Relais 177
S-Sätze 84
Stab 136, 150, 158
Stabilisierung 214, 216
Stahl 155–156, 158–159, 200–201, 222
Stahlarmierung 221–222
Stahlbeton 221–223
Stahlbewehrung 221–222
Stahlblech 201
Stahlherstellung 155
Stahlmaßstab 182
Stammquerschnitt 146
Ständerbauweise 218–219
Ständerbohrmaschine 37, 39, 88–89
Stange 136
Statisches Dreieck 216
Stator 174–175
Stechbeitel 86, 185
Steg 136
Steigung 196
Stein-auf-Stein-Bauweise 220
Steinbogen 213
Steinverbände 213, 220
Stellschalter 168

Stellwiderstand 170
Stemmen 86, 185, 190
Steuer 98
Steuerstromkreis 176
Stichsäge 37, 184
Stichworte formulieren 24, 100
Stifthalter 29, 45, 50
Stockwerk 72, 137
Stoffeigenschaft ändern 181, 200
Stoppmutter 197
Stoßfuge 220
Strebe 217
Streichmaß 183, 190
Stromlaufplan 138, 176–177, 224, 226
Stromstärkemessung 66, 225
Strompfad 138
Stromrichtung 166
Stromstärke 93, 225
Stromwender 174
Strukturieren von Texten 117
Stückliste anlegen 18, 25–26, 132, 143
Stufe 136
Stuhlsäule 219
Sturz 220
Stützweite 214
Styropor 160, 162, 204
Suchen von Fehlern 229
Suchmaschine benutzen 100
Südpol 172, 174
Symboltechnik 142
Symmetrieachse 127

Tafel 136
Tafelbauweise 218–219, 223
Tanne 148
Tastschalter 168
Technikbereiche 9–11
Techniker/in 244
Technikraumordnung 81
Technische
 – Berufe 240–247
 – Formen 136
 – Funktionen 22–23, 107–108
 – Handlungen 14–15
 – Kommunikationsmittel 122
 – Stromrichtung 166
 – Tätigkeiten 14–15
 – Zeichnungen 25, 68–78, 122–143
Technische/r Zeichner/in 247
Technisches Experiment durchführen 100–102
Technisches Zeichnen 122–143
 – mit Textverarbeitungsprogramm 74
 – mit CAD-Programm 75–76, 140–143
Teilformen 136
Teilung 179
Texte auswerten 116
Texte strukturieren 34, 117

254

Stichwortverzeichnis

Thermoplaste 51, 54, 161–162, 205
Thermosäge 90, 209
Tiefenmessung 182
Tiefziehen 206
Tiefziehprodukt 50, 51
Tischler/in 242
Tischlerplatte 152
Toleranz 183
Torsion 178
Tragende Wand 220
Tränenblech 158
Transport und Verkehr 10
Trapezsprengwerk 217
Treiben 193
Trennen 181
 – von Holz 184–187
 – von Metall 194–196
 – von Kunststoff 207–209
Treppenstufen 137
Trimmen 142, 170
Trommelanker 174
Typenschild 65, 92

Überblatten 190
Überbrückungen 217
Übersetzungsverhältnis 179
Überzug 191, 201
Uhrgehäuse 44
Uhrmachersäge 184
Ultraschall 107
Umformen 181
 – von Metall 193
 – von Kunststoff 205–206
UM-Schalter 67, 168, 176
Umweltgerechtes Bauen 211
Unbegrenzte Stückzahl 231
Universalbohrer 187, 195
Unterfurnier 150
Unterspannter Balken 217
Unterspannter Träger 217
Urformen 181
 – von Metall 192
 – von Kunststoff 202–204

Variation 22–23, 108
Variationsmerkmale 22–23, 122
Variationsmethode anwenden 22–23, 108
Vaseline 201
VDE
 – Bedeutung 167
 – Zeichen 92
Verbindungsmittel 218–219
Verbindungsmöglichkeiten 218–219
Verbotszeichen 81–82, 89
Verdichten von Beton 222
Verdrahtungsplan 139
Verfahrensmechaniker/in 244, 245
Vergrößerungsmaßstab 125

Verhalten im Technikraum 84
Verkaufspreis 99
Verkaufsstand 56
Verkehrslasten 212
Verkleinerungsmaßstab 125
Vermutungen anstellen 42–43, 48–49, 54–55, 60–61, 66–67, 102, 104
Versenkbohrer 187
Versicherungsbeiträge 98
Versorgung und Entsorgung 10
Verspannen 216
Verstreben 216
Versuche durchführen 42–43, 48–49, 54–55, 60–61, 66–67, 102–103
Versuchsphasen 42, 102–103
Verwerfen von Holz 147
Verzinken 201
Vielfachmessgerät 225
Vierkantrohr 158
Von der Idee zum Produkt 18–19
Vorbohren 89, 189, 195
Vorderansicht 130–131
Vorentwurfszeichnung 137
Vorschläge und Ideen sammeln 20
Vorschub 88, 195
Vorstechen 89, 183, 187, 207
Vortrag halten 118
Vorwahl der Bohrtiefe 39
Vorwiderstand 226

Wald 145
Wälzlager 178
Wände 220–223
Wandöffnungen 137
Wärmeleitfähigkeit 156–157
Wärmequellen 90–91
Wärmeverluste 58–59, 211, 218
Warmformen 83, 91, 205
Warmumformen 193
Warnzeichen 81–84, 91, 191
Wassergehalt von Holz 147
Wechselschalter 67, 73, 168, 176
Wechselspannung 166
Wechselstrom 166
Wechselstrommotor 174
Wechsler 67, 168, 176–177
Weichlöten 91, 199, 228
Weihnachtskrippe 39
Weißblech 201
Welle 136, 178
Wenn-Dann-Methode 224
Werkbankfertigung 232
Werkstattfertigung 232
Werkstoff
 – Beton 221–222
 – hartmagnetisch 172
 – Holz und Holzwerkstoffe 145–153
 – Kunststoffe 160–165

 – Metalle 154–159
 – weichmagnetisch 172, 176
Werkstoffe und Bauteile 144–179
Werkstoffliches Recycling 164
Werkzeichnungen 122
Werkzeuglagerung 86
Werkzeugstahl 156
Werkzeugwartung 86
Widerlager 213
Widerstand 170, 226
 – berechnen 64, 226
 – messen 66, 177, 225, 229
Widerstandsreihe 170
Windrispe 218–219
Windungszahl 173
Wirkungslinie 212
Wohnhausmodell 58

Z 25–45 221
Zahnräder 179
Zahnriemen 179
Zapfen 136, 190
Zapfenloch 185
Zaponlack 201
Zeichenblatt einteilen 131
Zeichengeräte 70
Zeichnung anfertigen 18, 25, 70–78, 123–143
Zeichnungsarten 68
Zeichnungselement 141–142
Zeittakt 232–233
Zellen 147
Zement 221
Zerkleinerung 159
Ziehklinge 208
Zimmerer/in 242
Zink 154, 157, 201
Zinkerz 154
Zinksulfid 154
Zinn 156, 192, 201
Zoll 158
Zugbelastung 213–214, 216–217, 222
Zunder 193
Zusammenstellungszeichnung 25, 132
Zusatzfunktionen 142
Zuschlag 99
Zuschlaggemisch 221
Zweidimensionale Darstellung 140
Zweipolmotor 174
Zweitafelprojektion 130
Zwischenlager 233
Zylinder 136

Übersicht: Aufgaben und Versuche

Aufgabenübersicht

Holz
Maschinen zuordnen 37
Merkblatt verfassen 37
Sicherheitszeichen analysieren 37
Drehzahlen ermitteln 37
Sägen, Bohren, Leimen, Schleifen 39
Mit der Dekupiersäge arbeiten 39
Technische Handlungen erkennen 40
Handeln, Wissen, Beurteilen, Erkunden 41

Metall
Produkt aus Metall untersuchen 45
Anreißen, Körnen, Bohren 45
Löten eines Stifthalters 45
Gewindeschneiden 45
Gartentor vor Korrosion schützen 45
Metalle bestimmten Eigenschaften
zuordnen 45
Metallpreise ermitteln 45
Messschieber ermitteln 46
Messen mit dem Messschieber 46
Metall beschreiben 46
Geeignete Arbeitsmittel wählen 46
Handeln, Wissen, Beurteilen, Erkunden 41

Kunststoff
Kunststoffe tiefziehen 51
Kunststoffe bohren 51
Drehteller herstellen 52
Elastomere erkunden 52
Handeln, Wissen, Beurteilen, Erkunden 41

Bautechnik
Bauobjekt selbstständig planen 57
Sich über die Pläne der Gemeinde
informieren 57
Tragkonstruktion planen und herstellen
58
Modellhaus planen und herstellen 58
Energiesparmaßnahmen erkunden 58
Handeln, Wissen, Beurteilen, Erkunden 41

Elektrotechnik
Relais herstellen 63
Elektromotor untersuchen 63
Schaltungen lesen 63
Schaltung optimieren 64
Wärmethermometer bauen 64
Elektrofahrzeug analysieren 64
Schaltung berechnen 64
Schaltungsfunktion analysieren 64
Handeln, Wissen, Beurteilen, Erkunden 41

Technisches Zeichnen
Bezeichnungen zuordnen 68
Maschinenteile erkennen 68
Räumliche Vorstellung üben 68
Raumbilder zuordnen 69
Eckpunkte zuordnen 69
Ansichten zuordnen 69
Fehler suchen 69
Mit Zeichengeräten arbeiten 70
Streckenlängen schätzen 70
Gegenstand skizzieren 70
Gegenstand maßstäblich zeichnen 70
Fertigungszeichnung anfertigen 71
Werkstück maßstäblich zeichnen 71
Gegenstand konstruieren 71
Werkstück in zwei Ansichten zeichnen 71
Dreitafelprojektion erstellen 71
Körper isometrisch darstellen 71
Bauzeichnung lesen 72
Bebauungsplan lesen 72
Wohnungseinrichtung planen 72
Verdrahtungsplan anfertigen 73
Schaltplan skizzieren 73
Schaltplan vereinfachen 73
Verdrahtungsplan erstellen 73
Schaltungsbeschreibung auswerten 73
Schaltungslayout erstellen 73

Mit einem Textverarbeitungsprogramm
zeichnen:
Gegenstand zeichnen 74
Perspektivische Zeichnung erzeugen 74
Zeichnung übernehmen 74
Zeichnung erweitern 74

Mit einem CAD-Programm zeichnen:
Gegenstand zeichnen 75
Spezielle CAD-Befehle nutzen 75
Grundriss zeichnen 75
Material optimieren 75
CAD-Systeme benutzen:
Zeichenmodul nutzen 76
Zeichnung erstellen 76
Technologiedaten ergänzen 76
Sonderzeichen nutzen 76
Nullpunkt setzen 76
Fräsvorlage herstellen 76

Objekte mit CAM-Systemen herstellen:
Dekorationsgegenstand herstellen 77
Fertigungsvorgang programmieren 77
Zifferblatt anfertigen 78
Laubsägetisch produzieren 78
Puzzle herstellen 78
Zirkelkasten herstellen 78

Versuchsübersicht

Holz
Quellen von Holz 42
Eckverbindungen vergleichen 43
Oberflächen von Holz behandeln 43

Metall
Härte von Metallen vergleichen 48
Metalle auf Magnetismus untersuchen
48
Korrosionsbeständigkeit von Metallen
ermitteln 48
Spanbildung verschiedener Metalle
ermitteln 49
Verformbarkeit von Metallen unter-
suchen 49

Kunststoff
Verhalten bei Erwärmung ermitteln 54
Schwimmprobe durchführen 54
Wärmeleitfähigkeit untersuchen 55

Bautechnik
Belastbarkeit von Profilträgern prüfen
60
Kräfte zerlegen und zusammensetzen 61

Elektrotechnik
Spannungsquellen untersuchen 66
Elektrische Daten ermitteln 66
Messen und Kennlinien erstellen 67
Wechselschaltung entwickeln 67
Elektromagnete untersuchen 67
Schaltungen vergleichen 67

Bildquellenverzeichnis

Umschlag oben Mauritius (Ritschel), Mittenwald – Umschlag unten Höllerer, Conrad, Stuttgart – 6.1 Naomi Fearn, Berlin – 7.1 Mauritius (age fotostock), Mittenwald – 8.1 AKG, Berlin – 8.2 Photothek.net Gbr (T. Imo), Berlin – 9.1 Avenue Images GmbH (Paul Bradbury), Hamburg – 9.2 apply pictures (German-Images/tm), Hannover – 9.3 Avenue Images GmbH (Andersen, Ross), Hamburg – 9.4 Imago Stock & People (Peter Widmann), Berlin – 9.5 Avenue Images GmbH (Digital Vision/Nick Daly), Hamburg – 9.6 f1 online digitale Bildagentur, Frankfurt – 9.7 Vario-Press (Ulrich Baumgarten), Bonn – 9.8 Vario-Press (Ulrich Baumgarten), Bonn – 9.9 Deutsche Bahn, Berlin – 9.10 Helga Lade (H. R. Bramaz), Frankfurt – 9.11 Picture-Alliance (dpa/Janpeter Kasper), Frankfurt – 9.12 Bilderberg (Till Leeser), Hamburg – 10.1 Okapia (Ingo Gerlach), Frankfurt – 10.2 Mauritius (Rosenfeld), Mittenwald – 10.3 Getty Images (Taxi/Ebby May), München – 10.4 f1 online digitale Bildagentur (Uselmann), Frankfurt – 10.6 www.bilderbox.com, Thening – 11.1 www.bilderbox.com, Thening – 11.2 Das Fotoarchiv (Cornelius Paas), Essen – 11.3 Silvestris (Geiersperger W.), Dießen – 11.5 ddp Deutscher Depeschendienst GmbH (Philips), Berlin – 11.6 Vario-Press (Hans-Guenther Oed), Bonn – 12.1 plainpicture (Krebs, K.), Hamburg – 12.2 Picture-Alliance (dpa/Heiko Wolfraum), Frankfurt – 12.3 Caro Fotoagentur (Ruffer), Berlin – 12.5 ddp Deutscher Depeschendienst GmbH (Robert Michael), Berlin – 12.6 Okapia (NAS J. Nettis), Frankfurt – 12.7 Schornsteinfegerinnung Stuttgart, Waiblingen – 12.8 Keystone (Volkmar Schulz), Hamburg – 13.1 Stockfood Photo Stock Agency (FoodPhotogr. Eising), München – 13.2 CHIPimages, München – 13.3 IBM Deutschland GmbH, Stuttgart – 13.4 Stockfood Photo Stock Agency (FoodPhotogr. Eising), München – 13.5 Digital Vision – 14.1 Mauritius (Merten), Mittenwald – 14.2 Das Fotoarchiv (Cornelius Maas), Essen – 14.4 Lichtenscheidt, Eric A., Bonn – 14.5 Picture-Alliance (ZB/Thomas Schulze), Frankfurt – 14.7 Caro Fotoagentur (Jandke), Berlin – 14.8 www.bilderbox.com, Thening – 14.11 Joker (Petra Steuer), Bonn – 15.1 Ford-Werke, Köln – 15.2 Ford-Werke, Köln – 15.3 Das Fotoarchiv (Andreas Buck), Essen – 15.4 Mediacolor's (bew), Zürich – 15.6 Das Fotoarchiv (Andreas Buck), Essen – 15.7 Das Fotoarchiv (Thomas Mayer), Essen – 15.9 Zentralverband Sanitär, St. Augustin – 15.10 Neumann, Kirsten, Gelsenkirchen – 16.1 AP (Matthias Rietschel), Frankfurt am Main – 20.2 Okapia (Hans Lutz), Frankfurt – 20.3 Das Luftbild-Archiv, Kasseburg – 36.1 Picture-Alliance (dpa/Ingo Wagner), Frankfurt – 36.2 Horlacher AG, Möhlin – 40.1 Holzabsatzfonds, Bonn – 41.3 Bundesagentur für Arbeit, Nürnberg – 43.5 Umweltbundesamt, Berlin – 47.3 DaimlerChrysler, Stuttgart – 47.4 www.bilderbox.com, Thening – 50.5 Dold, Wilhelm, St. Georgen – 53.4 Avenue Images GmbH (Ingram Publishing), Hamburg – 59.5 Picture-Alliance (obs/Hebel-Haus-GmbH), Frankfurt – 65.8 Picture-Alliance (Wolfgang Thieme), Frankfurt – 70.3a Brand X Pictures – 79.1 Corbis (Steve Chenn), Düsseldorf – 80.1 Bierstedt, Klaus D., Paderborn – 85.4 Umweltbundesamt, Berlin – 94.1 Picture-Alliance (dpa/Jens Büttner), Frankfurt – 98.1 Thyssen Krupp Stahl AG, Duisburg – 98.2 Robert Bosch GmbH, Kalefeld/Willershausen – 98.3 Mauritius (Rosenfeld), Mittenwald – 98.4 archivberlin (Bildagentur

Geduldig), Berlin – 98.5 FOCUS, Hamburg – 105.3 Mauritius (Rosenfeld), Mittenwald – 107.1 Okapia (Karl Gottfried Vock), Frankfurt – 107.2 Okapia (NAS/Dee Berger), Frankfurt – 107.3 FOCUS (SPL/Dr. Morley Read), Hamburg – 125.8 Falk Verlag, Ostfildern – 137.7 Südwest Zement GmbH, Leonberg – 140.1 Helga Lade (BAV), Frankfurt – 144.1 Howaldtswerke Deutsche Werft AG, Kiel – 144.2 Conrad Electronic GmbH, Hirschau – 144.3 Conrad Electronic GmbH, Hirschau – 144.4 Bayer AG, Leverkusen – 144.5 Thyssen Krupp Stahl AG, Duisburg – 145.2 Corbis (Kevin R. Morris/Bohemian Nomad Pict.), Düsseldorf – 145.3 f1 online digitale Bildagentur (Jack Jones), Frankfurt – 148.1 Arbeitsgemeinschaft Holz e.V., Düsseldorf – 148.4 Wikimedia Foundation Inc., St. Petersburg FL – 148.5 Okapia (Hans Reinhard), Frankfurt – 148.6 Okapia (Ingo Arndt), Frankfurt – 148.7 Okapia (Hans Reinhard), Frankfurt – 148.8 Wagner, Bernhard, Breisach – 148.9 Okapia (M. u. R. Greulich), Frankfurt – 148.10 Wildlife (D.Harms), Hamburg – 148.11 Okapia (Eckart Pott), Frankfurt – 148.12 Okapia (Björn Svensson), Frankfurt – 148.13 Wildlife (D.Harms), Hamburg – 148.14 Okapia (Oswald Ecksten), Frankfurt – 148.16 Okapia (R.Förster/Natur im Bild), Frankfurt – 148.17 Arbeitsgemeinschaft Holz e.V., Düsseldorf – 148.18 Scharfe, Volker, Korbach Goldhausen – 149.1 Danzer Furnierwerke, Reutlingen – 149.2 Scharfe, Volker, Korbach Goldhausen – 149.3 Reinhard-Tierfoto/Hans Reinhard, Heiligkreuzsteinach – 149.4 Okapia (Fritz Hanneforth), Frankfurt – 149.5 Okapia (Karl Gottfried Vock), Frankfurt – 149.6 Okapia (Martin Werner), Frankfurt – 149.7 Okapia (Eckart Pott), Frankfurt – 149.8 Okapia (Fritz Hanneforth), Frankfurt – 149.9 Okapia (Hans Lutz), Frankfurt – 149.10 Okapia (Fritz Hanneforth), Frankfurt – 149.11 Okapia (Hans Reinhard), Frankfurt – 149.12 Arbeitsgemeinschaft Holz e.V., Düsseldorf – 149.13 Deutsche Bundesbank, Frankfurt am Main – 154.2 Picture-Alliance (dpa/Paolo Koch), Frankfurt – 154.3 aus: Die Welt der Metalle. Zink, Abb. 54.3, Frankfurt/M. 1994 – 155.5 Thyssen Krupp Stahl AG, Duisburg – 157.5 Schraubenwerk Zerbst GmbH, Zerbst – 157.7 Deutsche Bundesbank, Frankfurt am Main – 157.8 Stockfood Photo Stock Agency, München – 157.9 – MEV, Augsburg – 159.7 AURA, Luzern – 159.8 LOACKER Recycling GmbH, Götzis – 159.9 STOCK4B (Christoph Hemmerich), München – 160.2 Mauritius (ACE), Mittenwald – 160.3 Vitra Design Museum GmbH, Weil am Rhein – 162.1 BASF AG, Ludwigshafen – 163.1 Adidas-Salomon AG, Herzogenaurach – 164.2 Leuwico Büromöbel GmbH, Coburg – 164.3 Adam Opel, Rüsselsheim – 165.4a Bayer AG, Leverkusen – 165.4b Bayer AG, Leverkusen – 165.4c Bayer AG, Leverkusen – 172.3 FOCUS (SPL), Hamburg – 174.3 Trix Modelleisenbahn, Nürnberg – 178.4 FAG OEM, Schweinfurt – 178.5 FAG OEM, Schweinfurt – 180.1 www.bilderbox.com, Thening – 181.1 Helga Lade (H.R. Bramaz), Frankfurt – 181.2 Mauritius (Hubatka), Mittenwald – 181.3 DaimlerChrysler, Stuttgart – 181.4 Thyssen Krupp Stahl AG, Duisburg – 181.5 Mauritius (Rawi), Mittenwald – 181.6 AG der Dillinger Hüttenwerke, Dillingen – 192.1 Roland Binder, Stephansposching – 198.1–3 Loctite European Group, München – 201.4 DaimlerChrysler, Stuttgart – 202.2 Bayer AG, Leverkusen – 202.3 BASF AG, Ludwigshafen – 203.5 Engel Austria GmbH,

Schwertberg – 203.4 Krupp Kautex Maschinenbau GmbH, Bonn (2 Fotos) – 204.1 Bayer AG, Leverkusen – 204.3 Hermann Berstorff Maschinenbau, Hannover – 204.4 Bruxsafol Folien GmbH, Hammelburg – 210.1 Stadtplanungsamt Freiburg, Freiburg – 211.1 ddp Deutscher Depeschendienst GmbH (Consulting GmbH), Berlin – 213.4 Bilderberg (Jörn Sackermann), Hamburg – 215.8 Arbeitsgemeinschaft Holz e.V., Düsseldorf – 216.2a Götz Asia Anlagenbau – 216.2b Götz Asia Anlagenbau – 217.5 Arbeitsgemeinschaft Holz e.V., Düsseldorf – 220.2 Fachverband Bau Württemberg e.V., Stuttgart – 221.5 Helga Lade, Frankfurt – 222.1 Fachverband Bau Württemberg e.V., Stuttgart – 222.3 Fachverband Bau Württemberg e.V., Stuttgart – 223.4 KBF Kehler Betonfertigteile, Kehl – 223.7 aus R. Göock, Mosaik Verlag – 230.1 Imago Stock & People (Melzer), Berlin – 230.2 f1 online digitale Bildagentur (Kaczmarczyk), Frankfurt – 231.4 Picture-Alliance (ZB/Waltraud Grubitzsch), Frankfurt – 231.5 AKG, Berlin – 232.2 Helga Lade, Frankfurt – 233.3 Helga Lade, Frankfurt – 233.4 Picture-Alliance (dpa/Jens Wolf), Frankfurt – 234.1 DaimlerChrysler, Stuttgart – 234.2 Archiv Gerstenberg, Wietze – 235.3 Deutsches Museum, München – 235.4 Ford-Werke, Köln – 236.1 Helga Lade (H. R. Bramaz), Frankfurt – 237.2 Helga Lade (W. Krecichwost), Frankfurt – 237.3 Volkswagen AG, Wolfsburg – 238.1 Adam Opel AG, Rüsselsheim – 238.2 Picture-Alliance (ZB/Waltraud Grubitzsch), Frankfurt – 238.3 Adam Opel AG, Rüsselsheim – 238.4 Volkswagen AG, Wolfsburg – 238.5 Adam Opel AG, Rüsselsheim – 238.6 Silicon Graphics GmbH, Grasbrunn – 238.7 Silicon Graphics GmbH, Grasbrunn – 239.1 Volkswagen AG, Wolfsburg – 239.2 Adam Opel AG, Rüsselsheim – 239.3 Volkswagen AG, Wolfsburg – 239.4 Adam Opel AG, Rüsselsheim – 240.1 Volkswagen AG, Wolfsburg – 240.2 photoplexus (Dirk Bauer), Lünen – 240.3 Bildagentur-online (Begsteiger), Burgkunstadt – 241.1 Bundesagentur für Arbeit, Nürnberg – 241.2 Bundesagentur für Arbeit, Nürnberg – 242.1 Das Fotoarchiv, Essen – 242.2 Mauritius (K.W.Gruber), Mittenwald – 242.3 Imago Stock & People (Reinhard Kurzendörfer), Berlin – 243.4 fototext.de, Nürnberg – 243.5 Getty Images (taxi/Lester Lefkowitz), München – 243.6 DaimlerChrysler, Stuttgart – 244.1 Helga Lade (U. Mychalzik), Frankfurt – 244.2 Bayer AG, Leverkusen – 244.3 Hippel, Stefan, Nürnberg – 245.2 fototext.de, Nürnberg – 245.3 Jäckel, T./Fotoredaktion BW Bildung und Wissen Verlag, Nürnberg 2001 – 246.1 Picture-Alliance (ZB/Peter Förster), Frankfurt – 246.2 Picture-Alliance (dpa), Frankfurt – 246.3 Hippel, S./Fotoredaktion BW Bildung und Wissen Verlag, Nürnberg – 247.1 Mauritius (Rosenfeld), Mittenwald – 247.2 Atelier Gielnik, Wiesbaden – 247.3 Das Fotoarchiv (Thomas Mayer), Essen

Die übrigen Fotos stammen aus dem Klett-Archiv oder sind von Jochen Happel, Melanie Heffner, Klaus Helling, Harald Hölz, Stefan Kruse, Wolfgang Zeiller, Zuckerfabrik digital.

Nicht in allen Fällen war es uns möglich, den uns bekannten Rechteinhaber ausfindig zu machen. Berechtigte Ansprüche werden selbstverständlich im Rahmen der üblichen Vereinbarungen abgegolten.

Symbole Elektrotechnik

Symbol	Bezeichnung	Symbol	Bezeichnung	Symbol	Bezeichnung
	Kreuzung ohne leitende Verbindung		Handantrieb		Widerstand, allgemein
	Leitungsverzweigung ○— lösbar ●— nicht lösbar		Betätigung durch Nocken		Potentiometer
1 2 3	Klemmleiste		Temperaturantrieb, z. B. durch Bimetall		Fotowiderstand
+ −	Batterie mit und ohne Polaritätsangabe		nicht selbsttätiger Rückgang		NTC-Widerstand
_24 V_	Spannungsquelle mit Spannungsangabe		Taster, Schließer, handbetätigt		PTC-Widerstand
⎓ ∿	Gleichstrom Wechselstrom		Taster, Öffner handbetätigt,		Gleichrichter
G	Generator		Stellschalter, Schließer, handbetätigt		Diode
M	Motor		Stellschalter, Wechsler, handbetätigt		Leuchtdiode
⊗	Glühlampe (als Signallampe)		Relais mit Schließer	V	Spannungsmesser
	Wecker, Klingel		Relais mit Öffner	A	Strommesser
	Summer, Schnarre		Relais mit Wechsler		Dauermagnet
	Mikrofon		Thermorelais, z. B. mit Heizdraht an Bimetall		Reedkontakt, Schließer
	Lautsprecher		Türöffner		Reedkontakt, Öffner
	Hörkapsel		Transformator		Elektromagnet

258